DISTRITOS INNOVADORES

Cómo diseñar e implementar la transformación de la ciudad del siglo XXI

MIQUEL BARCELÓ

DISTRITOS INNOVADORES

Cómo diseñar e implementar la transformación de la ciudad del siglo XXI

EDICIONES PIRÁMIDE

COLECCIÓN «EMPRESA Y GESTIÓN»

Director: Miguel Santesmases

Diseño de cubierta: Anaí Miguel

Ediciones Pirámide se compromete con el medio ambiente reduciendo la huella de carbono de sus libros.

PAPEL DE FIBRA CERTIFICADA

Valentín Beato, 21. 28037 Madrid
Teléfono: 91 393 89 89
www.edicionespiramide.es
Depósito legal: M. 15.545-2023
ISBN: 978-84-368-4818-2
Printed in Spain

A mis padres

ÍNDICE

Parte tercera
Ciudad, territorio y estudio de casos

Presentación

Las ciudades del siglo XXI están en pleno proceso de transición desde un modelo del siglo XX propio de la segunda revolución industrial, basado en un urbanismo que dispersa y especializa los distintos usos del suelo, separando los usos residenciales de los propios de las actividades económicas. Se trata de ciudades con un urbanismo, un modelo productivo y un modelo de movilidad basados en las tecnologías del siglo XX, que se está demostrando que no es sostenible, de modo que aquellas ciudades que no están transformando comienzan a sufrir un proceso irreversible de decadencia económica y social.

Por el contrario, la ciudad del siglo XXI basa su modelo económico en el factor conocimiento y en la creatividad de las personas. Las tecnologías digitales y la globalización modifican radicalmente el sistema productivo, que se organiza en cadenas de valor globales; en estas condiciones, las ciudades para ser competitivas necesitan crear entornos urbanos que favorezcan la creatividad de las personas y la innovación de las organizaciones.

Estos entornos urbanos creativos e innovadores se conocen con el nombre de distritos innovadores. Un *distrito innovador (DI)* es un área urbana en la que empresas y centros de conocimiento conectan con pequeñas empresas, *start-ups,* incubadoras y aceleradoras. Es un espacio físico basado en la mezcla de usos de viviendas, oficinas y servicios, atractivo para el talento internacional.

Hoy las ciudades compiten a escala global para atraer talento e inversiones competitivas, y para ello necesitan crear estos entornos urbanos que llamamos distritos innovadores. Las ciudades más competitivas del mundo son nodos de la red global de ciudades y atraen el talento y las inversiones de mayor valor añadido. Para ello, es necesario diseñar y desarrollar un distrito innovador urbano con las características que se exponen en el presente libro.

En las páginas que siguen se propone un modelo de distrito innovador, basado en la observación de casos de todo el mundo y en la práctica del autor en el desarrollo de proyectos en distintas ciudades y países. Este modelo, como ecosistema innovador, está formado por cinco subsistemas interrelacionados entre sí, que son el planeamiento urbanístico, la estrategia económica, la base de conocimiento, la integración social, y finalmente el modelo de gobernanza necesario para el diseño, la promoción y la gestión del distrito.

Este libro es por una parte un texto basado en otros autores, mediante numerosas referencias bibliográficas, tomando sus ideas no como verdades irrefutables, sino como palancas sobre las que apoyar el pensamiento propio; por otra parte, es también un conjunto de propuestas basadas en experiencias concretas del autor en proyectos de transformación de ciudades, resultado de la colaboración con muchas personas que han participado y participan en estas experiencias.

El libro está organizado en tres partes. La primera de ellas trata de la revolución del siglo XXI, que comporta un cambio de modelo urbano. La revolución tecnológica comporta un cambio de modelo económico, energético y de movilidad, lo que lleva a la necesidad de una nueva ciudad sostenible, capaz de crear entornos urbanos considerados ecosistemas innovadores. La segunda parte está dedicada a la definición del modelo de distrito innovador, con un capítulo para cada uno de los cinco subsistemas citados. Finalmente, en la tercera parte se trata la relación del distrito innovador con el conjunto de la ciudad y del territorio, y se describen algunos casos de ciudades del mundo que están desarrollando distritos innovadores y transformando el conjunto de su sistema urbano.

Al final de cada capítulo se presentan algunas «ideas clave» que pretenden resumir y recordar el contenido del mismo.

Terminamos el libro con un último capítulo en forma de propuesta de cuestionarios para ayudar al lector que se plantea o que está participando en el desarrollo de un distrito innovador. Se trata de hacer una aportación práctica al diseño y desarrollo de un proyecto de distrito innovador, tal como anuncia el subtítulo del libro.

El libro va dirigido a un público amplio de personas, tanto del mundo académico como del profesional o de las administraciones públicas, que actúan sobre la ciudad y que desean entender la nueva dinámica de las ciudades en un mundo global. Estudiantes y profesores, profesionales del mundo del urbanismo, la arquitectura o la ingeniería, sectores del mundo económico y empresarial, profesionales de la ingeniería y de la tecnología, o personas relacionadas con las políticas públicas, podrán encontrar en este libro los conceptos y los criterios básicos para diseñar, desarrollar y gestionar un distrito innovador en una ciudad.

Han sido muchas las personas que me han ayudado a escribir este nuevo libro, desde mi familia y amigos hasta diversas conversaciones y experiencias que me han permitido reflexionar sobre el tema. Quisiera destacar mi agradecimiento a aquellos que me han ayudado especialmente con comentarios y opiniones que he ido recogiendo en distintas páginas. A riesgo de olvidarme de algunas, a quienes ya pido disculpas, quisiera destacar las aportaciones de los urbanistas Albert Ibáñez y Sebastià Jornet, a los ingenieros Robert Gili y Ramón Sagarra, a Enric Urreta, Isabel Sabadi y Yolanda Treviño de 22@Network, a Ramon Gras de la Universidad de Harvard, a Guido Charosky de la consultora Drop, a Oriol Pascual de la Aceleradora Stage 2 y a Nick Coutts del Imperial College de Londres.

Mención especial merecen mis amigos Robert Gili y Paco Solé Parellada, por su paciencia revisando el libro, y Ramon Gras por sus valiosas aportaciones a los capítulos dedicados a los ecosistemas innovadores y a las relaciones de los distritos innovadores con el territorio. A todos ellos muchas gracias, con el deseo de seguir colaborando en las actuales y en nuevas iniciativas.

Miquel Barceló Roca

Barcelona y Sitges, febrero de 2023

PARTE PRIMERA

LA REVOLUCIÓN DEL SIGLO XXI: UN CAMBIO DE MODELO URBANO

La revolución del siglo XXI comporta un cambio de modelo urbano, resultado de un cambio de modelo económico, energético y de movilidad, lo que lleva a la necesidad de una nueva ciudad sostenible, capaz de crear entornos urbanos considerados ecosistemas innovadores.

En esta primera parte del libro empezaremos describiendo las principales características de la actual revolución tecnológica y analizaremos algunos de sus efectos sobre la ciudad actual. Para ello es necesario hacer referencia a la teoría y a la práctica de los sistemas complejos —para entender la realidad actual hay que «pensar en sistema»— y de sus efectos sobre el cambio de modelo urbano.

Destacaremos que en esta nueva etapa histórica es necesario pasar de la ciudad dispersa, que especializa el territorio, a una nueva ciudad, densa y compacta, con mezcla de usos y atractiva para el talento internacional. Se trata de un nuevo modelo urbano, compacto en su morfología, complejo en su organización, eficiente metabólicamente y cohesionado socialmente.

Finalmente, desarrollamos el concepto de *ecosistema innovador* como un elemento esencial de la nueva ciudad. Un ecosistema innovador es un entorno constituido por diversos organismos y funciones interrelacionados que tienen por finalidad promover la innovación, y a partir de ella el desarrollo económico de un territorio.

1
UNA REVOLUCIÓN EN MARCHA

La nueva revolución industrial que estamos viviendo hace necesario adoptar una nueva visión sobre el fenómeno urbano. Dicho fenómeno relativamente reciente que llamamos *ciudad* consiste en un espacio limitado en donde viven y se relacionan millones de personas en todo el mundo. De hecho, por primera vez en la historia de la humanidad más del 50 % de la población mundial reside en ciudades y en pocos años se superará el 60 %.

En la ciudad conceptos y disciplinas como el urbanismo, la economía, la tecnología o el cambio social, entre muchos otros, conviven y se interrelacionan mutuamente mediante relaciones de causa-efecto que configuran un sistema urbano de creciente complejidad.

En el presente capítulo introductorio partiremos de la actual revolución económica, tecnológica y social que algunos llaman la revolución del conocimiento o cuarta revolución industrial, y de sus efectos sobre la ciudad. Seguiremos con algunas reflexiones sobre la ciudad como sistema y su relación con el cambio económico y social. Y, finalmente, reflexionaremos sobre la necesidad de un urbanismo sistémico y del importante papel que juegan y que puedan jugar los ecosistemas innovadores en la nueva ciudad.

1.1. La revolución actual y sus efectos sobre la ciudad

El rápido desarrollo de las tecnologías de la información y la comunicación (TIC) y el fenómeno de la globalización producen una aceleración del crecimiento económico a nivel mundial, con el liderazgo de unas cuantas metrópolis, que se erigen en una potente red de ciudades que lideran el cambio económico, cultural y social en todo el mundo.

Según Peter Karl Kresel (2005), el comercio mundial, desde 1950, ha aumentado tres veces más que el crecimiento económico. El número de corporaciones multinacionales pasó de 7.000 en 1960 a 65.000 en 2005, y se estima que actualmente ya sobrepasan las 100.000. Durante los últimos años, gracias al uso masivo de las TIC, se ha desarrollado un sistema de producción mundial que funciona durante las 24 horas del día. Actualmente cualquier punto de la Tierra puede estar conectado con cualquier otro a la velocidad de la luz, mediante las redes de fibra óptica desplegadas por todo el mundo.

Un ejemplo de este fenómeno es la empresa india Infosys, líder mundial de servicios de información, creada hace unos treinta años por siete estudiantes de informática recién graduados, que solo contaban como activos con su inteligencia y su ilusión por crear una empresa global. Narayama Murthy lideraba el grupo; trabajaba desde casa en la ciudad de Bangalore, donde hoy se ubica la sede central de la multinacional, a partir de una inversión de 250 dólares, prestados por su mujer.

A partir de estos inicios, Infosys ha logrado ser hoy en día una de las mayores multinacionales del mundo del sector TIC, cuya base de negocios fundamental se encuentra en Estados Unidos, donde abastece a grandes corporaciones empresariales, así como en el continente europeo.

Casos como el de Infosys ponen de manifiesto que la tecnología es un factor accesible en todo el mundo, y evidencia cómo una empresa de un país en desarrollo puede dar servicio a industrias de otros países en el uso y la explotación de las tecnologías de la información.

El binomio globalización-tecnología facilita este aumento de la complejidad del actual sistema económico, de manera que actuamos en una sociedad local, pero la globalización nos afecta de forma directa. La economía se está desarrollando a través de diversas teorías establecidas y, paralelamente, la tecnología evoluciona de forma exponencial transformando la economía global. Pero tenemos dificultades en establecer un puente entre economía y tecnología; deberíamos generar nuevas disciplinas para conectarlas y poder llegar a entender esta complejidad.

En el fondo de los procesos de cambio que estamos analizando, desde la primera revolución industrial hasta la actual revolución del conocimiento, observamos que, por razones que todavía no entendemos del todo, de repente una determinada variable empieza a crecer más de lo normal. Durante las anteriores revoluciones industriales las variables que las caracterizaban eran la población urbana, la productividad y el producto interior bruto; actualmente lo son el número de multinacionales, el comercio mundial o el número y la capacidad de los ordenadores.

En la economía global se ponen de manifiesto procesos exponenciales que se pueden enmarcar dentro del concepto de la «economía exponencial», término introducido por Curtis Carlson en su libro *Innovation*. La economía exponencial está estrechamente relacionada con la economía basada en el conocimiento y con la globalización. En realidad, la primera es el resultado del desarrollo de las dos últimas. Incluye aquellas partes de la economía que evolucionan con unas tasas de crecimiento exponencial, como los ordenadores, las telecomunicaciones, la biotecnología o los productos de consumo, entre otros.

Una función lineal viene representada en un gráfico por una línea recta, del tipo $y = ax$, mientras que una función exponencial creciente podría seguir por ejemplo una fórmula del tipo $y = ax2$. De forma intuitiva, una función lineal sería aquella que con el tiempo progresa con una secuencia 1, 2, 3, 4, 5, 6…, mientras que una exponencial podría responder a 1, 2, 4, 8, 16, 32... En el tiempo 6 la primera tendría un valor de 6, mientras que la segunda valdría 32. En la economía digital se manifiestan muchas funciones exponenciales, lo que representa un cambio cultural difícil de entender para una época de transición como la que estamos viviendo actualmente.

Un claro ejemplo de esta economía exponencial se pone de manifiesto en el campo de los computadores, mediante el cumplimiento de la llamada ley de Moore. Según esta ley, la capacidad de los circuitos integrados se multiplica por dos cada año y medio desde los años sesenta del siglo XX. Otros segmentos de la economía se están incorporando al club de los crecimientos exponenciales, como las comunicaciones, los nuevos *mass media* o las tecnologías médicas, y no digamos las múltiples actividades relacionadas con el uso de internet. Sin embargo, no es fácil entender los mecanismos que actúan en estas actividades para producir los crecimientos exponenciales.

Este tipo de desarrollos es hoy común en múltiples actividades basadas en el conocimiento, con un uso intensivo de las tecnologías de la información, estando cada vez más interrelacionadas entre sí. Por ejemplo, la nanotecnología, los materiales y la mecánica, o la nanotecnología, la bioinformática y la biotecnología. Se trata de procesos con un potencial de crecimiento exponencial que representan futuros núcleos de nuevos sectores emergentes.

Figura 1.1. Fotografía representativa de la ley de Moore, mostrando a la izquierda el primer transistor y a la derecha el primer «chip» con un millón de transistores.

Samir Ismail destaca en su libro *Organizaciones Exponenciales* (2016) la emergencia de las empresas que basan su crecimiento en tecnologías y funciones exponenciales, que son capaces de acelerar su crecimiento mediante tecnologías relacionadas con la información. Dicho autor define el modelo ExO como el de aquellas empresas capaces de pasar del modo de crecimiento lineal o incremental, propio de las empresas tradicionales, a un crecimiento exponencial basado en el uso inteligente de tecnologías que actualmente se agrupan en este conjunto llamado Industria 4.0. En dicho libro, Samir Ismael expone el fenómeno de las ExO con gran número de casos, y además propone un modelo para crear y gestionar este tipo de organizaciones.

Un factor directamente relacionado con las funciones exponenciales es la complejidad. Las sociedades primitivas eran más simples comparadas con las actuales. Si observamos nuestro entorno, nos daremos cuenta de que hay una tendencia general hacia un aumento de lo complejo: los problemas de la sociedad, las relaciones personales y los retos profesionales son cada vez más difíciles de entender y de abordar. Los constantes cambios que estamos experimentando requieren una adaptabilidad considerable ante lo nuevo, lo desconocido, lo incierto. La complejidad está íntimamente ligada con la incertidumbre.

Zygmunt Bauman, el eminente sociólogo y filósofo polaco, en su libro *44 cartas desde el mundo líquido*, introduce esta idea de la siguiente forma: «*[...] la conducta de los sistemas complejos con numerosas variables mutuamente independientes es y siempre será, en una palabra, impredecible. No solo impredecible para nosotros, debido a nuestra ignorancia, negligencia o falta de luces, sino por la propia naturaleza de dichos sistemas. [...] El futuro es impredecible porque está, pura y simplemente, indeterminado.*»

Haciendo una analogía con la física, el segundo principio de la termodinámica establece que el universo aumenta su complejidad mediante el concepto de entropía, que es una medida del desorden de la materia y la energía. La entropía mide el grado de desorden que poseen las moléculas que integran un cuerpo o el grado de irreversibilidad alcanzada después de un proceso que implique transformación de energía. La medida de la complejidad está aumentando como una variable natural del universo.

Lo que observamos en la naturaleza se manifiesta también en la economía y la sociedad. Desde las estructuras productivas hasta las relaciones personales, pasando por las organizaciones o el entramado político-administrativo, las sociedades actuales presentan un grado de complejidad mucho mayor que hace cien o tan solo veinte años, y esta es una tendencia creciente que no parece que se vaya a reducir en el futuro.

Además, la crisis en la que actualmente estamos inmersos pone de manifiesto profundos cambios sistémicos, de valores y de formas de hacer que hasta hoy habían sido válidos. En el ámbito de la comunicación, por ejemplo, las reglas del juego han cambiado por completo. La cadena de comunicación simple de emisor-receptor controlada por las empresas y los medios de comunicación de masas se ha alterado de una manera fundamental con la aparición de internet, que ha dado a los consumidores un poder que hasta ahora no tenían. Son consumidores interconectados, poseedores de más información y productores de sus propios contenidos. En este contexto complejo hay unas nuevas reglas: transparencia, democracia y poder de la ciudadanía, y algún riesgo, como el control de la libertad individual y la privacidad por parte del estado o de las grandes corporaciones.

Todo ello comporta una mayor dificultad de comprensión de la realidad en la que vivimos, con la consiguiente traslación a nivel personal. Richard Sennett, ya hace unos años, en su obra *La corrosión del carácter* (2006), afirmaba que la sociedad contemporánea corroe el carácter personal y produce marginación y otras formas de desorden psicológico y social.

Entender la realidad actual es cada vez más difícil debido al creciente número de variables implicadas, a la velocidad de cambio de estas, al ámbito global en la que actúan y a la cantidad de información disponible. En este contexto la comprensión de la ciudad, como escenario natural en el que se desarrolla esta complejidad, requiere de nuevas herramientas que ayuden a la toma de decisiones, requiriendo de un pensamiento sistémico.

Globalización

La globalización, el cambio tecnológico y la nueva economía del conocimiento son aspectos relevantes de la nueva complejidad. La globalización acelera el sistema económico en su conjunto y supera la lógica de los mercados nacionales y regionales. Transforma los sistemas productivos en cadenas de valor globales, permitiendo la entrada de nuevos agentes y modelos de negocios que han de ser más abiertos y buscar *partners* y aliados. Los mercados se liberalizan a todos los niveles (nacional, regional y global), y ello comporta mayor competitividad y rapidez de los cambios, pero también, como nos recuerda Thomas Piketty (2019), mayor desigualdad.

De esta manera, el nuevo sistema productivo se estructura a escala planetaria mediante la nueva economía en red, mientras los gobiernos nacionales van perdiendo atribuciones ante lo que se ha denominado la «sociedad en red». En este marco se produce un gran incremento de la producción y del comercio internacional, que va de la mano del desarrollo del movimiento de capitales también a escala global.

Aparte de estos aspectos económicos, la globalización tiene otros matices sociales y culturales, como los movimientos antiglobalización, las migraciones, los fenómenos de crecimiento que representan países como China e India y los cambios culturales asociados, que no trataremos en profundidad; no por no ser importantes, que lo son, y mucho, sino por caer fuera del ámbito económico y tecnológico que nos ocupa.

Con la globalización, los mercados mundiales tienen cada vez una mayor incidencia sobre las decisiones de las empresas y sobre el conjunto de las organizaciones. También la revolución industrial supuso un proceso de internacionalización y una fase de mayor interrelación entre las diversas economías mundiales. Sin embargo, ahora, con las economías en red, y gracias a las tecnologías de internet, el proceso ha subido un escalón. No solo se producen intercambios a nivel global, sino que el propio sistema productivo funciona de manera integrada a través de redes conectadas, aumentando la complejidad del sistema.

En este escenario de cambio tecnológico acelerado, funciones y organizaciones exponenciales, proceso de globalización y aumento general de la complejidad de los distintos sistemas económicos, culturales y sociales, nos debemos preguntar cómo todo ello afecta a esta organización compleja que llamamos ciudad, cuáles son sus tendencias actuales y futuras, y cómo podemos operar en las distintas variables y disciplinas interrelacionadas, al servicio de la felicidad de las persones y de su bienestar material y emocional.

1.2. Sistemas complejos y cambio de modelo urbano

Donella Meadows (2008) define un sistema como «un conjunto de cosas —gente, células, moléculas o cualquier otra cosa— interconectadas de forma que producen su propio modelo de comportamiento a lo largo del tiempo». Y añade que un sistema responde a fuerzas externas de forma característica o propia de este sistema y normalmente no lo hace de forma simple. Con esta última frase introduce el concepto de complejidad en el análisis de sistemas, característica que veremos más adelante.

Un elemento propio de la cultura industrial ha sido el enfoque instrumental en el análisis y en el tratamiento de un determinado reto, problema o necesidad. Ante una demanda concreta hemos buscado una respuesta instrumental a base del binomio simple problema-solución, y ello nos ha permitido vivir la etapa histórica de mayor desarrollo económico en la historia de la humanidad, el pasado siglo XX. Pero también probablemente nos ha incapacitado para analizar, entender y operar sobre la complejidad.

Meadows nos introduce en los sistemas complejos y afirma que «nosotros somos sistemas complejos... Cada persona que encontramos, cada organización, cada animal, jardín, árbol y bosque es un sistema complejo». La ciudad es también un sistema complejo formado por un conjunto de elementos y de funciones interconectadas que resultan en un modelo de comportamiento que va evolucionando a lo largo del tiempo.

Para el análisis de este sistema urbano como sistema complejo, y para operar en el mismo, deberemos pasar de una visión instrumental a un enfoque sistémico, y para ello será útil plantear algunos elementos propios del pensamiento sistémico *(Thinking in Systems).*

Un primer problema que plantea Meadows para el pensamiento sistémico es que pensamos en palabras, pero las palabras se ordenan secuencialmente, una detrás de otra, formando frases. En cambio, los sistemas ocurren simultáneamente, y cada elemento del sistema cambia e interacciona sobre los demás de forma simultánea, y todos a la vez. Es por ello por lo que el lenguaje hablado y escrito tiene sus limitaciones, y por ello para el tratamiento de sistemas deberemos recurrir a formas gráficas de representación. Meadows resuelve este problema metodológico mediante el uso de lazos de realimentación *(feedback loops)*, desarrollando su teoría de sistemas mediante la clasificación y análisis de estos lazos de realimentación.

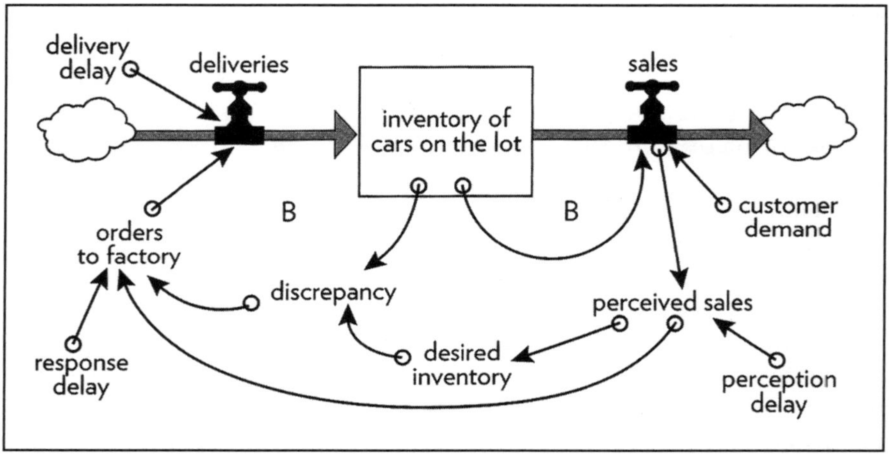

Figura 1.2. Lazo de realimentación de D. Meadows.

Para ilustrar el concepto de sistema, Meadows nos recuerda el relato del elefante y el hombre ciego. Resulta que había una ciudad en la que todos sus habitantes eran ciegos, a la que un día llegó el Rey con su ejército y un elefante. Todos querían «ver» al elefante, animal que nunca había tenido cerca pero sabían que era realmente extraordinario, de manera que decidieron que cada persona que pudiera tocara una de sus partes y así entre todos imaginarse cómo era este gran animal. El que tocó la oreja dijo: «es una cosa grande y rugosa, ancha como una alfombra». El que le tocó la trompa dijo: «es como un tubo largo y vacío, horrible y destructivo». El que encontró un pie y una pierna comentó: «es poderoso y firme, como una columna». Cada uno describía la parte del elefante que le había tocado y todos erraban en la descripción del animal. No era ni una alfombra, ni un tubo ni una columna. Era un animal, es decir, un sistema complejo formado por muchas partes interrelacionadas.

Meadows nos propone la siguiente conclusión de este relato: «El comportamiento de un sistema no puede ser conocido, solo conociendo los elementos de los cuales está hecho el sistema».

De la misma forma, en un sistema urbano no se puede conocer su comportamiento conociendo únicamente cada uno de los elementos que lo constituyen. Debemos pensar en sistema, es decir, en una visión simultánea del conjunto y de las relaciones entre los elementos que la conforman. Y en este sentido, la cultura instrumental y la especialización que nos llega de las dos primeras revoluciones industriales de los siglos XIX y XX nos dificultan una comprensión del fenómeno ciudad, y representan por tanto una dificultad a tener en cuenta a la hora de operar sobre ella.

A nivel institucional esta dificultad se presenta por ejemplo en dos niveles: el sistema de enseñanza y las administraciones públicas.

En el primero, a partir de la educación secundaria y después en la universidad y la formación profesional, especializamos el conocimiento, formamos especialistas en algo, pero que suelen desconocer gran parte de lo demás. Por un lado, arquitectos y urbanistas; por otro, tecnólogos de distintas especialidades, psicólogos, filósofos, ingenieros agrónomos, maestros, etc. Cada uno en su mundo de conocimiento y, de alguna forma, aislado de los otros. Cada uno con sus profesores grandes especialistas en su materia, sin aportar apenas conocimientos transversales o visiones sistémicas.

Por otra parte, en las organizaciones en general, pero sobre todo en los gobiernos, cada ministro, consejero o concejal de ayuntamiento domina un área y es celoso de preservar su territorio. El responsable de urbanismo sabe poco de estrategia económica y este tampoco sabe mucho del primero; cuando forman parte de partidos o de grupos distintos, los límites suelen transformarse en trincheras de guerra. Como resultado, existe una notable dificultad de generar políticas que conecten con la realidad sobre la que queremos actuar, que siempre es sistémica.

La nueva realidad del siglo XXI, con sociedades cada vez más complejas, requiere de una revolución como mínimo en la enseñanza y en las estructuras gubernamentales, pero también en otros ámbitos propios de la sociedad civil o del mundo empresarial. Debemos ser capaces de introducir el pensamiento sistémico en nuestra cultura personal y en todas las organizaciones mediante planteamientos y estructuras transversales que tengan una visión integral y sistémica de los distintos procesos de todo tipo que tienen lugar en la ciudad.

Algunas características de un sistema complejo

Para intentar avanzar en la comprensión de un sistema complejo y poder operar en el mismo, Meadows (2008) se pregunta: ¿por qué los sistemas trabajan tan bien?, y para poder responder a esta pregunta define sus propiedades y destaca tres: resiliencia, autoorganización y jerarquía.

La *resiliencia* es la capacidad de un sistema para volver a su posición inicial después de recibir una fuerte presión que lo mueve de su posición anterior. Sería el caso de la pandemia de la COVID-19. ¿En qué medida hemos favorecido o no la resiliencia de nuestras ciudades y de nuestra sociedad? La resiliencia es la medida de la capacidad de supervivencia de un sistema para sobrevivir a cambios importantes en su entorno. La presencia y actuación de lazos de realimentación *(feedback loops)* que contribuyan a la recuperación del sistema diferencia un sistema resiliente de otro que no lo es. En este sentido, Meadows añade la importancia de incorporar al sistema lazos de realimentación que puedan aprender de la experiencia, crear, diseñar y evolucionar hacia estructuras más complejas que refuercen esta propiedad del sistema considerado.

La *autoorganización* es la capacidad de un sistema para aumentar la complejidad de su estructura; se trata de aplicar el segundo principio de la termodinámica a los distintos sistemas, también al sistema urbano.

Esta capacidad de autoorganizarse aumentando la complejidad de la estructura de un sistema se manifiesta de forma clara sobre todo a partir de las dos primeras revoluciones industriales. En pocos años, las sociedades industriales, partiendo de las nuevas ideas de quemar carbón para generar vapor y transformar esta energía calorífica en energía mecánica, fueron capaces de organizar todo un nuevo sistema productivo con una organización muy sofisticada que transformó radicalmente la sociedad e hizo pivotar la economía, la cultura y el poder político de la ciudad.

El nuevo sistema urbano se dota asimismo de nuevas estructuras organizativas, de acuerdo con la lógica del cambio tecnológico y el cambio económico, aumentando enormemente la complejidad de las mismas.

Este mismo proceso se repite a mayor escala con la capacidad para quemar otros combustibles fósiles, los derivados del petróleo, en el interior del llamado motor de combustión interna. De esta forma aparece un nuevo modelo de movilidad, aumenta la productividad mediante las plantas de producción en serie y se inventa y se generaliza un nuevo modelo energético basado en la electricidad.

El cambio tecnológico pone de manifiesto la capacidad de la sociedad para autoorganizarse, aumentando la complejidad del sistema social y del sistema urbano.

La *jerarquía* es un sistema autoorganizado, en el que se establece una tensión dinámica entre organización y jerarquía. Las nuevas formas de organizativas requieren de libertad y de capacidad para experimentar nuevas estructuras, pero ello entra en contradicción con las jerarquías que se han ido creando y que las limitan. Se crean nuevas estructuras de poder que frenan la libertad de decisión y establecen una nueva dinámica del sistema en su conjunto.

Las políticas económicas que salen de las nuevas estructuras jerárquicas suelen tender a reforzar el *statu quo* y el poder de las grandes organizaciones, más que a la creación de nuevas realidades emergentes. Los gobiernos, en general, se encuentran más cómodos con una sociedad pasiva y desorganizada que con grupos autoorganizados en defensa de sus ideas.

A menudo el espacio donde se desarrolla esta confrontación o dinámica social es en la ciudad, como escenario de una dinámica social cada vez más compleja por la propia relación entre autoorganización y jerarquía. Para entender la ciudad como sistema urbano hay que profundizar en la lógica de la dinámica de sistemas o *System Dynamics* que veremos seguidamente.

La aplicación de las tres propiedades de la dinámica de sistemas a los sistemas urbanos nos permite analizar su naturaleza y su comportamiento ante situaciones de cambio, como por ejemplo las que estamos viviendo tanto a nivel de crisis sanitaria y de crisis de modelo de desarrollo, como su aplicación directa al modelo de ciudad del siglo XXI. Volveremos más adelante sobre este tema, dedicando ahora algunas líneas a analizar la dinámica de los sistemas complejos.

El padre de la teoría general de sistemas, el biólogo alemán Ludwig von Bertalanffy, definió un sistema como: «un complejo de elementos en interacción mutua». Así pues, distingue entre las partes y el todo, pero a la vez pone el énfasis en la interacción de las partes que componen el todo, o sea, el sistema. El foco hacia la dinámica de la interacción de las partes y de su interdependencia representa el elemento clave del cambio de visión. Pasamos de un mundo compuesto de la suma de partes (visión instrumental) a una nueva visión que pone el acento en las interacciones y las interdependencias (visión sistémica).

A partir de los trabajos del grupo del Sloan School of Management del MIT, que culminaron en el primer informe del Club de Roma «Los límites del crecimiento», se estableció un modelo de desarrollo sostenible de sociedades, países y ciudades. Hoy día este modelo de desarrollo es aceptado con muy pocas excepciones, en atención a las claras señales que nos envía el cambio climático cada vez con mayor frecuencia e intensidad.

Donella Meadows dirigió la publicación del Primer Informe del Club de Roma, de 1972, del que el año pasado se cumplieron 50 años y que representó un gran toque de atención para la humanidad sobre lo que actualmente conocemos como la amenaza del cambio climático. Meadows fue una persona avanzada a su tiempo que merecería un homenaje de toda la humanidad.

Para sistemas muy complejos con infinidad de variables interrelacionadas, como son la mayoría de los sistemas sociales, entre los cuales destaca el sistema urbano que estamos estudiando, la modelización del sistema implicará necesariamente una simplificación del mismo que permita operar con él de una forma práctica, aun a riesgo de obviar algunos elementos y algunas relaciones que podrían tenerse en cuenta.

Veamos un resumen de las características principales de un sistema urbano, a modo de síntesis de los planteamientos anteriores. Podemos afirmar que un sistema urbano es un conjunto de elementos interrelacionados con un propósito común y, como todo sistema, reúne tres características: resiliencia, autoorganización y jerarquía. La ciudad es un ser vivo que sabe reponerse, adaptarse o reaccionar ante crisis de todo tipo, evolucionando hacia nuevas formas organizativas; la ciudad es capaz de autoorganizarse mediante grupos sociales, instituciones y entidades que se interrelacionan, y en la ciudad existe un sistema de jerarquías que se contrapone de manera dinámica a su capacidad de autoorganización.

Pero en la ciudad, siguiendo el citado relato del elefante, se producen a menudo situaciones en las que sus componentes actúan ciegamente al interpretar las partes por el todo. La especialización y la segregación de algunos elementos del sistema urbano lleva a una incomprensión de la complejidad del conjunto. Por otra parte, se produce un dominio de la jerarquía institucional o de grupos de interés, lo que ralentiza el proceso de adaptación a un nuevo contexto, produciéndose inercias al cambio de manera que se mantienen estructuras caducas sin capacidad de reacción, puesto que se ha neutralizado la capacidad de resiliencia del conjunto del sistema.

Y esto es lo que ocurre en la actualidad: **que el cambio tecnológico y el cambio de modelo económico consiguiente son de tal magnitud,**

que la ciudad actual, como sistema, tiene en general graves dificultades para reaccionar hacia un nuevo estadio acorde con la lógica de las nuevas condiciones del entorno.

La introducción a la teoría de sistemas nos sirve para analizar la ciudad como sistema urbano, a la luz de algunas aportaciones de urbanistas ilustres como Jane Jacobs al análisis de la ciudad moderna. La mayoría de los mortales no somos capaces de pensar en sistema de forma natural; como máximo llegamos a entender una relación simple de causa y efecto y operamos con ello en nuestra vida cotidiana. Sin embargo, algunas mentes privilegiadas, como Einstein, Newton o Aristóteles, tenían un pensamiento sistémico de forma natural. Creo que una de estas personas privilegiadas fue la gran urbanista americana Jane Jacobs, que nos dejó una joya sobre el sistema urbano en su obra *Muerte y vida de las grandes ciudades* (2011).

Jacobs nos presenta el funcionamiento de las ciudades a partir de lo que llama «cosas corrientes y vulgares», que en definitiva es la vida de la gente, entendiendo el sistema urbano a partir de un urbanismo al servicio de la vida de las personas que habitan la ciudad. Ataca los principios y los fines que, a su entender, «han modelado el moderno y ortodoxo urbanismo y la reconstrucción urbana». La primera edición del libro se publicó en 1961, en pleno desarrollo económico tras la segunda posguerra mundial, con un dominio absoluto del automóvil como medio de transporte individual y familiar, que conllevó, sobre todo en Nueva York y en la mayoría de ciudades norteamericanas, un urbanismo que especializa los usos y se convierte en depredador del territorio, con la consiguiente construcción de grandes infraestructuras viarias que transforman radicalmente la ciudad. Jacobs reacciona contra este modelo de ciudad, que por otra parte forma parte de la ideología dominante resultado del sistema económico y tecnológico imperante en aquellos momentos.

La paradoja que representa la figura de Jacobs es que su crítica a una ciudad resultado de un modelo económico dominante sienta las bases de la moderna urbe del siglo XXI, con un modelo tecnológico y económico radicalmente distinto del que vivió la autora. Fue una persona brillante que se adelantó a su tiempo, planteando algunas ideas que creemos que se deberían recuperar en la nueva ciudad que precisa el siglo XXI y que proponemos en el presente libro.

La ideología dominante en la época en la que Jane Jacobs desarrolló su actividad, liderando movimientos sociales alternativos al urbanismo oficial imperante en la ciudad de Nueva York, estaba monopolizada por un sistema económico basado en el taylorismo y el fordismo, sinónimos de producción industrial a gran escala, con una demanda interna creciente que absorbía toda cuanta producción era capaz de ofrecer el sistema económico industrial de la segunda mitad del siglo xx.

La creciente clase media había accedido a empleos estables, con unos ingresos que les permitían aspirar a unos bienes materiales que la generación anterior había conocido solo de manera incipiente, dadas las dos guerras mundiales y la crisis de los años treinta que habían dominado la primera mitad del siglo xx. Era el momento pues del desarrollismo, por el que las familias aspiraban a tener su primer coche y podían endeudarse adquiriendo una casa unifamiliar en las afueras. Coche familiar y casa con jardín eran la gran aspiración de millones y millones de personas en los Estados Unidos y en Europa occidental. Eran el símbolo del sueño americano.

En este momento histórico, Jane Jacobs propone un urbanismo a escala humana, basado en la vida colectiva en los barrios, donde la gente se relaciona y establece vínculos de confianza que son la base fundamental de la seguridad en la ciudad. En su modelo de ciudad Jacobs defiende la compatibilidad entre seguridad e intimidad, y para ello es necesario crear espacios de socialización y encuentro en los que se crean los vínculos entre las personas.

Es la ciudad amigable, con barrios en los que la gente se conoce y establece relaciones que crean sentido de pertenencia a una comunidad. Se trata de crear espacio público compartido, sobre todo mediante amplias aceras y manzanas pequeñas con muchas esquinas y espacios comerciales en las plantas bajas, con mezcla de usos que den vida a estos barrios durante todo el día y todos los días de la semana. Se trata de la nueva ciudad densa y compacta a la que volveremos en el capítulo 2 y que iba en contra de la ideología dominante en el momento histórico que le tocó vivir a Jane Jacobs.

1.3. Sistema urbano y cambio social

Nos encontramos en plena revolución tecnológica, y por tanto también económica y cultural y debemos pensar en sus efectos sobre la ciudad del siglo xxi, que deberá ser muy distinta de la que hemos conocido y en la que hemos vivido hasta hoy en día. El nuevo urbanismo que proponemos en el presente libro deberá tener una visión sistémica y aplicarla a las acciones de planeamiento y de gestión urbanística de la ciudad.

Este cambio radical que estamos viviendo implica efectos importantes en la sociedad; el cambio social que se prevé puede ir en el sentido positivo de una mayor igualdad y cohesión social o, por el contrario, en el sentido que se está observando en muchas ciudades del mundo, con una mayor desigualdad entre las distintas clases sociales y con fenómenos propiamente urbanos como la llamada «gentrificación» que trataremos en próximos capítulos.

A partir de los principios fundamentales del pensamiento sistémico que hemos apuntado en páginas anteriores, propondremos algunos principios básicos a tener en cuenta para su aplicación a problemas sociales concretos, a la toma de decisiones y al planeamiento estratégico a aplicar en entornos urbanos como el que estamos caracterizando, en proceso de rápida transformación del modelo anterior. Se trata de que al proyectar y desarrollar la nueva ciudad del siglo XXI, donde la innovación y el conocimiento deben jugar un papel fundamental, no tengamos efectos negativos en términos de equidad y de cohesión social, y por el contrario aprovechemos el enorme potencial de la innovación social en beneficio de todos los habitantes de la ciudad.

Observamos que, a menudo, a pesar de que los estados y los gobiernos locales dedican muchos recursos para resolver situaciones de marginación social de personas, grupos y barrios marginales, estas políticas no obtienen los resultados previstos. Las razones de estos fracasos, según diversos autores, estarían en las siguientes causas:

— Las acciones se dirigirían a paliar los síntomas, pero no los problemas.
— Serian acciones paliativas que fallarían a medio y largo plazo.
— Se aplicarían los programas habituales, sin pensar en innovaciones sociales adaptadas a los cambios que se van produciendo.
— Producirían algunos efectos negativos no previstos.
— Serian problemas enquistados y tiramos la toalla.

Como afirma Lewis Thomas (1979), medico ensayista, «si quieres arreglar algo estás primero obligado a entender... el conjunto del sistema», con todos sus componentes e instituciones implicadas.

Las políticas sociales no deberían ser «aquello que hace la consejería o la concejalía de política social», sino que deberían consistir en una política transversal que implicara al conjunto de las administraciones públicas y de las entidades privadas del tercer sector. Por tanto, también de las políticas urbanísticas y de los proyectos de promoción de distritos innovadores de una ciudad.

El pensamiento convencional o instrumental puede llegar a funcionar para problemas simples, como por ejemplo qué hago cuando en mi ciudad hay una huelga de taxistas y no puedo disponer de alternativas como Uber o Cabifay (como ocurre en muchas ciudades, posiblemente por falta de visión sistémica de las políticas de transporte).

Pero el mismo pensamiento instrumental no sirve para enfocar problemas sociales complejos, como el cambio climático o el problema de la movilidad en la ciudad. Todos estos problemas, y muchos más, requieren del pensamiento sistémico que difiere del pensamiento instrumental, basado en el binomio simple problema-solución, en muchos aspectos. Destacaremos algunos:

— En el pensamiento instrumental las relaciones entre causas y problemas son obvias y fáciles de identificar, mientras que en el sistémico no lo son, pues las causas son múltiples y están interrelacionadas entre sí.
— En el primero se diseñan acciones para conseguir resultados a corto plazo (a menudo condicionados por el ciclo político), mientras que en el segundo se considera que los resultados a corto consiguen fracasos a medio y a largo por no haber entendido la complejidad del problema.
— En el primer caso, para optimizar los resultados del conjunto pensamos que se deben optimizar las partes una a una, mientras que si consideramos el sistema en su conjunto actuaremos sobre las relaciones entre las partes.
— En una visión o enfoque instrumental se tiende a actuar sobre un conjunto de acciones independientes, que a menudo son ejecutadas de forma separada para conseguir resultados a corto plazo; en cambio, en una visión sistémica se actúa de forma coordinada en un conjunto de acciones relacionadas, mantenidas a lo largo del tiempo.

En el fondo, uno de los problemas fundamentales de las políticas sociales de la ciudad es la lógica del ciclo político, que lleva a priorizar las acciones que pueden tener resultados a corto plazo, obviando que estas acciones suelen tener efectos negativos a medio plazo. En un mundo en el que se prioriza la gratificación inmediata en muchos aspectos de la vida social, es difícil explicar a la población que el éxito a largo plazo requiere esfuerzo, sacrificio e inversión a corto plazo.

Necesitamos nuevas metodologías, nuevas herramientas que nos ayuden a superar procesos participativos retóricos, en los que el gobierno de turno controla los participantes y el resultado de antemano, sin tener en cuenta otras aportaciones; un ejemplo es lo que ha pasado recientemente en Barcelona con el proceso participativo para la reformulación del distrito 22@ desarrollado durante los años 2018 y 2019. En su lugar, se debería pasar a procesos de participaciones activas y reales de todos los agentes implicados en el sistema, sin prejuzgar el resultado del proceso.

Un buen proceso participativo de los agentes del sistema permite que todos conozcan a los otros agentes (a menudo se ignoran entre sí) y conjuntamente entiendan la naturaleza de las interconexiones entre los elementos del sistema. A partir de aquí se podrán identificar deficiencias y oportunidades de mejora en estas interconexiones, para pasar de manera natural, transparente y asumida por todos, a un plan de acción que lleve a la mejora del funcionamiento en su conjunto, compartiendo un «propósito deseado».

De esta forma, cada persona o grupo descubrirá cuál es su papel en el sistema, entenderá por qué colectivamente no se conseguían los resultados deseados, les permitirá concentrarse en unos pocos cambios coordinados, para conseguir impactos significativos y sostenibles a largo plazo, y finalmente estimulará el aprendizaje continuo y la innovación, condición indispensable para la gestión de cualquier sistema complejo.

No es necesario aplicar el pensamiento sistémico a problemas simples de nuestra vida cotidiana o incluso a problemas concretos de un grupo social o territorio determinado, aunque una visión sistémica de cualquier reto, problema o situación concreta puede ayudar a su mejor comprensión.

John Lewis Gaddis, en su obra *Grandes estrategias* (2019), habla de un «vistazo», recordando las fórmulas de Clausewitz *(coup d'oeil)* o de Maquiavelo («bosquejo»), que consiste en «dar a la complejidad un formato manejable». Algunos personajes de la historia, como Artábano contra Jerjes en la Grecia clásica, o Lincoln en la Guerra Civil americana o el general Kutúzof frente a Napoleón en la Rusia de principios del siglo XIX, o Roosevelt frente al nacismo, todos ellos han demostrado un sentido común, un *coup d'oeil* natural, que los ha llevado a liderar procesos de cambio en circunstancias extraordinariamente complejas, sin necesidad de metodologías aplicadas al pensamiento sistémico.

Sin embargo, como la mayoría no tenemos las capacidades de estos grandes hombres, necesitamos herramientas para poder operar con sistemas complejos en situaciones como las que siguen:

a) Problemas crónicos que permanecen en el tiempo, a pesar de las buenas intenciones para solucionarlos.
b) Algunos elementos del sistema encuentran dificultades en alinear sus esfuerzos o intentan acciones individuales sin comprender el impacto en el conjunto del sistema.
c) Algunas acciones de agentes en el corto plazo perjudican la solución del problema.
d) Distintos actores trabajan de forma simultánea en múltiples iniciativas, sin coordinación entre ellos.

En todos estos casos será conveniente utilizar metodologías de pensamiento sistémico *(«System thinking»)* para el cambio social. Para ello se necesitan algunas condiciones de partida, como las siguientes:

— Disponer de una agenda común significa que existe el liderazgo para proponer y acordar esta agenda común, capacidad para incorporar a los agentes implicados *(stakeholders)*, proponer y acordar una visión compartida de la situación actual y de los objetivos a compartir, y contar con las capacidades para su aplicación y desarrollo.
— Disponer de una metodología y sistemas de medida compartidos, con las capacidades y el apoyo técnico necesario para poder desarrollarlas. Partiendo de una base de información sobre la situación actual, con la participación de las personas adecuadas, iniciar un proceso de análisis sobre cómo diferentes factores interactúan en el sistema. Compartir dicho análisis con los principales agentes implicados y crear un marco de confianza para implicarles a todos en un propósito común, establecer culpables de la situación actual que se intenta superar.
— Identificar actividades coordinadas, que se refuerzan mutuamente, entre los agentes del sistema, desarrollando las actividades necesarias y siendo conscientes del largo plazo y de los costes que ello va a representar para cada agente, con las necesidades de inversión necesarias. Solamente un planteamiento realista a compartir permitirá un ambiente de confianza y cooperación para el propósito común.

— Comunicación continua y organizaciones de apoyo y de gestión de todo el proceso, estableciendo mecanismos de seguimiento de las distintas actuaciones, con una comunicación interna y externa permanente, basada en un sistema de información previamente acordado. Establecimiento de mecanismos de mejora continua del proceso de gestión de las acciones acordadas.

La experiencia en proyectos concretos de transformación urbana, relacionados con la creación de entornos favorables a la innovación, nos alerta sobre la tendencia a priorizar aspectos como el planeamiento urbanístico, la estrategia económica y de atracción de inversiones o las opciones estratégicas relacionadas con las infraestructuras de todo tipo, incluidas las relacionadas con el conocimiento. Por las razones que sean, las actuaciones relacionadas con el cambio social o no son tenidas en cuenta o no forman parte de las prioridades efectivas del proyecto.

Esto conlleva una doble consecuencia. Por un lado se pierden oportunidades de apalancar el cambio económico con el cambio social y por otro se producen efectos como la gentrificación, que genera marginación y desplazamiento de una parte de la población de las zonas implicadas en un proyecto de creación de un distrito innovador urbano.

Un ejemplo de un caso de gentrificación seria el del distrito 22@ de Barcelona, que, como veremos más adelante, ha tenido un fuerte desarrollo durante los últimos veinte años, pero cuyo éxito ha comportado un efecto negativo: el grave encarecimiento de los precios de las viviendas de este barrio de la ciudad. Esta situación hace imposible que muchas personas residentes en este barrio, muchos de ellos hijos de los antiguos trabajadores de las fábricas de este distrito industrial del siglo XIX, no puedan hoy seguir viviendo allí cuando desean emanciparse, ocupando su lugar los profesionales cualificados que desean vivir y trabajar en el barrio.

1.4. La ciudad como sistema urbano

La nueva ciudad del siglo XXI será resultado de los tres aspectos que hemos comentado hasta aquí: la actual revolución tecnológica y económica en marcha, la aplicación del pensamiento sistémico al cambio de modelo urbano y el correspondiente cambio social. Este cambio se producirá a partir del diseño de nuevas políticas y nuevas actuaciones públicas y privadas basadas en el pensamiento sistémico y en la cohesión social, o será resultado de las fuerzas del mercado, que pueden provocar una fuerte división social. A lo largo del libro defendemos la promoción de nuevos proyectos de distritos innovadores como el germen que nos podrá llevar a la nueva ciudad del siglo XXI de forma consciente, planificada y con el consenso social necesario.

En este apartado analizaremos la estructura y la lógica de las actuales instituciones públicas y privadas que actúan en la ciudad (nivel de las superestructuras políticas y sociales), propondremos un diagnóstico de su funcionamiento actual y terminaremos avanzando algunas ideas sobre los cambios que se deberían producir a partir de una aplicación del pensamiento sistémico a la ciudad.

El nivel institucional

La ciudad también podemos analizarla a través de su sistema institucional; en este sentido, siguiendo a varios autores, podríamos hablar de un conjunto de instituciones públicas y privadas relacionadas entre sí, con el propósito común de lograr el buen funcionamiento de los servicios necesarios para la vida en común.

Entre las instituciones públicas destacaríamos aquellas que actúan en la ciudad (estatal, regional y local, o en algunos casos también una administración metropolitana), los centros e instituciones educativas (a todos los niveles, primario, secundario y universitario), los centros e instituciones culturales (museos, bibliotecas, etc.), los servicios de transporte público (metro, autobuses, ferrocarril, transporte aéreo…), infraestructuras básicas gestionadas por organismos públicos (puertos, aeropuertos, energía...), servicios sanitarios (centros de atención primaria, hospitales…), servicios sociales (residencias de ancianos, atención domiciliaria, personas sin techo, distintos tipos de pobreza…), etc. Dentro de las instituciones y centros privados resaltarían empresas, servicios básicos, comercios, centros educativos privados, instituciones asociativas y culturales, entidades del tercer sector, servicios de hostelería y restauración, bares, servicios de telecomunicación, etc. Por otro lado se encontrarían entidades sociales, culturales, deportivas, ONG, asociaciones y fundaciones…

Cada una de estas instituciones cumple su función social y se relaciona con el conjunto de ciudadanos a nivel individual o de forma colectiva. El conjunto de estas instituciones propias de la ciudad conforman un complejo sistema urbano, de un gran dinamismo, que está sometido a procesos de cambio permanente y que se puede afirmar que hasta ahora ha funcionado relativamente bien; sin embargo, actualmente está sometido a procesos de cambio de tal magnitud que plantean nuevos y difíciles retos en este momento histórico que estamos analizando.

Los vientos del cambio

La ciudad actual está sometida a unos procesos de cambio únicos en la historia de la humanidad, similares a las dos revoluciones industriales de los últimos 200 años. Actualmente se está produciendo un cambio radical en la forma en que evoluciona la economía y la sociedad, en sus valores y en las condiciones en que desarrolla su vida social y laboral, en la forma de pensar y de actuar, seamos conscientes o no de ello.

Este cambio cultural, que está condicionando nuestras vidas, se puede resumir en dos aspectos: en las tecnologías, que están evolucionando siguiendo funciones exponenciales, y en la complejidad de los sistemas económicos y sociales. Ambos factores están creciendo de forma única en la historia de la humanidad, siguiendo procesos acelerados que condicionan toda nuestra vida y, por tanto, la de las ciudades, que es donde estos procesos tienen lugar de una forma más acelerada.

Las funciones exponenciales, desde la conocida Ley de Moore hasta otras muchas tecnologías y fenómenos, como la cantidad de información disponible o el crecimiento de organizaciones exponenciales, están teniendo muchas consecuencias de todo tipo. A nivel económico, la concentración de la riqueza en cada vez menos organizaciones, la reducción del ciclo de vida de productos y servicios, la reducción de la vida media de las empresas, el crecimiento económico localizado en algunas ciudades del mundo y la marginación de capas sociales y regiones del mundo, aumentando las diferencias de renta entre unos y otros. En el capítulo 2 veremos algunos ejemplos de estos fenómenos.

El aumento de la complejidad de los sistemas económicos y sociales está relacionado con el fenómeno anterior y tiene también su repercusión en el modelo de ciudad. La complejidad de un sistema, según lo hemos caracterizado en apartados anteriores, es proporcional al número de agentes o elementos del sistema interrelacionados, a estas relaciones de dependencia entre agentes y a la velocidad de cambio de ambas. Pues bien, en el propio sistema urbano, y en los distintos subsistemas que contiene la ciudad actual, cada vez actúan más tipos distintos de agentes que aumentan su velocidad de cambio y que interactúan de manera más intensa y directa. El resultado es un aumento exponencial de la complejidad de los sistemas urbanos.

Este aumento de la complejidad pone en crisis los criterios y las metodologías que hemos utilizado hasta el momento para gestionar la ciudad a todos los niveles. La complejidad aumenta, pero en general seguimos gestionando las organizaciones de forma similar a como lo hacíamos en etapas anteriores, de menor complejidad. Se produce un desfase entre realidad y gestión, entre necesidades y la forma que tenemos de satisfacerlas.

El actual sistema urbano que conforma una ciudad moderna es extraordinariamente complejo y requiere de un tratamiento a distintos niveles, de manera que podemos afirmar que el gran sistema que hoy configura una ciudad moderna requiere ser analizado, para su comprensión y gestión, mediante un análisis de los subsistemas que conforman el gran sistema urbano y con metodologías basadas en los principios que hemos visto en apartados anteriores.

El cambio histórico en el que estamos plenamente inmersos hará cambiar estructuras económicas, sociales y de poder. No sabemos ni podemos prever cuál será el resultado, por la sencilla razón que estamos en medio de la tormenta y todavía no podemos ver el horizonte.

El nuevo sistema urbano

A partir de la lógica de funcionamiento de la ciudad actual, en relación con los requerimientos de los procesos de cambio acelerado que hemos comentado hasta aquí, esta estará sometida a unos retos de una enorme magnitud, a los que podrá hacer frente de forma adaptativa y reactiva, pasando de crisis en crisis, o de forma proactiva, anticipándose a los acontecimientos que sin duda se van a producir e intentando transformar estos retos en oportunidades.

Veamos algunos ejemplos relacionados con las tendencias de cambio apuntadas en los apartados anteriores.

La nueva ciudad será el escenario natural del cambio tecnológico, condición necesaria para que pueda ser un nodo relevante de la globalización económica. El sistema económico y el subsistema industrial estaban compuestos, en las economías industriales, por una suma de elementos autónomos y en parte autosuficientes que llamábamos fábricas o empresas. Con la globalización actual, cada uno de estos elementos pasa a ser una pieza de una cadena de valor global, a la que va a añadir valor de forma interdependiente con las otras piezas. Cada cadena de valor está liderada por algún grupo o grupos multinacionales. Es el caso del sistema de producción y distribución del automóvil, o del sistema textil y de la confección o de muchos otros.

Cuanto más valor aporte cada elemento al «sistema cadena de valor», más resistente será al cambio y a su sustitución por otros elementos. Durante los últimos veinte años hemos observado cómo centenares de empresas locales o filiales de multinacionales que parecían sólidas desaparecían de la noche a la mañana debido a que eran piezas sustituibles por otras con mayores ventajas competitivas, normalmente basadas en los costes. Ha sido el caso del sector de la electrónica de consumo o del sector del automóvil, entre otros.

Estos cambios radicales plantean retos y oportunidades. Entre los retos más importantes estaría el gran potencial de marginación social que lleva incorporada esta nueva economía. Amplias capas sociales, por edad, acceso a la educación, diferencias de género, familia o barrio de origen pueden ser determinantes de esta marginación, difícil de corregir a partir de cierto momento de la vida de las personas afectadas.

Pero también se presentan oportunidades, entre las que podríamos destacar la oportunidad para renovar el tejido empresarial de una ciudad, mediante políticas industriales de todo tipo que favorezcan la creación de nuevas empresas y el crecimiento de las existentes en los sectores de mayor potencial de valor añadido.

Finalmente, también es preciso tener en cuenta otros factores: la necesidad de renovar el urbanismo tradicional adaptado a las nuevas necesidades y a la lógica del nuevo sistema productivo; el fomento, atracción y fijación de talento como factor fundamental para el futuro de una ciudad y, finalmente, pero no menos importante, las políticas de cambio social integradas con el nuevo sistema urbano, elemento clave en el diseño y desarrollo de un distrito innovador.

Por un nuevo urbanismo sistémico

Como afirmaba Donella Meadows, el lenguaje hablado y escrito no es un buen instrumento para el pensamiento sistémico, puesto que es secuencial, y en un sistema interactúan permanentemente todos sus elementos entre sí; se tratará pues de utilizar formas gráficas que representen los elementos clave del sistema y sus interacciones. Veremos dos métodos distintos: *System Dinamics* y *Sistems Mapping*.

Systems Dinamics (TSL, *2019)* fue desarrollado originariamente por Jay Forrester del MIT. Se trata de una metodología potente para entender la dinámica de los sistemas complejos. Es un método de modelización y simulación para analizar y poner a prueba distintos escenarios e hipótesis sobre el comportamiento del sistema y un medio para el desarrollo de un plan de acciones que permita conseguir el propósito acordado. Sirve pues para el análisis del sistema considerado, para tener una visión de síntesis del mismo y para el diseño de actuaciones de agentes y de sus relaciones.

Una forma gráfica sencilla de un sistema urbano en transformación podría ser la siguiente, dejando claro que cada aplicación tiene que ser acordada y asumida en un proceso de reflexión e interacción de todos los agentes. La figura 1.3 es un simple ejemplo de la forma que podría tener un sistema dinámico con el propósito de crear un entorno urbano innovador.

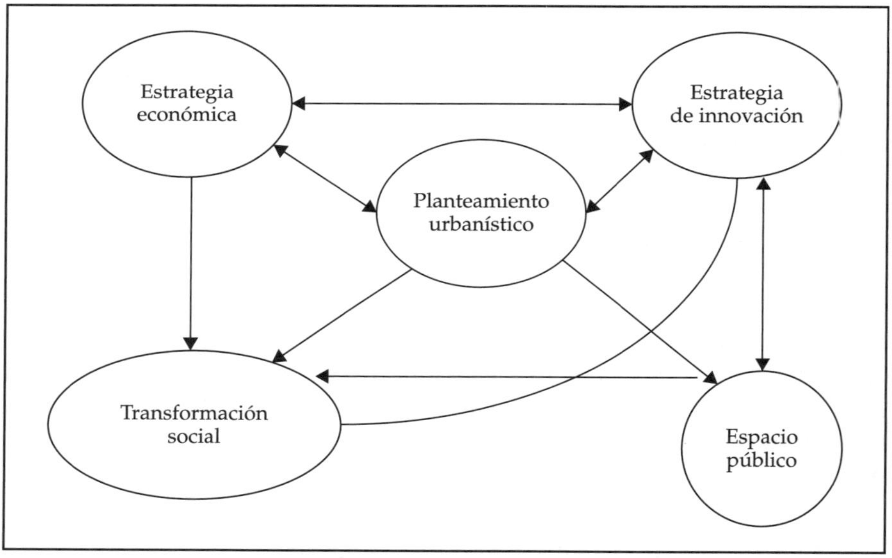

Figura 1.3. Systems Dinamics.

Systems Mapping (Vijay Kumar, 2013) es también llamado ERAF Systems Diagram, y es utilizado habitualmente en actividades académicas y en proyectos de transformaciones urbanas.

Este método es muy apropiado para representar gráficamente un sistema complejo, con todos sus agentes e interacciones entre ellos; propone distinguir entre:

a) *Entidades:* son las partes del sistema, sus elementos constitutivos, como personas, lugares y cosas, o conceptos como proyectos, problemas u objetivos.
b) *Relaciones:* describe cómo las entidades se relacionan unas con otras.
c) *Atributos:* son las características de cada entidad o relación.
d) *Flujos:* son el sentido de las relaciones entre entidades, describiendo un tipo de relación como «hacia o desde», «antes o después», «inputs u outputs», etc. Pueden ser flujos temporales vinculados con el tiempo o flujos de proceso referidos a la naturaleza del flujo.

Este sistema tiene dos características y actúa a dos niveles. El primer nivel, sintético, permite reunir toda la información recogida en un único diagrama, que es la síntesis gráfica que representa el sistema. Pero también tiene un nivel analítico, en la medida que permite un estudio del diagrama que permite observar problemas actuales o amenazas futuras, relaciones débiles a potenciar, elementos que falta introducir en el sistema...; en definitiva, permite actuar sobre el mismo para alcanzar el propósito compartido.

El método ERAF se desarrolla mediante seis etapas, en las que participan activamente los agentes del sistema:

Etapa 1. Identificar entidades del sistema, incluyendo solo aquellas entidades que tienen un impacto significativo en el sistema. Trabajo individual y colectivo que empieza listando personas, lugares, organizaciones y todo aquello que puede tener un impacto significativo en el sistema. El proceso acaba dibujando círculos que representan las entidades y poniéndoles un nombre que las identifique.

Etapa 2. Definir relaciones y flujos entre entidades. Dibujar líneas y flechas que identifican relaciones y flujos entre entidades y escribir textos que las definen.

Etapa 3. Definir atributos de entidades. Mediante círculos más pequeños, describir atributos de las entidades con su descripción y valores.

Etapa 4. Dibujar el diagrama en red. Dibujar el diagrama que integra todas las informaciones de las etapas anteriores y revisarlo todo el grupo, con debate sobre si realmente representa al conjunto del actual sistema en su complejidad.

Etapa 5. Analizar el diagrama. A partir del diagrama resultado de la etapa anterior, se trata de acordar un diagnóstico del mismo, destacando algunas deficiencias, faltas de conexión entre entidades, entidades que faltan y otros aspectos que permiten detectar problemas actuales o futuros. Acordar una lista de problemas y debilidades a superar.

Etapa 6. Debate y definición de conclusiones operativas. Una vez consensuado el diagnostico anterior, se trata de acordar actuaciones para superar los problemas detectados y actuaciones para la mejora del sistema.

El resultado de la etapa 6 debe ser el acuerdo sobre un plan de acción que permita avanzar en un mejor funcionamiento del sistema.

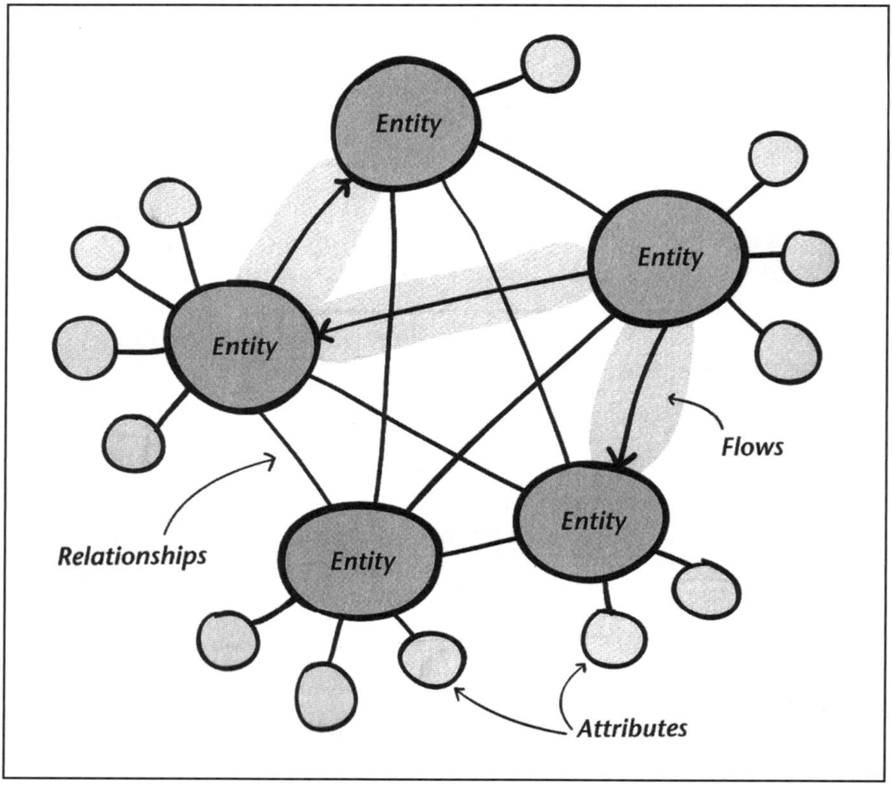

Figura 1.4. Diagrama ERAF de un sistema complejo.

Muchos proyectos de transformación urbana fracasan debido a la incapacidad de realizar ejercicios colectivos como el que se ha propuesto, con la metodología que se considere más apropiada. La formalización puede seguir métodos diversos, pero lo que resulta imprescindible es disponer de una visión ajustada del sistema en su complejidad para poder operar con el mismo.

Ideas clave

1. Vivimos actualmente una revolución económica y social que tiene su origen en un cambio tecnológico radical, lo cual genera una gran complejidad.
2. La globalización, el cambio tecnológico o las funciones exponenciales son elementos de esta complejidad que afecta a los sistemas económicos, culturales y sociales.
3. Este aumento de la complejidad comporta un cambio en el modelo de ciudad, que solo es posible entender «pensando en sistema» (Donella Meadows).
4. El distrito innovador como nuevo núcleo urbano puede liderar el cambio de modelo de ciudad, basado en la aplicación del pensamiento sistémico a la complejidad actual del sistema urbano.

2
UN NUEVO MODELO DE CIUDAD

2.1. La ciudad del siglo XXI, una perspectiva histórica

En el capítulo anterior hemos observado cómo la ciudad está siendo objeto de cambios importantes, como consecuencia de la revolución tecnológica de los últimos decenios. En este capítulo presentamos una síntesis y una propuesta de los elementos básicos que van a determinar la nueva ciudad del siglo XXI.

Perspectiva histórica

Después de cada revolución tecnológica e industrial la ciudad ha respondido con nuevas formas de organización territorial, y el planeamiento urbanístico ha creado modelos espaciales de acuerdo con la lógica del nuevo sistema productivo.

La primera revolución industrial del siglo XIX, basada en el vapor, que permite la mecanización de la industria y una nueva movilidad con la aparición del ferrocarril, favorece el desarrollo de zonas industriales próximas a la ciudad, alrededor de las cuales nacen nuevas ciudades donde vive la nueva clase obrera que se desplaza del campo a la ciudad.

Estas nuevas ciudades industriales se configuran como núcleos urbanos donde la función residencial y la actividad productiva están próximas; es un conjunto de fábricas y viviendas situadas en un mismo entorno donde es posible desplazarse a pie. Los obreros salen de sus casas para ir a trabajar, y vuelven del trabajo caminando; el urbanismo es el de una nueva ciudad compacta con mezcla de usos. En el caso de las colonias fabriles situadas al lado de un río para aprovechar la fuerza motriz de tipo hidráulico, esta integración es total, de manera que las viviendas, la iglesia, la escuela y la tienda están en la misma colonia, en un núcleo urbano cerrado, a veces a cal y canto.

La segunda revolución industrial de principios del siglo XX se basa en la electricidad, el motor de combustión interna y la producción industrial en serie. La nueva ciudad industrial se expande y crea la moderna metrópolis, en la que un nuevo urbanismo reserva espacios para las industrias que llamamos polígonos o parques o polos industriales. Actualmente, con contadas excepciones, las industrias ya están separadas de las viviendas y conectadas mediante la nueva movilidad, el vehículo a motor de combustión interna.

El nuevo modelo de movilidad, las redes eléctricas y la necesidad de espacios amplios fuera de la ciudad hacen surgir un nuevo planeamiento urbanístico basado en la zonificación, en la ciudad extensa, en la especialización de cada territorio, en la distancia entre centro de trabajo y barrio o urbanización donde habitan los trabajadores de las zonas industriales. El centro de esta nueva ciudad es el espacio de los servicios donde se desplazan cada día, desde las zonas residenciales, los trabajadores de cuello blanco que llenan las oficinas de los centros urbanos. Unos y otros viven fuera de la ciudad; los unos se desplazan a las zonas industriales, mientras los otros viajan cada día al centro de la ciudad de servicios.

Hoy nos preguntamos: ¿con la nueva revolución basada en el conocimiento y en las nuevas TIC, cuál será el modelo urbanístico más adecuado a la lógica del nuevo sistema productivo? Observando la realidad actual, ya podemos afirmar que el espacio de actividad económica dominante del siglo XXI, de la nueva ciudad creativa e innovadora, ya es y será el distrito innovador.

Las ciudades como espacio de interacción

La ciudad actual es el ámbito de la diversidad, la variedad, la sorpresa... Siempre pasan cosas, se pueden descubrir nuevos lugares y conocer nuevas personas. Como afirma Jane Jacobs, la ciudad proporciona lo que de otro modo solo se conseguiría viajando; es decir, lo distinto, lo extraño, la sorpresa.

Nací en un pueblo de dos mil habitantes del norte de Cataluña, cerca del Pirineo. Un pueblo bonito y tranquilo, para mí el mejor pueblo del mundo, en el que todos se conocen y se saludan por la calle. Cada día se parece al anterior y para ver y vivir cosas nuevas hay que viajar. Hoy vivo en Barcelona, donde cada día pasan cosas, conoces nuevas personas, participas en reuniones con gente que antes no conocías o vas a escuchar una conferencia de un personaje interesante que no habías detectado.

La ciudad es el espacio de la variedad y de la interacción y, como afirma Richard Florida, las ciudades más dinámicas atraen talento de todo el mundo que facilita y enriquece estas interacciones y, por tanto, la creatividad y la innovación. En la ciudad pasan cosas continuamente y, si uno tiene los ojos y los oídos abiertos, puede tener ideas para transformarlas en acciones creativas e innovadoras.

Las ciudades serían como una fuente de energía que te ayuda a generar nuevas ideas. Paseando por Nueva York, Londres o París tu mente recibe continuamente estímulos visuales y sonoros (a veces molestos) que te generan nuevas ideas a aplicar a tus actividades profesionales y personales. En una ciudad cosmopolita siempre hay varias actividades o lugares que pueden atraer tu atención y mover tu curiosidad por conocer algo nuevo.

Paseando por la Rambla de Barcelona, siempre llena de gente de todo el mundo, puedo inspirarme hablando, escuchando a los transeúntes, viendo el movimiento continuo de personas y situaciones. Luego escucho un grupo de música en la plaza de la Catedral, tomo un café con un amigo en un bar y como en un restaurante con alguien conocido. Por la tarde, todos los días hay actividades culturales diversas a las que puedes acudir. Esto si no juega el Barça y tus pasiones te llevan a acudir al Camp Nou junto a un nuevo conjunto de gente con intereses e inquietudes diversos. Es el mundo de la interacción continua, de la variedad de agentes y situaciones, de los estímulos creativos a diferentes niveles e intensidades.

El porqué del auge de las ciudades

Pero las grandes ciudades también generan molestias, ruidos, polución y problemas de desplazamiento. ¿Por qué a pesar de estos inconvenientes la mayoría de las personas decidimos vivir en las ciudades? Jane Jacobs, en su conocido libro sobre la ciudad (2011), destaca la importancia de los encuentros casuales. Para ella, la ciudad no es un conjunto de edificios, sino una red de espacios en la que las personas interactúan unas con otras, enriqueciéndolas y fomentando su creatividad.

En la ciudad compacta, basada en la mezcla de usos, donde en un espacio limitado coexisten apartamentos, oficinas, comercios, bares y restaurantes, hoteles o bibliotecas públicas, diferentes clases de personas comparten la calle por distintas razones, aumentando la probabilidad de interacción. En estos espacios se producen «desbordamientos de conocimiento» *(knowledge spillovers)*. El valor agregado de todos estos «desbordamientos» determina la riqueza cultural y creativa de una ciudad. De esta forma se conectan el urbanismo, la calidad de vida y el desarrollo económico.

Está demostrado que la innovación es el resultado de un proceso formado por miles de interacciones entre personas, que estimulan su creatividad. Los innovadores son influidos por otros innovadores que se mueven por el mismo espacio urbano. Como afirma Jonah Lehrer (2012), «la densidad misma de la ciudad —la proximidad de todas esas mentes que se solapan y superponen— es lo que hace que sea una fuente tan inagotable de creatividad». La ciudad creativa es densa y basada en la mezcla de usos.

Personas que interactúan

Geoffrey West y Luis Bettencourt son dos físicos que se han dedicado a estudiar la ciudad mediante el método científico y han inventado la ciencia de la ciudad. Estos autores identificaron variables propias de distintas ciudades del mundo, como la longitud del cable de la red eléctrica o el número de licenciados universitarios, pasando por el salario medio. Analizaron gran número de estadísticas sobre servicios de todo tipo, evolución de los salarios, velocidad de los peatones, etc. Al cabo de un tiempo descubrieron que todas estas variables urbanas respondían a unas pocas ecuaciones matemáticas y formularon de esta manera las leyes del funcionamiento de cualquier ciudad del mundo.

Estas ecuaciones confirman la teoría de Jacobs sobre la ciudad. Se demuestra que cuando las personas se juntan en un entorno urbano, aumenta su creatividad y la productividad per cápita. Las personas intercambian más ideas, son más creativas y generan más innovaciones.

Siguiendo estas ecuaciones de West y Bettencourt, cada variable socioeconómica que pueda ser medida en una ciudad tiene un exponente de aproximadamente 1,15, de manera que una persona que vive en una ciudad con el doble de habitantes que otra, generaría, por término medio, un 15 % más de valor que la que vive en la ciudad de menos habitantes. Según esta teoría, a medida que una ciudad crece —tiene más población— cada persona de esta ciudad se vuelve más productiva por término medio. Las ciudades son fuentes inagotables de ideas y seguirían las leyes formuladas mediante estas ecuaciones.

Pero entonces, ¿cómo se explicarían las anomalías o situaciones particulares de ciudades más pequeñas que son más creativas que otras más grandes? Este sería el caso de Austin o Boston, en relación con Detroit o Cleveland. ¿Por qué algunas ciudades siendo más pequeñas son más creativas, contradiciendo las ecuaciones de West y Bettencourt? ¿Existen excepciones? Los propios autores llegaron a la conclusión que las ciudades más creativas son aquellas que presentan un número mayor de «colisiones» entre personas. En este caso, la variable clave sería por tanto la probabilidad de «colisionar», que correspondería al número de interacciones entre personas.

El diseño urbano, la estructura de los espacios y la organización de actividades deben estar pues orientadas a aumentar el número de interacciones, si lo que queremos es aumentar la creatividad y la riqueza de una ciudad.

El declive de Boston y su ruta 128, como centro de empresas tecnológicas líderes mundiales como Digital Equipment Corporation o Wang Laboratories, hoy desaparecidas, se explicaría por la incapacidad de estas de interactuar con otras empresas. Esta fue la causa principal de que no pudieran seguir el ritmo de las empresas que se iban creando e instalando en el oeste del país, concretamente en San José (Estados Unidos), una zona que hasta el momento era una zona agrícola. En la ruta 128 había unas pocas empresas grandes autosuficientes y encerradas en sí mismas, donde la información fluía en vertical dentro de la empresa, como en el modelo industrial propio de la segunda revolución industrial. El talento bostoniano de la ruta 128 no podía interactuar fácilmente y el resultado fue la muerte de la innovación y de las propias empresas de este territorio.

La revolución digital transforma las organizaciones en abiertas, con trabajo en red y con la información que fluye de forma horizontal. Y de esta forma aquellos territorios que favorecen la capacidad de interacción entre personas y empresas, con sistemas abiertos que interactúan a gran velocidad, van a resultar ganadores. De ahí surge la explosión de nuevas empresas tecnológicas en Silicon Valley y también en un país pequeño como Israel, entre otros muchos casos.

Algunas conclusiones

— La ciudad es un fenómeno que favorece en gran manera la creatividad y la innovación.
— En una ciudad, los espacios que favorecen la interacción entre personas determinan la capacidad de promover la innovación y el desarrollo económico.
— La interacción entre personas depende de la densidad, de la estructura de los espacios y de las actividades y servicios que se desarrollan.

Por otra parte, de las reflexiones del capítulo 1 y de las aportaciones de los apartados anteriores podemos sacar ya varias conclusiones sobre el nuevo modelo de ciudad del siglo XXI.

En primer lugar, la ciudad es hoy núcleo de conocimiento e innovación, y en ella se manifiestan las más importantes actuaciones relacionadas con la economía, la cultura y la innovación tecnológica. El espacio público, las calles, crean sentido de comunidad, generan confianza y seguridad y pueden promover el movimiento asociativo.

Además, el uso del auto se debe hacer compatible con el espacio público peatonal, mediante nuevos planes de movilidad que promuevan el transporte público, prestando atención a la distribución de mercancías en la ciudad.

Es necesario pasar de la ciudad dispersa, que especializa el territorio, a la nueva ciudad densa y compacta con mezcla de usos, es decir, a la ciudad como gran espacio para el ensayo y error, con los distritos de innovación como laboratorios vivos para la experimentación.

En el diseño de espacios se tendrá en cuenta la importancia y predominio del trabajo cara a cara, con adecuación de espacios públicos y de edificios que faciliten esta forma de comunicación, compatible y relacionada con la comunicación telemática.

Se deberá tener en cuenta también la necesidad de un cambio cultural hacia las inversiones en intangibles, dirigidas a las personas, al conocimiento y la innovación y a actividades culturales y servicios. La ciudad deberá ser atractiva para el talento.

Pero las actuales ciudades no están condenadas de antemano, como ha quedado demostrado en muchas ciudades que entraron en decadencia y fueron capaces de reinventarse. Hace falta liderazgo y proyectos realistas centrados en el conocimiento y la innovación.

También es importante que las ciudades tengan su propia agenda 2030, derivada de la aplicación de las 17 ODS para un desarrollo sostenible.

Finalmente, en plena revolución del conocimiento, las ciudades deberán tener la capacidad de generar ecosistemas innovadores urbanos, o distritos innovadores, como base fundamental para la atracción de talento y de las inversiones de alto valor añadido y poder gestionar la transición de un modelo de ciudad propio del siglo XX a otro del siglo XXI.

Por otra parte, las ciudades deberán adaptarse a las condiciones históricas, culturales, económicas y sociales de cada ciudad. No es lo mismo hablar de una ciudad de Estados Unidos que de una de América Latina u otra ciudad europea; y en Europa las soluciones a adoptar serán distintas en una ciudad escandinava con respecto a una mediterránea.

Pensamos que las condiciones históricas y sociales de países sajones como Estados Unidos y Canadá, o de los países del centro y norte de Europa, son distintas de las de los países del sur de Europa y de América Latina, y que por no tenerlo en cuenta ha habido muchos fracasos en estos países. Muchos ciudades fuera de Estados Unidos han pretendido crear su Silicon Valley y han tenido sonoros fracasos, además de caros; en este sentido se habla del síndrome *Silicon-something* como algo a evitar.

El problema o el reto que hoy se plantean muchas ciudades es el de ¿cómo se puede pasar de la ciudad actual a la nueva ciudad? ¿Cómo proyectar y liderar este proceso de transición? En todo caso, parece claro que si no somos capaces de implementar y gestionar dicho proceso, la ciudad entrará en crisis y su declive será imparable.

2.2. Algunas aportaciones críticas sobre la ciudad actual

Ya nos hemos referido a Jane Jacobs en páginas anteriores. Recordaremos ahora algunas de sus principales aportaciones. En primer lugar, hay que destacar la relación entre sentido de comunidad y creación de espacio público donde la gente puede relacionarse y compartir recursos y actividades al aire libre; este proceso de creación de comunidad a través del espacio público genera sentimiento de seguridad, como alternativa a situar la seguridad exclusivamente en el terreno del orden público.

Las calles de una ciudad nos indican su carácter y la vida de la gente que la habita. La seguridad depende de la vida en estas calles. Una ciudad vacía de personas paseando y dominada por el automóvil es una ciudad insegura y sin vida comunitaria, en la que predomina el individualismo y la vida encerrados en casa o dentro de los autos. Una ciudad con gente arriba y abajo, con comercio, bares y restaurantes durante todo el día nos transmite un sentimiento de seguridad (curiosamente, nos sentimos seguros entre personas desconocidas).

A esta sensación de vitalidad en las calles añadiríamos la existencia de un tejido asociativo que permita la participación y facilite este sentimiento de comunidad y de confianza mutua. Espacios comunitarios como los «Casals de Barri» de Barcelona y otras ciudades, promovidos y cedidos por el Ayuntamiento pero gestionados por las propias entidades vecinales, van en este sentido.

Jacobs también critica el dominio del auto sobre el espacio público, que hace más difícil la relación entre los vecinos, pero destaca que ello no es la causa del deterioro de las ciudades, sino «más bien un síntoma de nuestra incompetencia para construir ciudades». Añade que los urbanistas son incapaces de hacer compatibles el coche y la ciudad «porque tampoco saben cómo urbanizar una ciudad funcional y vital, con o sin automóviles». La autora pone pues el foco en el urbanismo imperante en su época, que no responde a las necesidades de la vida en las ciudades.

La autora plantea la necesidad de un nuevo transporte urbano o de lo que hoy llamaríamos un nuevo plan de movilidad, que debería basarse no en una guerra entre espacio para automóviles y espacio para peatones, sino en cómo reducir el número de vehículos que actualmente circulan por una ciudad, sin limitar la funcionalidad de personas y organizaciones. Defiende la «drástica reducción en cifras absolutas del número de automóviles y una mayor dependencia del transporte público».

Sin embargo, hay que tener en cuenta las distintas funcionalidades de la movilidad en la ciudad, por ejemplo la necesidad de accesos para los vehículos de transporte y distribución de mercancías; para ello la autora propone lo que llama un «sistema de *post-Officing*» como sistema de divisiones centralizadas de las mercancías en una zona, reduciendo drásticamente el número de entregas, preferiblemente a realizar por la noche. Sería pues una separación de vehículos en el tiempo pero no en el espacio. Algunos estudios recientes lo llaman la logística de la última milla.

El tercer elemento a destacar en las aportaciones de Jacobs es su crítica a la especialización de los espacios y su defensa de la mixtura de usos como elemento que da vida a la ciudad y facilita la relación entre las personas que viven y/o trabajan en el barrio. La ciudad que especializa los espacios y los dispersa en el territorio es una ciudad en la que predomina el uso del automóvil sobre las otras formas de circulación y, por tanto, limita o elimina los espacios y las oportunidades para la relación social.

La nueva ciudad deberá basarse en la mezcla de usos, donde en un mismo espacio reducido de una o varias manzanas próximas coexisten usos residenciales, hoteles, oficinas, equipamientos, servicios de todo tipo y espacio público, con predominio de aceras y plazas.

Además, deberá tenerse en cuenta el concepto de ciudad como «inmenso laboratorio de ensayo y error», y en este sentido el distrito innovador puede ser el laboratorio vivo *(living lab)* de toda la ciudad. Allí podremos experimentar el uso de nuevas tecnologías, espacios de experimentación o laboratorios de diseño y *Fablabs* al servicio de la capacidad de innovación de todos los ciudadanos. La ciudad como gran espacio para la innovación social y el distrito innovador laboratorio para el conjunto de la ciudad y para otras ciudades.

Por su parte, Edward Glaeser (2011) nos presenta de entrada un mensaje contundente: «...resulta que el mundo no es plano, sino que está pavimentado» y que la ciudad ha triunfado. Doscientos cuarenta y tres millones de estadounidenses se concentraban en el 3% del país, lo que en 2014 representaba un 81% de la población total. Y además, resulta que la ciudad concentra el talento, las artes y las ciencias, la innovación y la creatividad.

Glaeser pone como ejemplo de generación de riqueza la ciudad de Nueva York, concretamente en el distrito de Manhattan, donde en 2010 el salario semanal promedio era de 2.404 dólares, un 170% más que la media estadounidense, y un 45% más que el salario semanal promedio en el condado de Santa Clara en el Silicon Valley. Y a partir de este dato el autor destaca lo que él llama la paradoja central de la metrópoli moderna: a medida que el coste de recorrer grandes distancias disminuye, la proximidad se hace cada vez más valiosa.

Le podríamos añadir que a medida que se desarrollan nuevas tecnologías y servicios que permiten estar conectados telemáticamente, la proximidad, los entornos urbanos innovadores y el trabajo *face to face* es más importante y decisivo para la competitividad económica de las ciudades que los ubican.

Parece claro que las ciudades más avanzadas crecen porque el cambio tecnológico actual tiene su base en el conocimiento y la innovación, que se produce de forma mucho mejor por parte de la gente que está en estrecho contacto con otra gente, lo cual ocurre en algunas ciudades y en algunos entornos urbanos.

Otra paradoja de la nueva ciudad es que precisamente donde los costes inmobiliarios y laborales son más altos es donde las empresas deciden ubicar sus sedes y sus actividades más relacionadas con las tecnologías y la innovación. La razón principal estaría en que estos costes más altos quedan compensados por la mayor productividad de estos entornos urbanos. Solamente ante condiciones de entorno similares, las empresas podrían escoger ciudades con ventajas comparativas de costes laborales e inmobiliarios, y esta podría ser una de las ventajas de algunas ciudades del Mediterráneo y de América Latina, siempre que sean capaces de desarrollar entornos urbanos creativos e innovadores.

Aquellas ciudades que fueron grandes emporios industriales del siglo XX, pero que, como Detroit, no supieron adaptarse a las nuevas condiciones del siglo XXI con el valor estratégico del conocimiento, han entrado en una fuerte crisis de la que difícilmente podrán salir. Detroit en 1950 tenía 1,85 millones de habitantes y en 2008 menos de la mitad. Ocho de las diez ciudades norteamericanas más grandes en 1950 han perdido más del 20 % de su población desde entonces. La causa es muy clara: estas ciudades perdieron el contacto con la materia prima más importante en el siglo XXI, el conocimiento y la innovación; en definitiva, ciudadanos formados y con capacidad para participar en multitud de empresas innovadoras que forman parte del tejido esencial de la nueva ciudad.

El caso de Detroit ilustra la decadencia de aquellas ciudades que acogían grandes conglomerados industriales, que se fueron separando de la evolución tecnológica del mundo que hemos visto en el primer capítulo cuando hablamos de «la revolución en marcha»; la diversidad de la nueva industria, basada en multitud de pequeñas y medianas empresas y en la capacidad emprendedora y tecnológica, conducen a la innovación en entornos urbanos innovadores, mientras que los grandes conglomerados industriales, que no han sabido adaptarse al nuevo mundo, conducen a la decadencia urbana.

A veces, algunas de estas ciudades en decadencia intentan superar su situación mediante grandes inversiones públicas y privadas en construcción, grandes proyectos de trenes de alta velocidad, autovías y aeropuertos, grandes estadios para eventos multitudinarios y grandes centros de convenciones. Al cabo de unos años alguien se ha endeudado hasta las cejas (el Estado o la ciudad, o ambos) y nos quedamos con viviendas sin ocupar, trenes sin pasajeros, autovías sin coches y aeropuertos sin aviones. Esto es lo que ocurrió en España durante la última década del siglo XX y la primera del siglo XXI. Y la lección es muy simple, como afirma Glaeser: «La insensatez de la renovación urbana basada en los proyectos de construcción nos recuerda que las ciudades no están constituidas por edificios, sino por personas»; además, de la educación y de la capacidad creativa de estas personas depende el futuro de estas ciudades.

Pero, además, las ciudades que acogen los nuevos centros productivos de la economía del siglo XXI son también centros culturales y creativos, centros que pueden atraer el talento de otros países por el alto nivel de servicios que pueden acoger. Los grandes teatros, museos, restaurantes y servicios de todo tipo solo pueden sobrevivir en aquellas ciudades densas con la dimensión adecuada para poder tener la demanda necesaria para su mantenimiento.

Y así se produce un doble lazo de realimentación positiva: **cuanta mayor oferta de servicios de alto nivel cultural tenga una ciudad, más atraerá a personas de talento y más aumentara la demanda de estos ser-**

vicios, que irán desarrollándose al ritmo del crecimiento de esta demanda, haciendo que esta ciudad sea cada vez más atractiva a nivel internacional.

Algunas ciudades siguen procesos de realimentación positiva hacia la calidad de vida y el desarrollo económico y cultural, mientras que a otras les ocurre al revés; las personas preparadas huyen de estas ciudades, la demanda de servicios disminuye, estos servicios cierran y la ciudad cada vez es menos atractiva. El elemento clave es la capacidad que tienen algunas ciudades para ser auténticos ecosistemas innovadores, como iremos desarrollando a lo largo de este libro.

En relación con el transporte urbano y al papel del automóvil privado, el desarrollo de los barrios residenciales periféricos respondió a una lógica racional propia del siglo xx, y la gente que decidió marchar de la ciudad lo hizo porque el coche le ofrecía velocidad y espacio y las políticas municipales expulsaban a la gente hacia las afueras de la ciudad. Sin embargo, ello plantea claras desventajas para el medio ambiente, puesto que las ciudades tradicionales liberan muchas menos emisiones de carbono y, hoy en día, ya sabemos que uno de los factores clave del cambio climático es el transporte en vehículos privados desde los lugares de residencia dispersos hacia la ciudad central, que es el centro de los servicios y de las principales actividades económicas.

La ciudad densa y diversa es más ecológica y facilita la colaboración humana y la creatividad, bases de la nueva lógica de la economía digital y exponencial.

Está demostrada la importancia de la relación profesional cara a cara para la innovación y la creatividad de los grupos humanos; el contacto directo produce un mayor grado de confianza entre las personas, mayor generosidad y un elevado nivel de cooperación. Por otra parte, los jóvenes profesionales trabajan más horas si viven en un área metropolitana donde hay muchos competidores de su propio sector profesional. Sería el caso de ciudades con un distrito o ecosistema innovador.

También parece demostrado que la comunicación telemática y la interacción cara a cara se realimentan mutuamente, siendo funciones complementarias más que sustitutivas. Paradójicamente, las personas que viven en una misma ciudad se llaman por teléfono más que las que viven alejadas, probablemente porque las relaciones cara a cara aumentan la necesidad de hablar antes o después por teléfono. Además, la productividad es más alta en las empresas que forman parte de un ecosistema innovador urbano. Insistiremos en ello más adelante.

Según la llamada *paradoja de Jevons,* las mejoras en eficiencia en una tecnología no conducen a un menor uso, sino, por el contrario, a uno mayor. Jevons lo aplicó en el siglo XIX al aumento de eficiencia de los motores de vapor, que aumentaban el consumo de carbón en lugar de a una reducción (si un producto es más eficiente consume menos). Actualmente esta paradoja se aplica a cualquier situación en que las mejoras en la eficiencia no conducen a un consumo menor sino todo lo contrario.

Aplicada esta paradoja a las tecnologías de la información, observamos que a medida que disponemos de sistemas de transmisión de información más eficientes, como el correo electrónico o las teleconferencias, destinamos más tiempo a transmitir información. Otra aplicación de esta paradoja estaría en el consumo de papel o en el boom del tráfico aéreo.

Aplicado a la ciudad, las mejoras en las tecnologías de la información provocan una mayor necesidad de contactos cara a cara, puesto que el tiempo dedicado a la comunicación electrónica es complementario del presencial. En realidad, en muchas ocasiones usamos el correo electrónico para organizar reuniones cara a cara. Las ciudades ven reforzado su papel estratégico en el marco global debido al desarrollo de las tecnologías de la información y de las comunicaciones.

Como resultado de todo lo anterior, parece claro que las disfunciones de la ciudad actual llevan a la necesidad de un cambio de modelo de ciudad. La decadencia de antiguos imperios industriales como Detroit pone de manifiesto de manera descarnada esta necesidad urgente; sin embargo, es cierto que antiguas ciudades industriales, como Pittsburgh, han logrado pasar de fabricar bienes a generar ideas e innovaciones. Para ello, insistimos, la creación de ecosistemas innovadores es condición imprescindible; sin espacios urbanos innovadores no hay transformación positiva de la ciudad.

Para que una ciudad industrial se reinvente es preciso que sea capaz de pasar de una cultura basada en el valor de lo tangible, de los edificios, a otra cultura basada en la cualificación de las personas, en el conocimiento; es decir, de lo tangible a lo intangible.

En la década de 1950 la mayor concentración de industrias de la confección de Estados Unidos estaba en Nueva York, dando empleo a un 50 % más de trabajadores que toda la industria automovilística de Detroit. Esto, que hoy nos parece increíble, demuestra que las ciudades no están condenadas a un destino irremediable. Las ciudades son sistemas vivos dotados de resiliencia y capacidad de cambio, si se dan las condiciones apropiadas para ello. La creatividad para reinventarse a sí mismas depende de la capacidad de liderazgo y de la propuesta y puesta en marcha de proyectos reales y realistas, que den respuesta adecuada a los retos que plantea la nueva economía y la nueva sociedad.

Así pues, las ciudades actuales que han entrado en procesos de decadencia o de estancamiento no están condenadas de antemano. Los casos que conocemos actualmente de ciudades capaces de reinventarse, como Nueva York, Pittsburgh, Boston o Seattle entre otras ciudades de Estados Unidos, o Londres, Berlín, Helsinki, Múnich, Barcelona, Valencia y tantas otras en Europa, han demostrado que es posible y que depende de la capacidad de sus líderes políticos, económicos y sociales. Las ciudades no están condenadas de antemano, sino que tienen la posibilidad de reinventarse si son capaces de hacer frente a los retos actuales y de aprovechar las grandes oportunidades existentes.

Resumen y conclusiones de la crítica a la ciudad actual

Como conclusiones a las críticas recogidas en el presente apartado, formulamos un decálogo de la nueva ciudad:

— *Primera:* la ciudad ha triunfado. Hoy la ciudad es núcleo de conocimiento e innovación y en ella se manifiestan las más importantes actuaciones relacionadas con la economía, la cultura y la innovación tecnológica.

— *Segunda:* el espacio público, las calles, crean sentido de comunidad, generan confianza y seguridad y pueden promover el movimiento asociativo.

— *Tercera:* se debe hacer compatible el uso del coche y el espacio público peatonal, mediante nuevos planes de movilidad que promuevan el transporte público.

— *Cuarta:* se debe prestar atención a la distribución de mercancías en la ciudad, que aumenta de forma creciente con el comercio electrónico; deben buscarse formas de compatibilidad, seguramente mediante la gestión del tiempo más que del espacio. Modelos logísticos de última milla.

— *Quinta:* es necesario pasar de la ciudad dispersa que especializa el territorio a la nueva ciudad densa y compacta con mezcla de usos.

— *Sexta:* la ciudad como gran espacio para el ensayo y error, con los distritos de innovación como laboratorios vivos para la experimentación.

— *Séptima:* importancia y predominio del trabajo cara a cara, con adecuación de espacios públicos y de diseño de edificios que faciliten esta forma de comunicación, compatible y relacionada con la comunicación telemática.

— *Octava:* necesidad de un cambio cultural hacia las inversiones en intangibles dirigidas a las personas, al conocimiento y la innovación y a actividades culturales y servicios. La ciudad debe ser atractiva para el talento.
— *Novena:* las actuales ciudades no están condenadas de antemano, como lo demuestran muchas ciudades que entraron en decadencia y fueron capaces de reinventarse. Tan solo se necesita liderazgo y proyectos realistas centrados en el conocimiento y la innovación.
— *Décima:* la conclusión de este apartado dedicado a una valoración crítica de la ciudad es la necesidad evidente de un cambio de modelo de ciudad, en el que la creación de núcleos urbanos o ecosistemas innovadores será un elemento esencial, como iremos viendo a lo largo del libro.

Resumen de la valoración crítica del urbanismo de la ciudad actual:

1. La ciudad ha triunfado y hoy es núcleo de conocimiento e innovación.
2. El espacio público crea sentido de comunidad, genera confianza y seguridad.
3. Nuevos planes de movilidad que promuevan el transporte público.
4. Nuevo sistema de distribución de mercancías en la ciudad.
5. La nueva ciudad densa y compacta con mezcla de usos.
6. Los distritos de innovación como laboratorios vivos para la experimentación.
7. Espacios públicos y edificios que faciliten la comunicación cara a cara.
8. Inversiones dirigidas a las personas, al conocimiento y la innovación y a actividades culturales y servicios. Ciudad atractiva para el talento.
9. Reinventar las ciudades mediante el liderazgo y proyectos realistas centrados en el conocimiento y la innovación.
10. Necesidad de un cambio de modelo de ciudad, mediante la creación de ecosistemas innovadores urbanos.

2.3. La nueva ciudad del siglo XXI

El siglo XIX fue el de la primera revolución industrial, que nos legó un determinado tipo de ciudad. Después llegó el siglo XX, que con su sistema de producción en serie, su nuevo modelo energético basado en la electricidad y su nueva movilidad basada en el vehículo automóvil configuró un nuevo modelo de ciudad. Ahora se trata de empezar a apuntar algunas tendencias del actual momento, caracterizado por un cambio profundo en el sistema productivo y en los modelos energético y de movilidad.

La primera tendencia sería la visión de la ciudad como nodo de las redes globales. En la era de la globalización, las grandes metrópolis compiten y colaboran en una red global, cuyos nodos concentran el talento y la capacidad de innovación, que a su vez alimentan un nuevo tejido productivo que últimamente conocemos como Industria 4.0.

Cada uno de estos nodos es una ciudad, y a menudo una gran metrópoli urbana, que concentra talento, universidades, centros de I+D y empresas innovadoras; se trata de lo que hemos denominado un ecosistema innovador. Hace años Richard Florida caracterizó estos núcleos urbanos como aquellos que reúnen las tres T: Tecnología, Talento y lo que él llamó *Tolerance,* que en definitiva se podría traducir por calidad de vida. Entornos urbanos donde el talento quiere vivir para desarrollar su proyecto profesional y personal.

El talento internacional quiere vivir en ciudades que reúnen básicamente dos condiciones: un entorno innovador donde desarrollar su creatividad profesional y un entorno urbano creativo. El entorno innovador está formado por lo que llamamos un distrito innovador, objeto del presente libro, y el entorno urbano creativo resulta de una amalgama de actividades culturales, espacios de relación, a veces buen clima (aunque hay ciudades con un clima nada propicio que son polos de atracción de talento) e infraestructuras de todo tipo.

En estos espacios se produce una realimentación positiva entre atracción y fijación de talento y atracción de inversiones intensivas en conocimiento. El talento va y se desarrolla donde hay trabajos cualificados y estos se crean donde lo hay, puesto que las empresas más innovadoras se instalan en estas ciudades. Son dos procesos que se realimentan mutuamente de forma positiva.

El talento acude a estas ciudades, pero también se crea en estas mismas ciudades mediante un sistema educativo de alto nivel, en el que se matriculan muchos jóvenes con talento de todo el mundo, de los cuales una parte se quedará a residir en esta ciudad. Un caso paradigmático en este sentido es la ciudad de Boston, con centros universitarios como el MIT, Harvard y otras universidades, y con un rico ecosistema innovador urbano. Si solamente hay una fuerte base educativa, como ocurre con algunas ciudades con excelentes Escuelas de Negocio, la ciudad puede atraer talento para estudiar en ellas, pero luego si no hay oportunidades laborales atractivas acaba marchándose a otras ciudades.

La segunda tendencia que proponemos es la de los condicionantes que plantea la nueva economía exponencial. Hemos hablado del cambio cultural que comporta la economía digital y la actual revolución del conocimiento, caracterizado por pasar de sistemas lineales a economías exponenciales. Este proceso de cambio cultural depende fundamentalmente de dos factores:

a) La formación como reto del sistema educativo.
b) El entorno urbano innovador, como condicionante de entorno para la innovación.

Es un reto para el sistema educativo. Los humanos no pensamos de forma exponencial, nuestros registros de la vida cotidiana son lineales, caminamos un paso detrás de otro, las horas y los días pasan unos detrás de otros, cumplimos un año tras otro y lo celebramos. En cambio, como hemos visto, la economía exponencial avanza mucho más rápidamente. Incorporar este cambio de valores y comportamientos probablemente llevará varias generaciones, pero será más o menos rápido según sea el sistema educativo. Una persona pasa estudiando, desde la etapa preescolar o P3 hasta el bachillerato o la universidad, entre 14 y 20 años de su vida. Las ciudades con un sistema educativo más activo, riguroso y avanzado consolidarán antes este cambio cultural único en la historia de la humanidad.

Un entorno innovador puede ayudar al cambio cultural. El entorno urbano condiciona nuestra vida cotidiana. Nos movemos y nos relacionamos en el barrio y en el trabajo con otras personas y usamos servicios de todo tipo, impregnándonos de la atmósfera de la ciudad. Si vivimos aislados en una urbanización en las afueras y vamos en coche a trabajar en un edificio en el que aparcamos y subimos directamente al despacho o a la planta de producción, nos relacionamos solo con los vecinos de al lado y volvemos a casa, este es un entorno con baja entropía.

En conclusión, el entorno urbano acelera o frena el proceso de adaptación al cambio cultural.

Como tercera tendencia queremos destacar la necesidad de fomentar el pensamiento sistémico. Es otro aspecto del cambio cultural que comporta la economía digital y la actual revolución del conocimiento.

La cuarta tendencia, consecuencia de las anteriores, es la necesidad de adecuar el urbanismo a las nuevas necesidades y requerimientos de la nueva ciudad. El cambio de modelo de ciudad es un proceso de cambio histórico que veremos con mayor detalle en un próximo capítulo.

Se trata de un nuevo urbanismo basado en la ciudad compacta, con mezcla de usos, sostenible, cohesionada, que evite procesos de marginación y de gentrificación, entorno natural de distritos innovadores como los que proponemos en el presente libro.

La quinta tendencia es la necesidad de nuevas políticas económicas que promuevan las actividades de mayor valor añadido, tanto incentivando la innovación en los sectores «tradicionales» o en el tejido empresarial existente, como promoviendo nuevos sectores emergentes.

Se trata de tener la capacidad de identificar lo que la Unión Europea ha denominado la «Especialización Inteligente», en el marco de su nueva política regional RIS3 definida inicialmente para el período 2014-20, que consiste en que las regiones se especialicen en aquello que saben hacer mejor y en donde se reúnen las mejores condiciones competitivas a escala internacional. Cada ciudad deberá saber orientar sus políticas económicas en este sentido, especializándose hacia aquellas actividades de mayor valor añadido o de mayor contenido de conocimiento y capacidad de innovación.

El cambio tecnológico y la capacidad de innovación serán consustanciales con las políticas económicas de la nueva ciudad, y para ello será necesario crear entornos urbanos como ecosistemas innovadores que favorezcan las nuevas actividades.

La sexta tendencia es la necesidad de crear nuevas infraestructuras de conocimiento y potenciar las existentes. Un ecosistema innovador requiere de estas infraestructuras si no quiere limitarse a ser un parque empresarial o espacio de oficinas, siguiendo la misma lógica de los polígonos industriales, y a los que podríamos llamar polígonos de oficinas. El urbanismo debe prever estos espacios y estos usos, como se hizo en el distrito 22@ Barcelona, inventando una nueva clave urbanística a la que llamamos 7@ y que ha tenido poco desarrollo durante los últimos años.

La séptima tendencia consiste en el reto que representa el cambio social y la oportunidad de la innovación social. En el capítulo anterior hemos tratado el tema del sistema urbano y el cambio social; las ciudades pueden favorecer la equidad o la marginación, pueden integrar o segregar, favorecer la innovación social o reducir la innovación a unos pocos núcleos profesionales especializados. Es una opción política y hoy en el mundo tenemos ejemplos en ambos sentidos. Lo desarrollamos en un capítulo posterior.

La octava tendencia es la necesidad de nuevos sistemas de gobernanza y comunicación adaptadas a la nueva realidad, en relación con el proyecto de distrito innovador.

La promoción de un nuevo DI, dada su complejidad, deberá disponer de un modelo de gobernanza propio y específico que permita el partenariado público-privado necesario para un proyecto de esta naturaleza. Esta nueva gobernanza deberá basarse en el liderazgo público y privado del proyecto, en la participación de los distintos agentes y en un núcleo de gestión profesional y estable en el tiempo.

Un nuevo aspecto a destacar es la importancia de la comunicación del nuevo modelo de ciudad o del ecosistema innovador, estrechamente ligada con el modelo de gobernanza. Es necesario comunicar al conjunto de la ciudadanía y a los *stakeholders*, o agentes implicados, el reto que representa el nuevo modelo de ciudad y las acciones que se están tomando en este sentido.

La novena tendencia es la necesidad de activar mecanismos y servicios de atracción de inversiones hacia los entornos urbanos innovadores. Un buen proyecto de transición hacia el nuevo modelo de ciudad comporta tener en cuenta todas las tendencias anteriores, como reto y como oportunidad, pero también, y de forma directamente relacionada con la gobernanza y la comunicación, necesita activar mecanismos y servicios de atracción de inversiones e infraestructuras de todo tipo.

Finalmente, la décima tendencia, como síntesis de las anteriores, es la necesidad de promover ecosistemas innovadores como nuevo escenario simbólico y real, *urban lab* o *living lab* del conjunto de la ciudad. Su puesta en práctica deberá realizarse mediante proyectos realistas y viables de nuevos distritos innovadores, como el modelo que proponemos en este libro. Un ecosistema innovador es el ámbito urbano que concentra empresas, conocimiento y servicios que configuran el nuevo modelo de ciudad del siglo XXI y que iremos desarrollando a lo largo del libro en nuestra propuesta de modelo de distrito innovador.

Resumen del decálogo de la nueva ciudad del siglo XXI. La nueva ciudad es:

1. Nodo de la red global de ciudades.
2. Espacio urbano propio de la economía exponencial.
3. Distrito innovador que favorece el cambio cultural.
4. Un nuevo urbanismo adaptado a las nuevas necesidades y requerimientos de la nueva ciudad.
5. Políticas económicas que potencien los sectores intensivos en conocimiento.
6. Nuevas infraestructuras de conocimiento y reforzamiento de las existentes.
7. El cambio social como necesidad y como oportunidad para la innovación social.
8. Nuevos sistemas de gobernanza y de comunicación.
9. Nuevos mecanismos y servicios de atracción de inversiones.
10. Como síntesis de los anteriores, la necesidad de promover ecosistemas innovadores urbanos.

2.4. Nueva ciudad y actividad económica

Una vez presentada una cierta visión crítica a la ciudad actual, y su conclusión en un nuevo modelo de ciudad, en el presente apartado intentaremos avanzar en la relación de la ciudad con las nuevas actividades económicas.

Una visión económica de la ciudad no descarta incorporar desde una perspectiva sistémica aspectos como el cambio social, el cambio cultural, la educación o la transición energética, entre muchas otras tendencias actuales del cambio de modelo de ciudad. No pretendemos aportar una visión holística que integre otros aspectos como el institucional, el político o el sanitario, pero tampoco propondremos una visión reduccionista solamente relacionada con el sistema productivo de la nueva ciudad; pretendemos aportar una visión sistémica relacionada con la economía y con la sociedad.

Las ciudades metropolitanas del mundo son hoy los motores de la economía, los lugares donde se concentra la inversión, el talento y la capacidad de innovación. Como nos enseñó hace unos años el gran Peter Drucker (2003), la evolución histórica nos ha llevado hasta aquí desde un siglo XX industrial, con aumentos de productividad únicos en la historia de la mano del taylorismo y el fordismo, provocando que cada vez menos personas fueran necesarias para la producción de objetos físicos, y se pasara de «aplicar el saber al trabajo no cualificado, a aplicar el saber al saber». Esto ha llevado a la actual innovación económica, basada en el predominio del talento y la creatividad en la economía.

En muchas ciudades se han producido procesos de «destrucción creativa» mediante la sustitución de empleos propios de la producción industrial hacia nuevos empleos relacionados con el conocimiento y la innovación. En Estados Unidos, desde 1980, se han destruido más de un tercio de los trabajos manufactureros; de 18,9 millones de empleos hasta 12,2 millones (MIT Tech. Review, 2016). Y al parecer esta es una de las bases sociales del populismo de Trump, con la esperanza de recuperar los «gloriosos tiempos pasados», pasado que la lógica económica y tecnológica nos dice que no volverá.

Según datos de Boston Consulting Group (Muro, 2016), el coste de un robot de soldadura en la industria automovilística apenas roza los 8 dólares (unos 7,5 euros) por hora. Un trabajador humano cuesta 25 dólares (unos 23,5 euros) la hora. Es una diferencia que no hará más que crecer. De manera más generalizada, la intensidad del trabajo industrial —sobre todo el mejor remunerado— solo irá en declive. En 1980 se necesitaban 25 empleos para generar un millón de dólares (unos 902.000 euros) de volumen de producción manufacturera; hoy solo se requieren cinco empleos. Y esta tendencia es global e imparable.

El panorama de las ciudades es pues dual, con algunas de ellas capaces de incorporarse a las tendencias tecnológicas y económicas del siglo XXI y otras que se están quedando al margen. Es lo que Saskia Sassen llama «la nueva geografía de la centralidad y la marginalidad». Unas ciudades están en la nueva centralidad global, mientras que otras se mueven en la marginalidad.

Cómo compiten las ciudades

Las tecnologías de la información y las comunicaciones (TIC) y otras tecnologías emergentes que configuran lo que llamamos Industria 4.0 juegan un papel decisivo en la competencia económica entre ciudades. Hoy disponemos de tecnologías que, aplicadas a la economía, permiten el desarrollo de modelos de negocio y de organizaciones exponenciales. Y la base para su desarrollo es la formación de las personas. De ahí que la batalla de la competencia entre ciudades se juega en dos terrenos: en el del sistema educativo y en el de la capacidad de atraer personas con talento.

El reto para que una ciudad pueda competir a nivel global es el de tener la capacidad de participar en el desarrollo de las tecnologías clave y de integrar estas innovaciones en su sistema productivo. Y para ello es necesario actuar en distintos terrenos, como la formación de los trabajadores locales, la promoción de infraestructuras del conocimiento, articular mecanismos para el partenariado público-privado y promover las medidas de política económica que favorezcan la creación, atracción y desarrollo de nuevas actividades económicas.

Respecto al desarrollo de nuevas actividades económicas, podemos afirmar que es la función fundamental y el objeto de la creación de distritos innovadores, como entornos que facilitan y activan este desarrollo de nuevas actividades.

Nos hemos referido también a las acciones relacionadas con la articulación de los mecanismos para fomentar el partenariado público-privado, función que en realidad impregna a todo el conjunto de las acciones para la creación de un distrito innovador, como veremos más adelante.

Sin embargo, sí que podemos ya destacar el papel fundamental del gobierno municipal en esta tarea. En este sentido, Kresl afirma que en relación con el futuro económico de las ciudades «ambos niveles nacionales y subnacionales de gobierno fallan», y sigue afirmando que solo la administración de la ciudad (los Ayuntamientos) y los agentes privados pueden tener confianza para perseguir el interés de la economía urbana. En definitiva, la experiencia práctica demuestra que el liderazgo debe ser ejercido con firmeza y determinación por el gobierno local, con su alcalde o alcaldesa a la cabeza, y con un pacto con empresas y agentes locales basado en la confianza mutua y en compartir un proyecto económico para la transformación de la ciudad.

Como destaca el mismo autor, los actuales centros urbanos de actividades de alta tecnología, en informática, comunicaciones, biotecnología, farmacia, óptica, tecnologías media, etc., que conforman el núcleo que hoy conocemos como el de la Industria 4.0, están localizados donde están porque en su día determinadas personas —alcaldes y líderes políticos y económicos— tomaron decisiones —a veces contracorriente— de desarrollar capacidades de I+D, en universidades o en entidades independientes, de crear distritos urbanos innovadores o de desarrollar las capacidades para un clúster determinado. Estas actividades podrían estar en otras ciudades si los líderes de las mismas hubieran actuado oportunamente como hicieron los primeros.

El futuro de una ciudad, y por tanto de sus habitantes, depende sobre todo de la capacidad de los líderes para promover este tipo de proyectos, a partir de diagnósticos adecuados y realistas, mediante planes económicos y acciones de todo tipo, para la supervivencia de la economía de la ciudad. Esperar y no actuar no es una opción, sino el modo de asegurar el declive de la ciudad.

La teoría de las tres T

Vamos a insistir en el papel que juegan las personas con talento; sin talento no hay economía basada en el conocimiento. Estas personas deciden vivir y trabajar donde piensan que se dan las mejores condiciones, y por ello promover estas condiciones será una de las funciones esenciales de las nuevas políticas públicas.

La teoría de la clase creativa del profesor Richard Florida, conocida como de las 3 T, destaca el papel de las áreas urbanas creativas como espacios donde se dispone de tecnología, talento y tolerancia. Es en estos espacios donde la economía creativa tendría su mayor desarrollo.

En el libro *The rise of the creative class (El desarrollo de la clase creativa, 2002)* Florida afirma que las bases del crecimiento económico en los últimos años han sido la tecnología, el talento y la tolerancia. La tecnología como conocimiento y como capital tecnológico, el talento de las personas capacitadas, y la tolerancia o calidad de vida de los ambientes urbanos.

En este sentido, serían las clases creativas las que podrían generar un mayor crecimiento económico en aquellos entornos urbanos donde estas personas quieren vivir y trabajar. Florida utiliza la palabra tolerancia como sinónimo de aceptación social de formas de vida no estándar (en cuanto a opciones familiares, sexuales, etc.) y de proliferación de actividades culturales y de entretenimiento.

Según Florida, la presencia de la clase creativa alimenta positivamente el desarrollo de un entorno urbano personal y profesional abierto, dinámico y creativo. A su vez, este entorno atrae más personas creativas, lo cual promueve el desarrollo económico y la atracción de recursos de capital y de nuevas actividades económicas.

En su obra, el autor pone en cuestión las conocidas estrategias económicas urbanas basadas en las inversiones en infraestructuras como estadios deportivos, edificios singulares o grandes centros comerciales, y las contrapone con la necesidad de desarrollar también medidas para la atracción y la retención de talento como medio para asegurar el desarrollo económico a largo plazo.

Ante las muchas críticas recibidas por su obra, él y su equipo presentaron evidencias empíricas que demostrarían: 1) el papel de la clase creativa en el crecimiento económico y la vitalidad urbana, y 2) que estas clases seleccionan su localización en función de la tolerancia y atractivo cultural de las ciudades y no tanto por la oferta laboral existente. Según indica Florida, los datos demostrarían que las ciudades más «creativas» han crecido más en las últimas décadas, generando empleo de más calidad y con salarios más altos.

Por otra parte, según Florida, no hay una oposición entre condiciones favorables para las clases creativas y para las familias tradicionales, dado que los trabajadores creativos se ven atraídos por la diversidad (resultado de la tolerancia), y estas condiciones urbanas son también atractivas para las familias tradicionales, ya que muchos de sus miembros son también trabajadores creativos.

Quedarían sin embargo algunas preguntas abiertas y problemas de futuro con que se están encontrando las ciudades «creativas». Estas ciudades pueden generar más desigualdades en la distribución de los ingresos económicos y pueden provocar incrementos de precio en la propiedad inmobiliaria. Como consecuencia de ambos procesos, una parte de la población se vería expulsada de la ciudad (especialmente aquellas personas con bajos ingresos y las familias con hijos). Estos problemas apuntarían a la posible insostenibilidad del modelo de crecimiento de estas ciudades. Sería el fenómeno que hoy conocemos como gentrificación, que ya hemos citado y que trataremos específicamente en otro capítulo.

La teoría de la clase creativa tuvo la virtud de abrir un debate importante sobre el papel de las ciudades y de la planificación urbana en la economía. Debate que probablemente no ha llegado con fuerza hasta algunos países europeos y de América Latina, donde ni la estrategia económica de las ciudades ni la planificación urbana al servicio del desarrollo económico ocupan una posición destacada en el debate político.

La situación en nuestro país se caracteriza, por una parte, por políticas de promoción económica tradicionales, con los problemas que ya conocemos, y, por otra, por unas políticas urbanísticas de tipo clásico, con un concepto de ciudad difusa y no sostenible propio de los modelos de ciudad del siglo XX y alejado del concepto de ciudad sostenible y del conocimiento, capaz de atraer talento internacional.

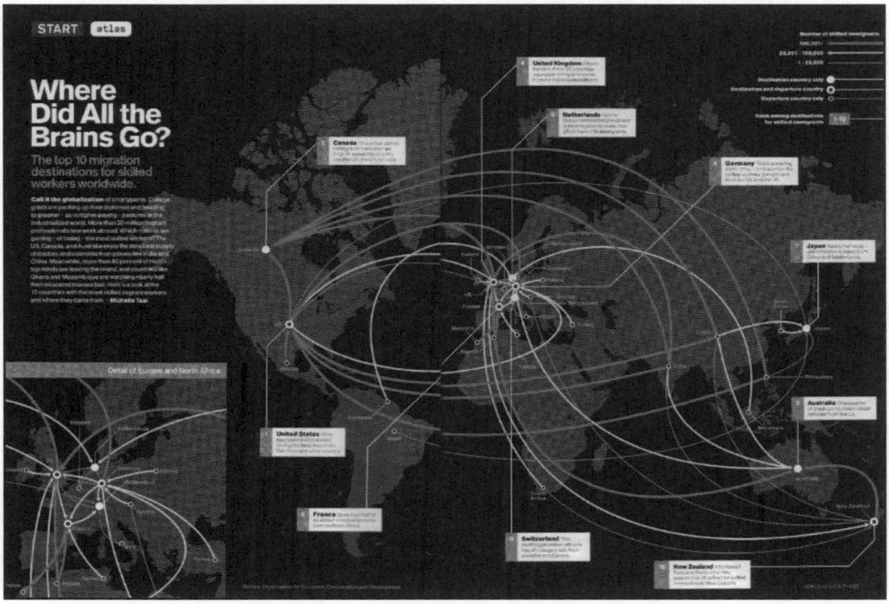

Figura 2.1. Gráfico Wired. ¿Dónde van los cerebros?

Igualmente, la tradicional separación orgánica y profesional de estos dos ámbitos —la política de promoción económica y la política urbanística— dificulta el planteamiento de políticas integradas de promoción de una economía basada en el conocimiento en un entorno urbano.

Una reflexión a retener para el caso español sería la excesiva orientación de las inversiones públicas en infraestructuras tradicionales, y una escasa dedicación al desarrollo urbano de las tres T, especialmente si consideramos las dos primeras T, la tecnología y el talento, tanto propio como atraído desde fuera.

Como podemos observar en la figura 2.1, publicada en la revista *Wired*, España y América Latina no figuran en las rutas del flujo de talento a nivel global.

El papel de los distritos innovadores (DI)

¿Qué entendemos por un DI? Según la definición debida a Bruce Katz y a Julie Wagner, **un DI es «una área geográfica en donde instituciones de referencia y empresas conectan con pequeñas empresas, *start-ups*, incubadoras y aceleradoras. Un DI es físicamente compacto y accesible, técnicamente conectado y urbanísticamente basado en una mezcla de usos de viviendas, oficinas y comercio»[1].**

Se trata pues de un ecosistema urbano adaptado a las nuevas condiciones del sistema productivo y de la competencia global del siglo XXI. Sería la respuesta natural de la ciudad del siglo XXI para crear nuevos espacios de actividad económica.

En realidad esta situación no es nueva, puesto que a las distintas olas de cambio tecnológico le han correspondido nuevas revoluciones industriales y la ciudad ha cambiado hacia otras formas de organización territorial, en las que el planeamiento urbanístico ha creado nuevas formas y estructuras territoriales.

La revolución actual, que ya hemos visto que se basa en el conocimiento y en las TIC, plantea el reto de imaginar cuál será el modelo urbanístico más adecuado a la lógica del nuevo sistema productivo. Veremos más adelante que el espacio de actividad económica dominante del siglo XXI será lo que hemos venido a denominar un ecosistema urbano innovador o distrito innovador.

---

[1] https://www.youtube.com/watch?v=uJ6BFm3hra8&t=521s

Este nuevo modelo ya lo anticipamos a finales de los 90 del siglo xx principios del siglo xxi en Barcelona, con el diseño e implantación del Distrito 22@. En este caso, se trataba de transformar un antiguo distrito industrial, resultado de la revolución industrial del xix, en un nuevo modelo de ciudad basado en la innovación, y así en el año 2000 nació el Distrito 22@, que hoy día, a pesar de haber perdido el liderazgo público desde hace ya unos cuantos años, sigue siendo un referente internacional.

La principal innovación del modelo 22@ fue integrar en una única unidad de gestión el planeamiento urbanístico con la estrategia económica. El primero se basaba en la ciudad densa y compacta, que acoge actividades intensivas en conocimiento e instituciones relacionadas con la innovación. La segunda estructuraba el espacio en clústeres urbanos identificados como prioritarios y posibles para la ciudad de Barcelona. Ambos subsistemas se alimentaban mutuamente en un proceso permanente de *feedback,* liderado por la sociedad municipal 22@Barcelona.

Cuando a partir del 2008 el proyecto cambió la orientación y se fue perdiendo el liderazgo público y el modelo de gobernanza original, el distrito fue evolucionando hacia un mero receptor de inversiones inmobiliarias y de empresas diversas, sin elementos vertebradores de la estrategia económica basada en clústeres urbanos, que representaba el diseño original.

A pesar de todo, el Distrito 22@ es hoy un referente internacional, del que aprender de sus aciertos y de sus errores. Espero que próximamente surja un nuevo impulso basado en un pacto público-privado, que permita redefinir y proyectar el distrito a partir de las condiciones actuales que, en algunos aspectos, son bien distintas de las que existían hace unos veinte años, cuando se diseñó el distrito en su etapa inicial.

Actualmente, a través de los trabajos desarrollados por distintos autores, como los citados Katz o Wagner, ya sabemos que esta nueva tendencia se ha globalizado y que hoy en día las ciudades más dinámicas del mundo desarrollan nuevos DI como los espacios urbanos más apropiados para el desarrollo de la economía del siglo xxi, basada en el conocimiento y en la innovación. Hoy el talento del mundo desea trabajar en estos distritos, para poder desarrollar su creatividad y vivir en un entorno urbano donde interactuar y basar su proyecto de vida personal.

El gran reto, no resuelto, es cómo conseguir que el diseño técnico sea compatible con una sociedad inclusiva, que no margine a las personas que no están en las organizaciones creativas. El fenómeno de la gentrificación es una de las mayores amenazas para las ciudades que deciden participar activamente en la creación de distritos innovadores, como veremos en próximos capítulos.

¿Cómo y dónde se crean puestos de trabajo cualificados?

Recordando a Enrico Moretti (2012), podríamos formular la pregunta anterior como: ¿cuál es la nueva geografía de los empleos cualificados? Parece demostrado que las ciudades que cuentan con un numero relativo de graduados universitarios atraen más titulados, en un proceso permanente de realimentación positiva. Este proceso de realimentación también se produce en sentido negativo, cuando las personas mejor formadas huyen de una ciudad para ir a otras ciudades con realimentación positiva. Tenemos pues que en un país o en una región del globo se pone de manifiesto un doble proceso de ciclo iterativo, positivo o negativo en función del atractivo que cada ciudad tiene para lo que Florida llamó la clase creativa. Cualquier ciudad deberá tener una estrategia para estar en el primer grupo. Esto es lo que Enrico Moretti estudia en su obra *The New Geography of Jobs (La nueva geografía del empleo).*

En este sentido, el éxito de una ciudad puede beneficiar a todo el conjunto de sus habitantes, pudiendo atraer a nuevos trabajadores cualificados y creando nuevos empleos que benefician a los empleos existentes.

Cuando una ciudad pierde una fábrica de producción industrial, como ocurrió no hace mucho con el cierre de la fábrica de automóviles Nissan en Barcelona, no solamente pierde también empleos en las empresas proveedoras de esta fábrica principal, sino que además muchos de los servicios de esta ciudad también desaparecen. Según investigaciones llevadas a cabo por Moretti, por cada empleo industrial perdido se pierden 1,6 empleos adicionales fuera de este sector en el conjunto de la ciudad. Son empleos del sector servicios como camareros, barberos, empleados de comercio, pintores, instaladores, etc., afectando al conjunto de la economía de la ciudad.

La globalización y el cambio tecnológico están provocando un cambio radical de modelo productivo, que implica una reducción en los empleos dedicados directamente a la producción industrial, y la pérdida de estos empleos industriales se traslada a todo el conjunto de la economía de una ciudad o región. La única alternativa es revertir el ciclo vicioso hacia un nuevo círculo virtuoso basado en la promoción de nuevos empleos de alto contenido de conocimiento.

Distintos estudios demuestran que en el mundo actual los empleos cualificados se están creando en algunas actividades que concentran el crecimiento de las economías más avanzadas. En los últimos cincuenta años el desarrollo de las tecnologías de la información, lo que llamamos el sector TIC, ha sido el sector que más empleos ha creado en el mundo, junto con importantes incrementos de productividad y de inversión. Por otra parte, más recientemente, según un estudio de McKinsey, solamente el sector de Internet ha generado aproximadamente un veinte por ciento del crecimiento de la economía americana, entre 2004 y 2008. Seguramente esta participación en el crecimiento económico habrá aumentado durante los últimos diez años.

El sector de las ciencias de la vida *(Life Sciences)*, con un incremento impresionante del 300 % en el empleo en Estados Unidos durante los últimos veinte años, es otro sector importante dentro de los creadores de empleo del conocimiento.

Un tercer sector a considerar creador de empleo de alto nivel es el llamado de manufacturas avanzadas, que últimamente se ha globalizado en lo que llamamos Industria 4.0, que es un concepto más amplio pero con el que está relacionado.

Pero los sectores innovadores van más allá de las TIC y de las biociencias; sectores como el llamado Fin-Tech, o el sector de las industrias culturales y creativas o los sectores —industria y servicios— relacionados con la transición energética y las energías renovables, ofrecen grandes oportunidades para las ciudades creativas que apuestan por un desarrollo basado en la creatividad y la innovación, y por tanto en la creación de entornos urbanos capaces de atraer y de fijar talento de todo el mundo.

Al final, no importa mucho el sector de actividad por el que apuesta una ciudad —en el capítulo 7 trataremos de cómo hacer apuestas inteligentes—. Lo que importa es que, produciendo algo físico, por ejemplo nuevas baterías para vehículos eléctricos, o algo inmaterial, como un nuevo algoritmo basado en la inteligencia artificial, se trate de un producto-servicio que sea innovador, que no se pueda reproducir fácilmente y que se pueda ofrecer a escala global.

Como afirma Moretti, en una ciudad innovadora y creativa la gran mayoría de los empleos no serán del llamado sector innovador. La razón bien simple es que en una ciudad moderna de nuestro tiempo la mayoría de empleos se dan en el sector de los servicios locales que citábamos antes. Son servicios que se producen y se consumen en la misma ciudad, no pueden exportarse y dependen de la demanda local. Es cierto que en las ciudades donde su sector dominante es el turismo, como la ciudad de Palma de Mallorca, la demanda de los servicios locales es internacional y estacional, y sometida a condicionantes coyunturales que hacen muy vulnerable a esta ciudad, como se observó con la pandemia del Coronavirus del 2020.

Nos referimos a ciudades con un peso importante de los sectores innovadores, que ofrecen productos y servicios a todo el mundo y que son capaces de atraer talento, como estamos caracterizando a la ciudad creativa del siglo XXI. En ella existe un equilibrio dinámico entre sectores innovadores y servicios locales, que se alimentan mutuamente en sentido positivo, de modo que el crecimiento del primero promueve el desarrollo del segundo. Los empleos del sector innovador alimentan positivamente a los empleos locales, y estos incrementan la calidad de vida y el atractivo de la ciudad.

Moretti pone de manifiesto la paradoja de la ciudad creativa, que consiste en que mientras que la mayoría de los empleos se encuentran en los sectores de servicios menos cualificados, estos no son el motor de la prosperidad de la ciudad. Y propone dos explicaciones a esta paradoja. La primera es que el incremento de productividad se produce en los sectores innovadores, y la segunda es que cuando se generan puestos de trabajo en el sector innovador, automáticamente se crean más puestos de trabajo en los servicios locales. Se puede afirmar por tanto que «un nuevo puesto de trabajo innovador es más que un puesto de trabajo».

Las investigaciones realizadas por el profesor Moretti, basado en el análisis de once millones de trabajadores americanos en 320 áreas metropolitanas, demuestran que «por cada nuevo empleo *high-tech* en una área metropolitana se crean cinco empleos locales adicionales fuera del sector *High Tech*», y además a largo plazo *(in the long run).* La causa principal de este efecto multiplicador son los altos niveles salariales de estos empleos cualificados, que permiten un alto nivel de consumo de servicios.

Balance de empleos para la ciudad:

a) Por cada empleo industrial perdido, se pierden 1,6 empleos adicionales en servicios locales.
b) Por cada nuevo empleo «high-tech» se crean 5 nuevos empleos en servicios.

RESULTADO: 6 nuevos empleos en la ciudad creativa, 2,6 empleos menos en la ciudad industrial tradicional.

Se trata por tanto de opciones estratégicas a largo plazo, pero en algún momento la ciudad debe comenzar a actuar para poder entrar en el bucle positivo.

Ideas clave

1. La ciudad es núcleo de conocimiento e innovación, y en ella se manifiestan importantes actuaciones relacionadas con la economía, la cultura y la innovación tecnológica.
2. Es necesario pasar de la ciudad dispersa, que especializa el territorio, a la nueva ciudad densa y compacta con mezcla de usos.
3. Tener en cuenta la necesidad de un cambio cultural hacia las inversiones en intangibles dirigidas a las personas, al conocimiento y la innovación, y a actividades culturales y servicios. La ciudad deberá ser atractiva para el talento.
4. Las ciudades deberán generar ecosistemas innovadores urbanos, o distritos innovadores, como base fundamental para el desarrollo económico y la creación de empleo.

3
CIUDADES SOSTENIBLES Y RESILIENTES

La nueva ciudad debe ser abierta y creativa, pero también debe ser sostenible y resiliente. Dedicaremos este capítulo a tratar estos aspectos de la nueva ciudad, totalmente compatibles con los destacados en los capítulos anteriores.

Repasaremos en primer lugar los Objetivos de la Agenda 2030 de Desarrollo Sostenible, que actualmente es adoptada por la mayor parte de países y ciudades del mundo. Seguidamente se tratarán distintos aspectos de la nueva ciudad sostenible, destacando los tres retos fundamentales, que son: la difusión de la cultura de la sostenibilidad energética, el fomento del sentido de comunidad en las ciudades y la promoción de los servicios comunes para la mejora de la calidad de vida de las personas.

A continuación se presentarán algunos criterios a tener en cuenta para una nueva planificación urbana, y finalmente un apartado dedicado a las infraestructuras de la nueva ciudad.

3.1. La Agenda para el Desarrollo Sostenible

La Asamblea General de las Naciones Unidas adoptó en septiembre de 2015 la Agenda 2030 para el Desarrollo Sostenible, un plan de acción a favor de las personas, el planeta y la prosperidad, que también tiene la intención de fortalecer la paz universal y el acceso a la justicia. Los Estados miembros de las Naciones Unidas aprobaron una resolución en la que reconocen que el mayor desafío del mundo actual es la erradicación de la pobreza, afirmando que sin lograrla no puede haber desarrollo sostenible.

La Agenda 2030 para el Desarrollo Sostenible plantea 17 objetivos de desarrollo sostenible, con 169 metas de carácter integrado e indivisible que abarcan las esferas económica, social y ambiental.

Figura 3.1. Objetivos de desarrollo sostenible ODS.

Dichos objetivos de desarrollo sostenible (ODS) son:

1. Erradicar la pobreza en todas sus formas en todo el mundo.
2. Poner fin al hambre, conseguir la seguridad alimentaria y una mejor nutrición, y promover la agricultura sostenible.
3. Garantizar una vida saludable y promover el bienestar para todos y todas en todas las edades.
4. Garantizar una educación de calidad inclusiva y equitativa, y promover las oportunidades de aprendizaje permanente para todos.
5. Alcanzar la igualdad entre los géneros y empoderar a todas las mujeres y niñas.
6. Garantizar la disponibilidad y la gestión sostenible del agua y el saneamiento para todos.
7. Asegurar el acceso a energías asequibles, fiables, sostenibles y modernas para todos.
8. Fomentar el crecimiento económico sostenido, inclusivo y sostenible, el empleo pleno y productivo, y el trabajo decente para todos.
9. Desarrollar infraestructuras resilientes, promover la industrialización inclusiva y sostenible, y fomentar la innovación.

10. Reducir las desigualdades entre países y dentro de ellos.
11. Conseguir que las ciudades y los asentamientos humanos sean inclusivos, seguros, resilientes y sostenibles.
12. Garantizar las pautas de consumo y de producción sostenibles.
13. Tomar medidas urgentes para combatir el cambio climático y sus efectos.
14. Conservar y utilizar de forma sostenible los océanos, mares y recursos marinos para lograr el desarrollo sostenible.
15. Proteger, restaurar y promover la utilización sostenible de los ecosistemas terrestres, gestionar de manera sostenible los bosques, combatir la desertificación y detener y revertir la degradación de la tierra, y frenar la pérdida de diversidad biológica.
16. Promover sociedades pacíficas e inclusivas para el desarrollo sostenible, facilitar acceso a la justicia para todos y crear instituciones eficaces, responsables e inclusivas a todos los niveles.
17. Fortalecer los medios de ejecución y reavivar la alianza mundial para el desarrollo sostenible.

La nueva estrategia de desarrollo sostenible regirá los programas de desarrollo mundiales durante los próximos quince años. Al adoptarla, los Estados se comprometieron a movilizar los medios necesarios para su implementación mediante alianzas centradas especialmente en las necesidades de los más pobres y vulnerables.

La lista de los 17 ODS de la Agenda 2030 se elaboró durante más de dos años de consultas públicas, interacción con la sociedad civil y negociaciones entre los países. La Agenda implica un compromiso común y universal. No obstante, puesto que cada país enfrenta retos específicos en su búsqueda del desarrollo sostenible, los Estados tienen soberanía plena sobre su riqueza, recursos y actividad económica, y cada uno fijará sus propias metas nacionales en consonancia con la Agenda.

La Agenda 2030 incluye también un capítulo de Medios de Implementación, que vincula de manera integral el acuerdo de la Agenda de Acción de Addis Abeba de julio de 2015, para la financiación del Desarrollo, con el compromiso político de los Estados de hacer frente al problema de la financiación y de la creación de un entorno propicio a todos los niveles para el desarrollo sostenible, con el objetivo de «poner fin a la pobreza y el hambre y lograr el desarrollo sostenible en sus tres dimensiones mediante la promoción del crecimiento económico inclusivo, la protección del medio ambiente y el fomento de la inclusión social».

Todas estas declaraciones y objetivos convergen en la necesidad de un nuevo modelo de ciudad, basado en una nueva idea del planeamiento y el diseño urbanístico, el desarrollo económico inclusivo y un modelo de gobernanza participativo.

3.2. La nueva ciudad sostenible

La ciudad del siglo XXI, inmersa en una gran revolución con características diferenciales de las revoluciones industriales anteriores que nos legaron el actual modelo de ciudad, está sometida a unos procesos de cambio radicales que algunas ciudades son capaces de liderar, mientras que otras entran en decadencia.

Una de las características fundamentales de la nueva ciudad es la necesidad de incorporar procesos transformadores que la hagan más sostenible, desde distintos aspectos como el modelo energético, el modelo de movilidad, el planeamiento urbanístico o la estrategia económica, entre otros.

Ya sabemos que es necesario tener una visión sistémica de la ciudad, utilizando nuevas metodologías propias del pensamiento sistémico. Todo está relacionado con todo; el urbanismo, la edificación, la economía, la tecnología, las personas, los grupos sociales, todo forma un ecosistema que queremos que sea innovador y adaptado a los requerimientos del siglo XXI. Un sistema que favorezca el intercambio, la creatividad, la sostenibilidad, el desarrollo personal y la integración social.

La nueva ciudad debe ser capaz de hacer frente a tres retos fundamentales:

— Ser una ciudad energéticamente autosostenible, tanto en la construcción como en las formas de vida, promoviendo una nueva cultura de la sostenibilidad.
— Crear un sentido de comunidad, evitando el aislamiento propio de algunas ciudades.
— Potenciar servicios comunes y compartidos para la mejora de la calidad de vida de las personas.

La cultura de la sostenibilidad urbana es un concepto amplio de naturaleza sistémica, con multiplicidad de agentes, funciones e interrelaciones dinámicas que le confieren un alto grado de complejidad en la que debemos ser capaces de operar. El reto es muy importante, y para ello se requiere compromiso para poder plantear intervenciones de carácter radical. **Es necesario y urgente pensar y actuar hacia un nuevo modelo de ciudad distinta del modelo que nos legó la segunda revolución industrial.**

Para ello hay que actuar mediante acciones concretas, progresivas en el tiempo, viables y con una visión de perspectiva a largo plazo. Una política de transición ecológica de la ciudad empieza con acciones para la creación de espacio público, con incremento de las zonas verdes, de la vegetación en toda la ciudad y de las manzanas o islas peatonales, realizando acciones limitativas del tráfico rodado. La ciudad compleja y compacta con mezcla de usos donde las personas puedan vivir y trabajar. La ciudad al servicio de los ciudadanos, de su bienestar y de su salud física y mental. Hay que incorporar nuevos sistemas energéticos basados en las energías renovables, con el fomento de comunidades energéticas por barrios y bloques de viviendas. La política al servicio de la naturaleza y por tanto de las personas.

El urbanismo y la arquitectura deben ir de la mano, formando un ejercicio pluridisciplinar en el que se integren las aportaciones de las distintas disciplinas propias de la economía y las ciencias sociales. Primero las personas, después el espacio público y finalmente los edificios.

Espacios y edificios que deben conferir identidad y calidad espacial. Elementos simbólicos que faciliten la identidad con el entorno y con la cultura y la historia de la ciudad. Un urbanismo y una arquitectura que fomenten el sentido de pertenencia.

Es necesario recuperar el concepto de la ciudad como ser vivo para adaptarlo a las nuevas condiciones del siglo XXI. La ciudad como sistema vivo que evoluciona, con una dimensión colectiva y cívica, en la que los valores de la sostenibilidad y la mezcla de usos resulten atractivos para el talento internacional y la inversión. La ciudad con equilibrio social y valores propios de la actual revolución económica y tecnológica al servicio de todas las personas.

Todo ello permitirá la creación de entornos urbanos como los distritos innovadores, nodo de las redes globales de ciudades creativas y polo de atracción de talento internacional. En este sentido, la adopción y la adaptación de la Agenda Urbana de la ONU, con sus 17 ODS, es totalmente compatible con este nuevo modelo de ciudad.

La ciudad ideal

Algunas publicaciones recientes, como *The Ideal City* (2021), plantean el concepto de ciudad ideal como aquella que reúne las condiciones de sostenibilidad que hemos apuntado, las cuales podrían resumirse mediante algunos conceptos como la gestión de los recursos, la accesibilidad y el modelo de movilidad, la ciudad compartida y la ciudad segura. Resumiremos los contenidos a tener en cuenta para cada uno de estos conceptos.

Para la gestión de los recursos se deberán tener en cuenta aspectos como:

- — Plan de infraestructuras, viabilidad y modelo de financiación.
- — Recogida neumática y selectiva, economía circular.
- — Autosuficiencia energética, normas de construcción, energías renovables en edificios y espacio público…
- — Valorar la posible viabilidad de un sistema de *district heating and cooling*.
- — Estaciones de carga rápida de vehículos eléctricos.
- — Vegetación para la creación de microclimas favorables en edificios y en espacios públicos, mediante, *green wall technologies.*
- — Formas de acceso democrático a las energías renovables, comunidades de autoconsumo, cargadores de móviles y de vehículos eléctricos en espacios públicos, etc.
- — Telecomunicaciones, red de fibra oscura, 5G, espacios de experimentación, *living labs*.
- — Un sistemas de recogida de aguas pluviales para el riego, posibles dobles circuitos de agua en edificios.
- — Biodiversidad: vegetación, convivencia con animales, integración de la naturaleza en la ciudad.
- — Materiales para la construcción y la obra pública, uso de la madera en la construcción.

Para el concepto de accesibilidad, movilidad y relación con la ciudad:

- — Capacidad de acceso, activar proyectos de conexión con el sistema público de transporte de la ciudad, tren, tranvía, etc.
- — Movilidad: manzanas peatonales, movilidad eléctrica interna, cargadores de VE, formas de movilidad compartida, la movilidad interna del distrito como servicio público (*bicing, electric car sharing,* etc.).
- — Ausencia de coches aparcados en superficie en todo el distrito.
- — Relación con la ciudad, espacios de relación con el resto de la ciudad y con las ciudades de la región.

— Ausencia de barreras arquitectónicas o espacios no accesibles para personas con distintas formas de discapacidad.
— Inclusión de género, teniendo en cuenta todas las formas inclusivas de género.
— Formas participativas, pensar en procesos participativos operativos para el diseño de algunos de los espacios públicos. Espacios creados para todos los segmentos de la población.

La ciudad compartida: servicios, espacio público, *cohousing, coworking*...

Entendemos por ciudad compartida aquella que posee las siguientes características:

— El diseño urbanístico debe favorecer el sentido de comunidad y facilitar las interacciones sociales.
— Un diseño específico para cada espacio público, que cumpla las condiciones de *The power of 10+* (*Project for Public Spaces, EGranata*, p. 49).
— Edificios y espacios abiertos a la ciudad para aprender y experimentar, tipo *Eataly*, ciudad de la energía, laboratorios ciudadanos, espacios de formación y de autoformación.
— Reflexionar sobre la mezcla de usos más apropiada para poder «vivir y trabajar en el distrito» y en una elevada densidad que favorezca el encuentro y que facilite el modelo de financiación de la transformación.
— Tiendas y bares de todo tipo en todos los bajos de los edificios.
— Pensar en posibles instituciones e infraestructuras culturales: biblioteca pública, museo TIC, auditorio para actividades culturales, etc.
— Espacios públicos y privados para actividades deportivas.
— Plazas en forma de ágoras de debate, con escalinatas.
— Pensar en la figura del nómada digital y de la persona que trabaja solo unos días en un espacio físico de la ciudad.
— Acceso a la vivienda pública de alquiler y formas de residencial comunitario.
— Gran variedad de formas residenciales públicas y privadas para todo tipo de personas y formas familiares.
— Pensar en formas de agricultura urbana.

La ciudad segura

Respecto a la ciudad segura:

— El distrito debe ser resiliente al cambio climático y habrá que prever medidas hacia sus previsibles amenazas. Entre otros fenómenos, se tendrán en cuenta:

a) Situaciones de falta de lluvias y sequía extrema.
b) Lluvias torrenciales y desborde de ríos.
c) Aumento de la temperatura media y respuesta con energías renovables.
d) Pandemias.
e) Otras.

— Se entiende que una ciudad segura cubre muchos aspectos diversos de la vida humana, como:

a) Salud física y mental de sus habitantes.
b) Igualdad de género.
c) Medio ambiente limpio.
d) Acceso seguro a recursos como alimentos, agua y residencia.

Prever un plan específico de seguridad del distrito, basado sobre todo en la vida en la calle y servicios 7/24, y promover el sentido de seguridad mediante una vibrante vida pública. El distrito debe entenderse como experiencia piloto de policía de proximidad, cercano a vecinos y usuarios de los distintos espacios. Tener en cuenta un plan de contingencias para situaciones de emergencia.

— El distrito como entorno saludable para vivir y trabajar, con fácil acceso a todo tipo de recursos. Ausencia de contaminación lumínica y acústica.
— Servicios de información y atención ciudadana fácilmente accesibles.
— Favorecer la salud mediante accesos a servicios sanitarios y a espacios verdes.
— Finalmente, pero no menos importante, la ciudad como ecosistema innovador, que trataremos en el próximo capitulo. Sin una ciudad competitiva, que atraiga talento e inversiones basa-

das en el conocimiento, no es posible la llamada ciudad ideal anterior.

3.3. Hacia una nueva planificación urbana

Las ciudades como ecosistemas urbanos deben adaptarse a los cambios radicales que estamos viviendo debido a la actual revolución que destacábamos en el capítulo primero. La palabra clave para esta transformación ecosistémica es la sostenibilidad, y para ello es necesario un cambio en el planeamiento urbanístico, pasando de la ciudad extensa, que especializa los usos, hacia una nueva ciudad compacta basada en la mezcla de usos.

Muchos autores han tratado estos temas, como los ya citados en páginas anteriores. En este apartado nos centraremos más en aquellos que han tratado la cuestión desde un punto de vista ecologista, centrado en la sostenibilidad de la ciudad como ente vivo que evoluciona a lo largo del tiempo. **Se trata de un nuevo modelo urbano «...compacto en su morfología, complejo (mixto en usos y biodiverso) en su organización, eficiente metabólicamente y cohesionado socialmente»** (Salvador Rueda, 2021). Esta nueva planificación requiere:

- — Una ciudad compacta, en relación con la mezcla de usos, con la densidad edificatoria o el espacio verde. Esto define la funcionalidad urbana en relación con el papel del espacio público y la movilidad y la distribución de usos primarios, actividad económica y residencial.
- — Con complejidad urbana, también en relación con la mezcla de usos y con las distintas funcionalidades del territorio. Una elevada densidad y una correcta mezcla de usos beneficia el encuentro y la capacidad de innovación. La presencia de instituciones de conocimiento y la biodiversidad son otros elementos de la complejidad urbana.
- — El metabolismo urbano se refiere a la eficiencia de los flujos de recursos naturales como el agua y la energía, estrechamente conectado con los correspondientes territorios regionales. Toda ciudad está directamente relacionada con su entorno natural, que conforma el conjunto de la región de la que forma parte.
- — Cohesión social. Sin equilibrio social se puede afirmar que no hay ciudad como espacio de desarrollo económico que proteja la diversidad cultural. La mezcla de rentas, culturas, género, edades etc., favorece la estabilidad del sistema urbano.

Principios y objetivos del urbanismo ecosistémico

Vamos a sintetizar seguidamente algunos principios y objetivos relevantes para un urbanismo ecosistémico alineado con los requerimientos de un distrito innovador, que se deberán tener en cuenta en los procesos de planeamiento urbanístico. Son los siguientes:

1. Compacidad vs. dispersión: reducir la superficie construida o asfaltada, acercando las personas y logrando mayor proximidad entre espacios de residencia y de trabajo y otros servicios.
2. Accesibilidad vs. movilidad privada: fomento del transporte público, electrificación de los vehículos públicos y privados, reducción de la necesidad de desplazamientos y garantía de acceso a los distintos espacios urbanos a todos los ciudadanos.
3. Ciudadano vs. peatón: usos del espacio público, garantizando los derechos del ciudadano en su movilidad.
4. Habitabilidad en el espacio público: un espacio público de calidad, con espacios de juego y de descanso, vegetación y ausencia de ruidos y servicios accesibles a todos los ciudadanos.
5. Complejidad vs. simplificación: aumentar la complejidad urbana mediante el incremento de las distintas unidades de usos primarios, aumentando la diversidad de espacios y de grupos sociales y culturales.
6. Hiperconectividad: acceso fácil de la ciudanía a los flujos de información y de conocimiento y fomento de la cultura digital como derecho de ciudadanía.
7. Verde vs. asfalto: incremento sustancial de la superficie verde y de la biodiversidad urbana, para mejorar la calidad de vida, la salud física y mental y la lucha contra el cambio climático.
8. Autosuficiencia energética e hídrica vs. dependencia: avanzar hacia la autosuficiencia energética, mediante el fomento del uso responsable, la promoción de las energías renovables y un pacto territorial con las zonas rurales próximas a la ciudad.
9. Cohesión vs. exclusión social: planteando medidas antigentrificación en algunos barrios, garantizando la innovación como un derecho ciudadano y favoreciendo la convivencia social mezclando rentas, culturas y edades.
10. Distribución equilibrada de equipamientos: proximidad de todas las personas a los distintos equipamientos de todo tipo, con

independencia de donde vivan. Fomento de los equipamientos culturales próximos a la ciudadanía.

Estos principios deben tenerse en cuenta en todos los procesos de planificación urbana, considerando su interrelación propia de todos los ecosistemas. Un sistema tiene sentido por la interrelación de sus componentes, de manera que, si no se tiene en cuenta alguno, ello afecta negativamente a todo el conjunto. No vale con pretender que se van a tener en cuenta algunos en detrimento de otros, pues se trata de un sistema integrado.

En el caso de la aplicación y desarrollo de un nuevo distrito innovador en una ciudad, este puede tener un carácter piloto en algunos de sus desarrollos, pero puede servir como etapa inicial a difundir a partir de un momento dado a toda la ciudad. La especialización de una parte de la ciudad y la concentración de algunas actividades no está necesariamente reñida con la cohesión del conjunto urbano.

El urbanismo ecosistémico, como un subsistema del ecosistema innovador urbano, deberá ser coherente con los otros subsistemas de carácter económico, tecnológico y social con los que conformar la nueva ciudad sostenible y competitiva, como veremos en próximos capítulos.

3.4. Plan de Infraestructuras

La ciudad del siglo XXI, sostenible y resiliente, precisa de una estrategia y de un plan de infraestructuras, coherente con los principios de sostenibilidad que hemos apuntado y con los citados procesos de planificación urbana.

El concepto general de infraestructura, como elemento que sustenta o facilita el desarrollo productivo de un territorio, también se aplica a las infraestructuras de las ciudades, pero, en este caso, adquiere matices y consideraciones específicas que lo aproximan a los conceptos de servicio público o servicio básico. Las infraestructuras, en el marco del urbanismo, se conocen como infraestructuras urbanísticas, y se refieren principalmente a los servicios de energía eléctrica, agua, gas, telecomunicaciones, residuos y movilidad.

La teoría urbanística distingue lo que son las infraestructuras generales, como pueden ser los puertos, aeropuertos o autopistas, de las locales, que son las que nos ocupan y son las que se dotan en el proceso urbanístico y resuelven las necesidades del último tramo, a menudo llamado *última milla*.

El diseño de las infraestructuras urbanísticas tiene un impacto muy elevado en la sostenibilidad ambiental de las ciudades, dado que son las que permiten agregar demanda y satisfacer esta demanda utilizando las mejores tecnologías para la solución y prestación de servicios. La agregación de la demanda permite optimizar la simultaneidad de esta demanda, con menores pérdidas y mayor eficiencia en el mantenimiento.

Así pues, un elemento esencial de todo planeamiento urbanístico son sus infraestructuras y sus repercusiones en los proyectos de urbanización. Tanto es así que en los distritos innovadores deben redactarse Planes Especiales de Infraestructuras (PEI), que consisten en un documento que concreta la estrategia, los objetivos y las acciones necesarias para que un territorio disponga de los servicios apropiados, en cantidad y en calidad, para su normal funcionamiento, y que permite diferenciarse de la norma general relativa al proceso urbanístico.

En el caso de un distrito innovador, que desarrollaremos en la segunda parte del libro, el PEI es doblemente importante; en primer lugar porque las empresas y las personas que habitan y que operan en este territorio necesitan tener garantizados todo tipo de servicios; pero, además, porque los requerimientos de un DI obligan a innovar también en estos servicios esenciales.

En toda ciudad o distrito el PEI debe garantizar la calidad de todos los servicios, con la disponibilidad y con la cantidad necesaria en el momento preciso, y por ello es necesario planificar las infraestructuras correspondientes.

Se deberá considerar, además, que tanto la gestión de las infraestructuras como la de los servicios que las utilizan requieren en estos momentos la implantación y utilización de tecnologías de nueva generación. Estas estarán basadas en la computación distribuida, que permita la gestión del espacio público, la de los servicios desplegados y la de una nueva movilidad.

Seguidamente comentamos los distintos aspectos que debe contemplar un PEI en una ciudad o en un distrito innovador.

Aspectos generales

La planificación de redes y servicios debe prever, y llegado el caso regular, las diferentes infraestructuras que hacen de un DI una zona especialmente atractiva para las empresas y la actividad económica general; es también la base para calcular los costes de la urbanización. En este sentido, es importante tener en cuenta que los DI se desarrollan en ciudades consolidadas donde se rediseñan las redes existentes, y por ello es una condición básica para su sostenibilidad económica que el acceso a los nuevos servicios requiere la transformación urbanística y el pago de las cargas correspondientes, que son las que permiten desplegar los servicios.

La forma de afrontar esta parte de la planificación es desde la visión integral del distrito. Es esta visión la que nos conducirá al mejor tipo y calidad de los servicios, así como a una mejor calidad del espacio público y privado que los soporta. Cada red no puede pensarse y desplegarse independientemente de las demás, y cada usuario no puede resolver sus necesidades de forma independiente de las de los demás.

En este sentido, la experiencia nos lleva a analizar y definir una superestructura soporte de las redes (normalmente asociada a la obra civil), como calles, canalizaciones o galerías de servicios, en la que se estudia la interrelación de dichos elementos superestructurales con cada una de las redes y servicios, dando lugar a una red de espacios para conducciones y salas técnicas que alojan los elementos centrales de cada red. Es el sistema de las infraestructuras.

El PEI debe contribuir a la calidad del espacio físico, incorporando elementos tanto funcionales como estéticos, de forma que el resultado resulte, además de satisfactorio desde el punto de vista operativo, formalmente acogedor y ordenado con un resultado que debe ser amigable y comprensible para el ciudadano.

Las infraestructuras de espacios deben orientarse a facilitar los mecanismos de interrelación y comunicaciones, tanto internas como externas, persiguiendo la coherencia entre lo físico y lo social. Naturalmente ha de ser estable, confiable, competitiva y suficiente, garantizando el acceso a toda la oferta de servicios y contribuyendo a la competitividad de la actividad económica que se aloja. Las empresas deben y quieren orientarse a su actividad fundamental, por lo que cuanto mayor sea el número de servicios que les resuelve la urbanización, más se podrán centrar en su actividad.

Todo distrito debe cuidar, además de lo mencionado, su relación con el resto de la ciudad, resultando compatible e integradora con la misma. El distrito debe tener un valor en sí mismo tanto para sus usuarios como para la ciudad.

Seguidamente se detallan los aspectos diferenciales de cada uno de los sistemas respecto a las soluciones convencionales.

Energía

En este apartado los protagonistas son los sistemas de generación distribuida y renovables, junto a los sistemas de *District Heating and Cooling* (DHC - Sistemas centralizados de distribución de calor y frio) y de valorización de residuos, frente a las redes de distribución de gas y electricidad. Esto no significa que en el distrito no deba darse importancia a la red eléctrica, más bien al contrario, pues dicha red ha de garantizar la llegada de energía de los centros de generación lejanos, pero también ha de estar preparada para la generación local con técnicas de *Smart Grid* (red inteligente). En un DI la energía requiere la máxima garantía y calidad de suministro, y en el diseño se deben de tener en cuenta los efectos del cambio climático.

En relación a la generación distribuida y con energías renovables, los sistemas que adquieren más protagonismo actualmente son la generación fotovoltaica y la geotermia. La segunda adquiere máximo sentido al utilizar el mar o grandes ríos como polos de intercambio térmico o en zonas poco densas con el terreno. La fotovoltaica sin duda es parte de la solución. La llamada Ley de Swanson representa una gran oportunidad

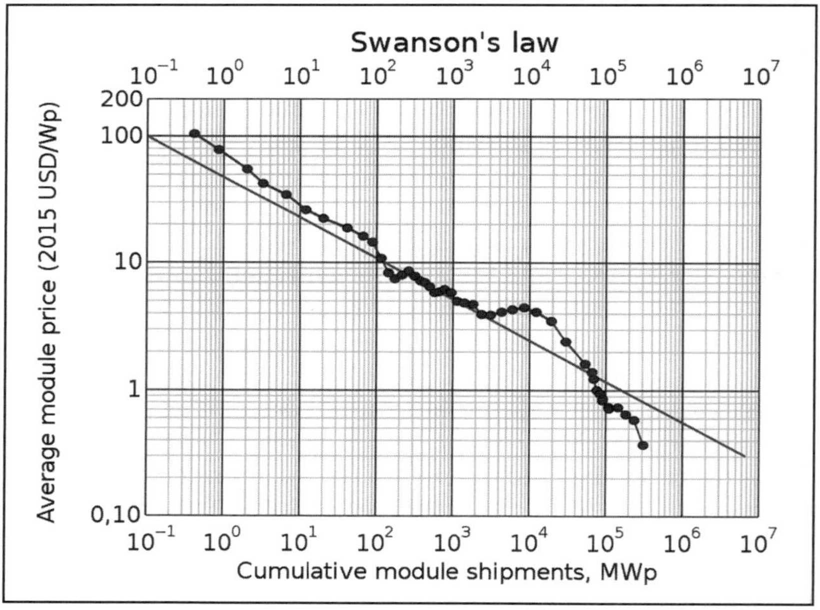

Figura 3.2. Ley de Swanson.

para permitir su uso generalizado en todos los edificios y espacios públicos del distrito.

Efectivamente, la citada ley (similar a la referida ley de Moore de la microelectrónica) establece que el precio de los paneles solares fotovoltaicos se reduce un 20 % cada vez que la producción mundial de paneles duplica sus ventas. Actualmente, esto ha permitido reducciones de los precios de los paneles solares en un 75 % cada diez años. Esta ley toma su nombre de Richard Swanson, fundador de Sunpower Corporation, una de las empresas líderes del sector.

La red DHC puede aportar ahorros de energía primaria superiores al 70 %, tal como se ilustra en la figura 3.3, con la correspondiente reducción de emisiones, de hasta un 50 % sin demasiadas dificultades. Encuentra su óptimo si se vincula a la valorización de residuos y puede utilizar grandes masas de agua para completar sus ciclos termodinámicos. Asimismo, es una red muy adecuada para distribuir localmente energía solar térmica, caso de optar por dotar dicha forma de generación.

Tipos de soluciones	**Consumo EP todo 22@ Mwh/y**	**Ahorro EP* respecto a tecnologías convencionales %**		**Centralización**
Individual	289.350		0	
Edificio	247.750	0	14	
20 centrales en 22@	200.578	19	31	
10 centrales en 22@	168.910	32	42	
2 o 3 centrales en 22@	133.940	46	54	
1 central en 22@	72.910	71	75	

Figura 3.3. Red DHC. [Fuente: Estudios 22@BCN, S. A.]

En un futuro cercano veremos cómo se incrementa la eficiencia de los equipos, reduciendo de esta manera la demanda, y se desarrollan sistemas de almacenamiento local basándose en baterías eléctricas o masas de agua para acumular energía, contribuyendo a «aplanar» la curva de demanda diaria y facilitando el máximo aprovechamiento.

Agua

Si bien se da por descontado que es un servicio que siempre está ahí y que siempre funciona, no se debe desatender su tratamiento, por lo que debe cuidarse el diseño de la red y cuidar todos los aspectos relativos a la salubridad y a la reducción de la demanda. Cabe destacar en este sentido los sistemas de aprovechamiento de agua para usos distintos a los del consumo alimenticio, como son el agua de la lluvia, el agua freática y la recirculación del agua del riego.

Se debe prestar especial atención a mantener la permeabilidad del suelo para no perjudicar los flujos subterráneos, vigilar que el tipo de vegetación de las zonas verdes sea acorde con la disponibilidad de agua del entorno y que los sistemas de alcantarillado sean generosamente dimensionados y perdurables. En el caso del agua, acostumbra a producirse un conflicto entre la sostenibilidad medioambiental y la económica, resultando por lo general difícil justificar económicamente algunas de estas propuestas, aunque la experiencia y el tiempo acaban dando por muy bien empleado el dinero en este tipo de inversiones.

Telecomunicaciones

Naturalmente un DI debe disponer de una potente red de fibra óptica que preste servicio a los edificios y a los sistemas inalámbricos, como la telefonía móvil, donde destaca el 5G y el wifi. Como aspecto diferencial, indicar que es recomendable que la red se despliegue en la etapa de la urbanización, sin esperar que sean los operadores privados los que vayan a hacer las inversiones, puesto que estas solo se hacen cuando ya existe una demanda. La disponibilidad desde el principio de una potente red se convierte en un reclamo para las inversiones privadas.

La relación entre el espacio público y el de las telecomunicaciones va a ir tomando protagonismo especialmente en dos sentidos; por un lado, el mobiliario urbano es el mejor soporte de las antenas de los servicios inalámbricos (micro y nanoceldas) y, por otro, debido a que los servicios que se prestan en la vía pública, a la estela del concepto de la *Smart City*, requieren cada vez más conectividad y computación, evolucionando hacia los sistemas de *edge computing* o de computación distribuida, todo ello con un elevado nivel de integración.

Residuos

En el desarrollo de un DI, además de las ya conocidas buenas prácticas en relación a la recogida selectiva y el reciclado y la valorización de residuos, es altamente recomendable el desarrollo de una red de servicio de recogida neumática de residuos.

Estos sistemas, aun requiriendo de una elevada inversión inicial, tienen unos plazos de recuperación de la inversión razonables y aportan grandes ventajas, como son la reducción de ocupación del espacio público en número de contenedores, la reducción del ruido producido en el proceso de recogida mediante camiones, mejoras en la circulación precisamente por la ausencia de camiones y una apreciable reducción de energía requerida para la prestación del servicio.

Movilidad

Para llevar a cabo el plan de movilidad del DI normalmente habrá que pensar en primer lugar si es necesario cambiar la morfología urbana del área en cuestión, para que posea una estructura urbana acorde con los requerimientos de un DI, que facilite el desarrollo de un tejido urbano interconectado evitando una estructura con comunidades y sectores productivos aislados.

Una vez resuelto el punto anterior, el plan de movilidad deberá estar orientado a incentivar los sistemas de transporte público limpios y una movilidad activa. El transporte público deberá conectar el DI con toda la ciudad y el área metropolitana correspondiente.

La estructura viaria de partida normalmente condicionará la estructuración del distrito, de manera que se deberán reconocer los factores de contorno y optimizar la red interior. Este análisis dará lugar a una redefinición en el plano con la jerarquización de la red, designando la llamada red básica, troncal o primaria del ámbito, y la secundaria o de accesibilidad, normalmente constituida por el interior de lo que se ha venido a denominar supermanzanas. A partir de aquí, la caracterización del interior de las supermanzanas debería ser plural y flexible, reconociendo la realidad de cada ciudad.

Asimismo, para la distribución de mercancías y productos por el interior del distrito se tendrá en cuenta que este tipo de actividades no debe realizarse en el espacio público, por lo que se deberá prever un Plan logístico urbano, en el sentido que comentamos en páginas anteriores. Se deberán prever por tanto centrales de distribución, con horarios que liberen del tráfico de mercancías por el interior del distrito, y que la distribución interior se realice mediante vehículos eléctricos de dimensiones medianas y pequeñas.

Ideas clave

1. La Agenda para el Desarrollo Sostenible precisa de un nuevo modelo de ciudad, basado en una nueva idea del planeamiento y el diseño urbanístico, el desarrollo económico inclusivo y un modelo de gobernanza participativo.
2. La nueva ciudad sostenible debe ser capaz de hacer frente a tres retos fundamentales: ser una ciudad energéticamente autosostenible, crear un sentido de comunidad evitando el aislamiento, y potenciar servicios comunes y compartidos para la mejora de la calidad de vida de las personas.
3. Dirigirse hacia una nueva planificación urbana basada en un nuevo modelo urbano «...compacto en su morfología, complejo (mixto en usos y biodiverso) en su organización, eficiente metabólicamente y cohesionado socialmente».
4. Los planes especiales de infraestructuras (PEI) consisten en un documento que concreta la estrategia, los objetivos y las acciones necesarias para que un territorio disponga de los servicios apropiados, en cantidad y en calidad, para su normal funcionamiento.

4
ECOSISTEMAS INNOVADORES

4.1. ¿Qué es un ecosistema innovador?

La palabra ecosistema, y la expresión ecosistema innovador, están siendo profusamente utilizadas durante los últimos años en todo el mundo por parte de muchos agentes públicos y privados, aplicadas a realidades diversas, no siempre de forma coherente con lo que pretenden describir.

Ocurre lo mismo con la expresión *hub* o *innovation hub,* pues parece que muchas ciudades están llenas de *hubs* sin que uno entienda muy bien qué significados oculta dicha palabra. En realidad existen dos tipos de *hubs:* los *innovation hubs* de muchas empresas multinacionales, que concentran una importante capacidad técnica en una o en varias ciudades para servir al conjunto de la organización; y por otro lado los *hubs* o edificios públicos promovidos normalmente por las administraciones locales.

Hace cierto tiempo se puso también de moda la expresión *smart city* y todas las ciudades querían ser *very smarts.* Ya en su momento Richard Sennett nos advirtió que «*No one likes a city that's too Smart*» (*The Guardian,* 2012).

Se trata pues de precisar los significados de tales conceptos y que no nos vendan gato por liebre, o cualquier invento por un ecosistema innovador.

Podemos definir un ecosistema innovador como un espacio donde distintos agentes públicos y privados se relacionan y colaboran para favorecer la innovación y el desarrollo económico. Se trata de un espacio donde las ideas, las innovaciones y los acuerdos entre agentes se producen de una forma natural y fluida entre personas y agentes, tales como: aceleradoras, incubadoras, *coworkings,* centros de I+D, *start-ups,* emprendedores, universidades, programas públicos e instituciones diversas, que tienen como resultado el desarrollo de la economía de la ciudad.

Estos ecosistemas permiten el desarrollo urbano y la transición de la ciudad del siglo XX, que antes hemos caracterizado, hacia el nuevo modelo de ciudad del siglo XXI, y tienen como resultado el desarrollo económico y la cohesión social.

De la experiencia de distintos ecosistemas innovadores que hoy se están desarrollando en el mundo, podremos apuntar algunos elementos clave a tener en cuenta para el desarrollo de este tipo de sistemas y que aplicaremos a los distritos innovadores en la segunda parte de este libro.

Ecosistemas innovadores para el desarrollo equilibrado de las ciudades

Un ecosistema innovador no es meramente una suma de agentes relacionados con la innovación, sino que es un sistema con las características que hemos visto en el capítulo primero; es decir, con un elemento fundamental que son las relaciones entre agentes, y entre estos con la comunidad; en definitiva, la colaboración. Es a partir de aquí que las organizaciones que conforman un ecosistema innovador en un ámbito urbano desarrollan y comparten ideas, proyectos y recursos dirigidos hacia la innovación y el desarrollo.

Se trata de generar las condiciones de entorno para que *start-ups*, aceleradoras, emprendedores, administraciones e instituciones de todo tipo colaboren para el desarrollo del conjunto del sistema. Estos ecosistemas transforman la ciudad, revitalizando zonas degradadas del centro o de la periferia urbana, contribuyendo al desarrollo económico, generando y atrayendo talento de todo el mundo y favoreciendo la inclusión social.

El papel de cada uno de los agentes es distinto, pero les une el incentivo para la cooperación desde una perspectiva sistémica del entorno urbano. Los roles que juegan un conjunto de *start-ups*, o una aceleradora, o una institución académica, son diferentes, pero están relacionados, y en un ecosistema innovador colaboran entre sí como sistema. Lo contrario es una suma de agentes desconectados entre sí. Para lograr que estos agentes funcionen como sistema es fundamental el diseño y su gobernanza, como veremos en capítulos posteriores.

Por ejemplo, las *start-ups* son empresas emergentes, ágiles y enfocadas al crecimiento que, para tener éxito, necesitan un fácil acceso a los recursos y apoyos estables de distintos agentes e instituciones. Por su parte, las ciudades necesitan crear entornos que favorezcan la atracción y el desarrollo de miles de *start-ups*, mediante un urbanismo creador de los espacios adecuados y de unas políticas económicas de promoción que favorezcan estos espacios.

Los ecosistemas innovadores crean las condiciones de proximidad y entorno que permiten que estas *start-ups* tengan un fácil acceso a fondos de inversión, al talento y a las redes necesarias para su despegue, contribuyendo al desarrollo de la economía local mediante la creación de nuevos puestos de trabajo, tanto en el sector tecnológico como en el de los servicios. La creación de puestos de trabajo y el aumento de la renta per cápita son los mejores indicadores de un ecosistema innovador urbano, distinguiendo entre las actividades de alto valor añadido y las del sector servicios, generadas por la demanda de las primeras.

Por su parte, las instituciones académicas deben proporcionar las personas expertas en distintas disciplinas y las especialidades necesarias para el desarrollo de las nuevas actividades productivas. Son agentes fundamentales del ecosistema, puesto que proveen al sistema de talento y de jóvenes emprendedores que tienen la capacidad de renovar el sistema económico local. Además, alimentan al ecosistema con capacidades de investigación y desarrollo, y generan oportunidades para la emergencia de innovaciones y de nuevas tecnologías y aplicaciones para empresas y emprendedores.

El caso del MIT es paradigmático en este sentido; sin una base tecnológica fuerte no es posible un pleno desarrollo de un ecosistema innovador, como veremos en el capítulo 8. En este caso, un buen indicador del éxito de un ecosistema innovador es el número de personas formadas en los distintos niveles y especialidades, ya que serán la base para la disponibilidad de expertos y de líderes para las nuevas empresas. Asimismo, podemos estimar el impacto de un ecosistema innovador en función de las personas que trabajan en actividades intensivas en conocimiento y de las contribuciones tangibles que producen, ya se trate de publicaciones, artículos científicos, nuevos productos o servicios, proyectos de I+D+i, patentes, invenciones o creaciones.

Otro elemento fundamental de un ecosistema innovador es la capacidad de una ciudad para crear entornos urbanos que favorecen la colaboración y el desarrollo inclusivo. Y estos resultados no son ni sencillos, ni rápidos, ni producto de un programa de promoción determinado. Se trata del resultado de un sistema complejo, como el que conforma un distrito innovador que desarrollaremos en la segunda parte del libro.

Modelos para el análisis de ecosistemas innovadores

Durante los últimos años el análisis de los ecosistemas innovadores ha sido objeto de numerosas aportaciones, como resultado de la realidad emergente que representaba este fenómeno en muchas ciudades del mundo. Vamos a resumir seguidamente las aportaciones más significativas que nos permitirán proponer un modelo de distrito innovador a lo largo de los próximos capítulos.

Hay un cierto consenso compartido, en el sentido que el elemento de fondo de un ecosistema innovador no son los aspectos físicos o institucionales, sino la capacidad para conectar agentes y para la creación de comunidades innovadoras. Los conglomerados urbanos de edificios de oficinas, con empresas y personas desconectadas, no son ecosistemas innovadores, y por tanto no consiguen los efectos deseados para el crecimiento, la innovación y el equilibrio social.

Se trata de identificar los factores clave de éxito *(Key Success Factors)* para el desarrollo de un ecosistema innovador, con el objetivo de poder comparar distintos casos y avanzar en la mejor comprensión de este sistema complejo para el caso de algunas ciudades. El informe del Banco Mundial (2022) sobre los ecosistemas innovadores urbanos propone un modelo que permite este análisis comparado, y destaca algunas de las propuestas más relevantes sobre el tema. Vamos a resumir algunas de sus aportaciones principales.

En primer lugar, un modelo que permita avanzar en la comprensión de la dinámica de un ecosistema innovador debe partir de la idea del equilibrio económico resultante de la interacción entre varios agentes de la innovación, como empresas, universidades y gobiernos. Sería la triple hélice de Etzkowitz que la Unión Europea elevó a la cuádruple hélice, incorporando un cuarto componente que representa la sociedad civil y la innovación social.

A partir de esta idea se han desarrollado algunas definiciones de ecosistema innovador:

- — Katz y Wagner (2014), de la Brooking Institution, refiriéndose a distritos de ciudades, definen un ecosistema innovador como «una relación sinergética entre personas, empresas y espacios urbanos que facilita la generación de ideas y acelera la comercialización».
- — Hot Spots 2025: Benchmarking the future competitiveness of cities (EIU, 2013), define la competitividad de una ciudad como la

habilidad para atraer capital, negocios, talento y visitantes. Este índice analiza 120 ciudades utilizando 32 indicadores cuantitativos.

— The *Global Cities Index* (GCI) (Kearney, 2014) establece que, «al crear un entorno que genere, atraiga y retenga los mejores talentos, negocios, ideas y capital, una ciudad global puede generar beneficios que se extienden mucho más allá de los límites municipales». El GCI mide el nivel de compromiso global de 84 ciudades, utilizando 26 métricas en cinco categorías: actividad comercial, capital humano, intercambio de información, experiencia cultural y compromiso político.

— Un estudio que clasifica las ciudades según el PIB per cápita (OCDE, 2006) encuentra que la productividad laboral es el factor principal para explicar las diferencias. La innovación está íntimamente ligada a la productividad; las ciudades con actividades de alto valor añadido, como la alta tecnología y los servicios avanzados, están estrechamente vinculadas a las actividades de I+D y generación de innovación. El estudio señala que los solicitantes ubicados en ciudades presentan más del 80 % de las patentes en los países estudiados.

— The Most Innovative Cities in Asia Pacific (Solidance, 2013) utiliza seis categorías para medir el nivel de innovación en 16 ciudades de la región: talento humano, creación de conocimiento, tecnología, sociedad, gobierno e integración global. Los hallazgos tienen como objetivo informar a las empresas sobre los «lugares más atractivos» en términos de un ecosistema de innovación efectivo. Los factores clave incluyen la disponibilidad de personas educadas y capacitadas atraídas por la diversidad y las comodidades; capacidad de universidades, empresas y gobierno para producir conocimiento; la habitabilidad de una ciudad y su capacidad para sostener la cultura; el nivel de tecnología en la ciudad; un entorno regulatorio favorable, e integración global y orientación hacia el futuro.

— La Corporación de Desarrollo Económico de Nueva York ha creado un índice de innovación de Nueva York. El índice rastrea el progreso en seis dimensiones relacionadas con los recursos dirigidos a la innovación y los resultados de dicha innovación en la economía de la ciudad. Los insumos para la innovación incluyen I+D, finanzas, capital humano; los productos incluyen Propiedad Intelectual, Producto Bruto de la Ciudad de Alta

Tecnología y Dinámica del Emprendimiento y el Empleo (NYEDC, 2011).

Estas definiciones, y otras similares, son compatibles y complementarias, y servirán para ir configurando el modelo de distritos innovadores que veremos en la segunda parte del libro. Una cosa es el concepto de ecosistema innovador que estamos analizando, aplicado a situaciones muy diversas, y otra es el modelo de distrito innovador que aplicamos a la nueva ciudad del siglo XXI.

Factores para la innovación y la competitividad entre ciudades

Si integramos las definiciones anteriores, observaremos que los factores que determinan la innovación y la competitividad de las ciudades, propios de los ecosistemas innovadores, serían los siguientes:

— Masa crítica de personas que trabajan en actividades intensivas en conocimiento en proximidad geográfica, esto es, con la capacidad de colaborar de manera cotidiana.
— Relaciones entre personas, empresas y espacios urbanos.
— Habilidad para atraer capital, negocios, talento y visitantes.
— Capacidad para atraer y retener los mejores talentos, negocios, ideas y capital.
— Actividades de alto valor añadido, como la alta tecnología y los servicios avanzados para aumentar la productividad.
— Talento humano, creación de conocimiento, tecnología, sociedad, gobierno e integración global.
— Los insumos para la innovación incluyen I+D, Finanzas, Capital Humano; los productos incluyen Propiedad Intelectual, Producto Bruto de la Ciudad de Alta Tecnología y Dinámica del Emprendimiento y el Empleo.

Sintetizando estos factores, podemos afirmar que una ciudad competitiva se caracteriza por su capacidad para crear ecosistemas innovadores que reúnen los siguientes factores: capital humano o talento, actividades empresariales de alto valor añadido, políticas públicas adecuadas, infraestructuras que favorecen la información y el conocimiento, recursos financieros y aspectos sociales y culturales.

Ecosistemas innovadores urbanos

A partir de los factores anteriores se puede empezar a modelizar un ecosistema innovador, destacando las funciones esenciales que debería reunir e integrando algunas de las propuestas realizadas por distintos autores. **Siguiendo este proceso, resulta que los subsistemas del ecosistema innovador serían: las personas, las infraestructuras o activos físicos *(Physical assets)*, activos económicos *(Economic assets)* y entorno y políticas públicas.**

Estos cuatro subsistemas estarían conectados a través de las redes y los mercados, con lo que podríamos hablar del *networking* o relaciones en red como elemento central que permite el funcionamiento de las comunidades urbanas.

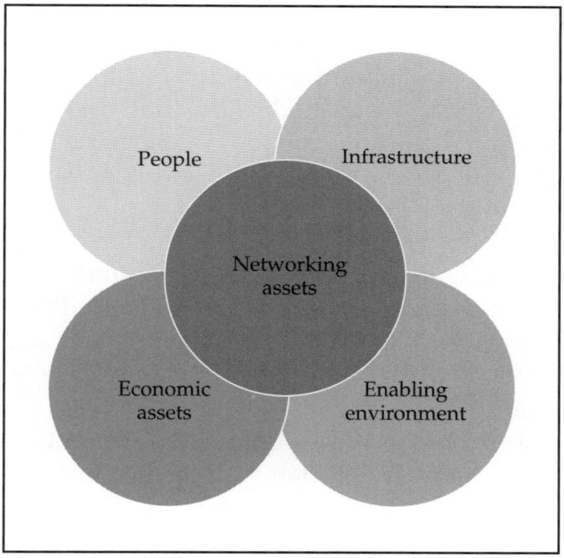

Figura 4.1. Marco del ecosistema de innovación de la ciudad.

Los cuatro primeros subsistemas serían los ingredientes básicos del ecosistema innovador, pues sin ellos no existe ecosistema. El Networking sería el elemento que da cohesión al conjunto y que multiplica sus efectos en términos de desarrollo económico de la ciudad. Así, mediante las redes de relación o Networking se incrementan los contactos entre agentes para producir innovaciones:

— Personas con talento: está demostrado que estas son el recurso más importante para una ciudad y el elemento clave del ecosistema innovador. El talento hay que crearlo, atraerlo y fijarlo, y eso lo consiguen las ciudades que ofrecen un atractivo al desarrollo personal y profesional de las personas. La ratio de emigrantes cualificados de una ciudad es uno de los indicadores de su capacidad competitiva y los ecosistemas innovadores urbanos son el entorno apropiado para atraer y retener el talento.
— Infraestructuras: estrechamente relacionadas con los otros subsistemas, facilitan la interacción entre las personas y las empresas o activos económicos. Incluyen una gran variedad de servicios, que desarrollaremos en el próximo capitulo y que consisten en servicios de movilidad, telecomunicaciones de banda ancha, parques y espacios para eventos, cafés, restaurantes y todo tipo de actividades culturales.
— Activos económicos, incluye a los agentes que interactúan con las personas para producir innovaciones y su aplicación en el mercado, como una gran variedad de industrias y servicios de distintos sectores y tamaños, universidades y centros de I+D y centros tecnológicos, y el acceso a fondos de inversión sobre todo para el capital semilla.
— Entorno y políticas públicas, para la creación de entornos innovadores mediante las políticas públicas de innovación. Se pueden dividir en dos categorías: la primera es la política de innovación para la creación de entornos urbanos innovadores, y la segunda las políticas de promoción para el desarrollo de los ecosistemas innovadores.
— Finalmente, el Networking como elemento central que da cohesión al ecosistema. Su función es la de incrementar el número de encuentros entre agentes, sean reales o virtuales, con predominio de los primeros, por sus efectos demostrados en resultados como el número de *start-ups,* el crecimiento de su valor y el aumento del empleo en actividades relacionadas con las innovaciones tecnológicas.

Este elemento central está formado por las principales acciones de conexión entre agentes del ecosistema, entre las que se pueden destacar reuniones, eventos dirigidos a la comunidad, programas de formación de todo tipo, espacios de colaboración, aceleradoras, incubadoras, *business angels,* VC o fondos de inversión, redes de mentores etc.

Siendo cierto que sin los cuatro primeros subsistemas no podrían existir los demás ingredientes para crear un auténtico ecosistema innovador, también lo es que el *networking* o fomento de las acciones en red es el factor central del ecosistema, lo que permite considerarlo como una comunidad de un nivel superior al de un simple conjunto empresarial.

Esto tiene importantes repercusiones para las políticas de fomento de ecosistemas innovadores urbanos, entre las que destacaríamos el carácter de comunidad plural y diversa de agentes que conforman el ecosistema, y la importancia de situar la dinámica de la comunidad en el centro de estas acciones de fomento. Sin una comprensión y conexión con la pluralidad de agentes que conforman la comunidad no es posible fomentar el ecosistema innovador. Se trata de entender la naturaleza y la dinámica de esa comunidad, con pluralidad de intereses, para poder operar en ella desde las políticas públicas y privadas.

En este sentido, acciones como la organización regular de encuentros, la promoción de clústeres urbanos alineados con las estrategias de especialización o la promoción de asociaciones de mentores o *business angels* serán elementos a tener en cuenta en la gestión del ecosistema. La disponibilidad de espacios de relación será otro aspecto relevante.

Un tema de reflexión, a considerar en la promoción de ecosistemas innovadores, es la relación del ecosistema con el conjunto de la ciudad. Una cosa son las comunidades del distrito y de sus barrios colindantes y otra es el proceso por el cual podemos extender las acciones, que inicialmente pueden tener lugar en un espacio determinado pero que se van extendiendo al conjunto de la ciudad. Creo que, a diferencia de la opinión de algunos autores (Mulas, 2015), no existe contradicción entre una visión territorial y una estrategia de ciudad, en la medida que se plantean en distintos planos espacio-temporales. Insistiremos en este tema en el capítulo 11 para el caso de un distrito innovador urbano.

Seguidamente presentaremos los principales espacios de colaboración de un ecosistema innovador.

Espacios de colaboración

Un elemento importante del subsistema que hemos denominado de infraestructuras es la promoción y disponibilidad de espacios diversos para favorecer las interacciones entre agentes. Presentaremos algunos de estos espacios, que serán resultado de las estrategias de planeamiento urbanístico y de los proyectos de arquitectura subsiguientes.

El urbanismo y la arquitectura son las dos funciones que permiten la creación de estos espacios, de naturaleza pública o privada, cuya gestión será también importante en el marco de las estrategias de gobernanza correspondientes. Son, entre otros, los siguientes:

— Espacios de *coworking:* son espacios abiertos que ofrecen servicios de conectividad y sobre todo espacios flexibles para el trabajo, sea este individual o en grupos, normalmente reducidos, de una *start-up* o proyecto de colaboración. Son muy diversos, pero en general ofrecen desde una mesa para trabajar, hasta espacios para reuniones, cafetería y espacios para actos diversos. Algunos tienen relación y ofrecen actividades de networking internas y con agentes externos, y conexión con aceleradoras y fondos de inversión. Últimamente se están promoviendo proyectos conjuntos de *coworking-coliving* para poder ofrecer también la función residencial de carácter colaborativo. Las normativas urbanísticas se deberán adaptar poco a poco a estas nuevas tendencias.

  Los promotores son desde grandes compañías multinacionales como www.wework.com o www.impacthub.net, empresas medianas situadas en varias ciudades como www.betahaus.com/, hasta empresas pequeñas nacidas en ecosistemas innovadores como en https://www.bcombinator.com/ en Barcelona.

— Aceleradoras: son entidades ubicadas en ecosistemas innovadores, normalmente asociadas a fondos de inversión, que ayudan a *start-ups* a desarrollar y perfeccionar sus proyectos en sus etapas iniciales por un período limitado de tiempo. Lo trataremos con más detalle en el próximo apartado.

— Espacios de producción *(Maker spaces):* son espacios, a veces relacionados con *coworkings,* que facilitan el acceso a equipamiento para la fabricación por ejemplo de impresoras 3D y diferentes tecnologías de diseño y prototipaje, a veces relacionados con un sector industrial determinado y con una red internacional de *makers*. Podríamos destacar el Santiago Maker Space en Chile, el Maker Space Madrid o el Maker Space Barcelona.

— *Fablabs:* son similares a los Maker Spaces, pero en este caso tienen un conjunto de herramientas establecidas según el formato del programa Fab Lab del MIT. Los llamados *Fablabs* deben suscribir un código de conducta, ofrecer acceso público a sus servicios y formar parte de una red global, el «FabLab Network». Destacan el Fab Lab Barcelona, el Fab Lab Lisboa y el Fab Lab South Africa.

— *Living labs:* son entornos que utilizan metodologías de diseño y desarrollo basadas en la orientación al usuario y aplicadas a pruebas de prototipos por parte de usuarios. Se trata de espacios colaborativos entre diferentes actores para el diseño interactivo de soluciones basadas en el usuario. Se procura evitar planteamientos tecnologistas o desde la oferta, aplicando estrategias innovadoras, en donde la opinión y la práctica de los futuros usuarios es el centro de todo desarrollo. El movimiento de *living labs* nace en Europa (ver la *European Network of Living labs* www.enoll.org), pudiendo destacar entre muchos otros la Waag Society de Ámsterdam o el *living lab* Copenhague.

— *Urban labs:* ha tenido menos desarrollo que otros espacios de colaboración, pero consideramos que vale la pena tenerlos en cuenta, sobre todo en el desarrollo de distritos innovadores. Se trata de ofrecer a empresas espacios urbanos para testar nuevos productos y servicios en entornos que reúnen las condiciones reales que van a tener en su desarrollo. La ciudad ofrece un área específica para las pruebas de nuevas tecnologías urbanas.

— Centros tecnológicos: sobre todo presentes en Europa, son espacios de innovación donde las empresas pueden acudir para desarrollar sus estrategias de innovación abierta, mediante proyectos de desarrollo tecnológico normalmente con ayudas públicas. En el capítulo 8, dedicado al conocimiento y la innovación, desarrollamos más este modelo y sus estrategias de desarrollo, en países con una débil base tecnológica. Destacan el Fraunhofer de Alemania o Tecnalia en España.

— Centros de formación: con una variedad creciente de formatos, niveles y perfiles de oferta y demanda, cursos presenciales y *online*, de nivel universitario, formación profesional, formación ocupacional, ofertas de carácter público y privado, abierto o «in company», etc. Las necesidades de formación son crecientes en el tiempo, para adaptar los perfiles profesionales a las necesidades cambiantes, lo que requiere de una gran agilidad y rapidez de adaptación de la oferta, no siempre compatible con la rigidez de programación de las universidades públicas, ofreciendo oportunidades de otros agentes para acceder al mercado de la formación profesional. Sería el caso de las «Code Academies» que ofrecen cursos de programación y de otros perfiles profesionales que demandan las tecnologías digitales, con períodos de formación de 3 a 6 meses y muy orientados a las necesidades de las empresas con garantía casi total de encontrar un puesto de trabajo. En este apartado se podría destacar, por ejemplo, la presencia de cinco universidades en el distrito 22@ de Barcelona, junto con agentes privados como Ubiqum, Epitech o Ironhack. entre otros.

— *Innovation Hub:* es una expresión últimamente de moda, pero sin una definición precisa en su propuesta y desarrollo. Se trataría de integrar algunos espacios como los descritos hasta el momento, mediante una gestión del conjunto del sistema que permita coordinar las actividades de colaboración entre ellos. A menudo se confunden con espacios de *coworking,* pero son mucho más que esto, y si están integrados en un ecosistema innovador del tipo del distrito innovador su funcionamiento y sus resultados son muy superiores al de una suma de funciones y agentes aislados. La clave es la colaboración. Destacarían en este sentido Barcelona Tech City, Factory Berlin, Forum Virium de Helsinki o Ruta N de Medellín.

— *Citilabs:* un *citilab* (con la i latina de *citizen* o ciudadano) es un instrumento para la innovación social dirigido al conjunto de la ciudanía. Si está integrado en un distrito innovador, es un elemento importante de acción pública en contra de la llamada gentrificación que tratamos en el capítulo 9 sobre integración social. Creo que un caso muy consolidado es el *citilab* de la ciudad de Cornellà en el área metropolitana de Barcelona y que describimos en el citado capitulo. Otro modelo de *citilab* de naturaleza privada sería el caso de Valkiria en el distrito 22@ de Barcelona.

Hablando de espacios, no hay que olvidar la importancia del espacio público como lugar de encuentro e intercambio. Un espacio público de calidad, accesible y bien gestionado, es uno de los elementos que permiten configurar una auténtica comunidad de propósito en un distrito innovador.

El elemento clave de estos espacios no es el de promover un edificio determinado, aislado del resto de agentes y espacios del ecosistema, sino el de integrarlos a todos ellos, y a otros agentes como mentores, aceleradoras o fondos de capital riesgo, en un entorno ecosistémico como un distrito innovador.

Dimensiones geográficas y sociales de un ecosistema innovador

Ya hemos comentado la importancia de la relación entre un espacio urbano, donde se puede desarrollar un ecosistema innovador, con el conjunto de la ciudad. Un ecosistema innovador urbano se integra en un nuevo modelo de ciudad; se concentra inicialmente en una parte concreta de la misma, que reúne las condiciones urbanísticas apropiadas, pero tiene por objetivo llegar a transformar el conjunto de la ciudad. Ambos procesos, el de concentración y masa crítica, junto al de difusión a todo el conjunto urbano, deben ser programados adecuadamente, y son compatibles y deseables mediante una percepción adecuada del espacio y del tiempo.

Estamos hablando por tanto de una dimensión geográfica y otra dimensión social relativa a las interrelaciones entre personas y organizaciones del ecosistema. Los espacios permiten las conexiones que transforman la ciudad desde el punto de vista geográfico y social.

Para el caso de la ciudad de Nueva York (Mulas, 2015), el examen de las relaciones entre las dinámicas geográficas y sociales de su ecosistema innovador urbano permite formular las siguientes conclusiones:

1. ¿Cuál es el centro de la localización geográfica del ecosistema innovador urbano?: está localizado en el centro de Manhattan.
2. ¿Qué personas y organizaciones están ubicadas en el centro social del ecosistema innovador?: mientras que las *start-ups* están en el centro de la red social, las incubadoras y aceleradoras son las conectoras claves del ecosistema.
3. ¿Cómo las conexiones geográficas y sociales de las *start-ups* condicionan sus resultados?: las conexiones con los fondos de inversión son fundamentales, pero el citado estudio afirma que «no se ha encontrado una relación significativa de la centralidad geográfica con la captación de fondos de inversión». Es decir, que para el caso de la ciudad de Nueva York no sería relevante la presencia física de las *start-ups* en el centro geográfico del ecosistema.
4. ¿Cuál es la relación entre la centralidad geográfica y la social?: a pesar de que las *start-ups* situadas en la centralidad geográfica pueden estar altamente conectadas, sus conexiones no estarían «socialmente diversificadas».

En resumen, en el ecosistema de la ciudad de Nueva York, centrado en la isla de Manhattan, se observa una fuerte relación entre las conexiones sociales con la capacidad de inversión en las *start-ups*, y que los activos de relación («Networking assets») son el factor fundamental de un ecosistema innovador. En cambio, según dicho estudio, los condicionantes geográficos o la concentración de los agentes en un determinado espacio urbano no serían tan determinantes.

Todo ello nos remite de nuevo al importante tema de la relación entre el ecosistema innovador urbano como distrito innovador, concentrado en una parte de la ciudad, con el resto de la ciudad e incluso del área metropolitana y de la región.

Ceo que, para desarrollar la relación entre un ecosistema innovador y el conjunto de la ciudad, no puede haber una receta aplicable a todos los casos. La ciudad de Nueva York tiene unas características únicas, como es también el caso del Silicon Valley, pero en todo proyecto de ecosistema innovador urbano debemos tener muy en cuenta el conjunto de la ciudad y el ámbito metropolitano, favoreciendo las redes de relación social y considerando la posibilidad del desarrollo de polos o *hubs* de innovación distribuidos por todo el territorio, funcionando en una red que conecte personas y agentes diversos. Este aspecto de los ecosistemas innovadores urbanos se desarrolla en el capítulo 11.

4.2. Ciudades y ecosistemas innovadores

Se puede definir un «ecosistema innovador» como un entorno constituido por diversos organismos y funciones interrelacionados, que tienen por finalidad promover la innovación, y a partir de ella el desarrollo económico de un territorio. El aspecto más relevante para que podamos hablar de un verdadero ecosistema innovador se encuentra en definir las funciones de estos organismos en relación con el conjunto y en conseguir una adecuada interacción entre ellos.

Los ecosistemas innovadores son entornos capaces de transformar conocimiento en valor económico. Del análisis de los ecosistemas innovadores más relevantes del mundo podemos proponer algunos factores de éxito que iremos desarrollando más adelante:

a) Presencia de una sólida base de formación universitaria politécnica y de otras disciplinas relacionadas con las ciencias sociales y con las humanidades.
b) Permeabilidad entre empresa y universidad, con mecanismos estables de relación y de colaboración.

c) Masa crítica de investigación y desarrollo, en forma de centros de I+D, centros tecnológicos y empresas innovadoras.
d) Implicación de empresas y de profesionales externos en los procesos de innovación, en relación con el punto anterior, mediante la implementación de procesos de innovación abierta.
e) Actitud del profesorado orientada al emprendimiento y la comercialización de la investigación. Cambio cultural y atracción de talento con estas actitudes y capacidades.
f) Actitudes orientadas a la innovación: valorar hacia el exterior los resultados de la investigación y promover procesos de gestión de la innovación en las empresas.
g) Especialización-concentración en grandes retos y en áreas de conocimiento multidisciplinares, a partir de los recursos existentes en un entorno urbano determinado.
h) Cultura emprendedora en actitudes y valores. Promover el cambio cultural en instituciones y confeccionar programas que lo favorezcan, con especial atención hacia la colaboración.
i) Interrelación espacio-innovación. Presencia de entornos urbanos que favorecen la innovación.

Todos estos factores no aparecen de repente y por arte de magia. Es evidente que las políticas públicas y la actuación de los otros agentes de la llamada cuádruple hélice (empresas, instituciones de conocimiento, sociedad civil, junto con la administración) son determinantes para la creación y consolidación de los ecosistemas innovadores.

Actualmente, las ciudades y las regiones más dinámicas desde un punto de vista económico son aquellas capaces de desarrollar entornos urbanos que se configuran como ecosistemas innovadores, en los que se favorece de manera natural la transferencia del conocimiento hacia el sistema económico.

El éxito de los ecosistemas de la innovación depende en buena medida de la habilidad de los planificadores y gestores de facilitar que instituciones académicas, compañías privadas y agencias gubernamentales colaboren de manera fluida y coadyuven a generar incentivos de cara a asumir los riesgos razonables necesarios para transformar una nueva idea en un servicio escalable, económicamente competitivo y técnicamente solvente. El resultado es la creación y el desarrollo de empresas intensivas en conocimiento, con visión global y fuerte crecimiento, lo que repercute favorablemente en la economía de las regiones implicadas.

Para que una ciudad se constituya en ecosistema innovador debe disponer de algunos elementos clave, como: un sistema de centros de investigación científica; universidades politécnicas con nivel internacional, tal vez no de las primeras de los rankings pero con algunas facultades, escuelas técnicas y departamentos muy bien situadas; escuelas de negocio con porosidad hacia el entorno tecnológico y empresas innovadoras competitivas en el ámbito internacional; satisfactorios proveedores de servicios como bufetes de abogados, gestorías y contables, recursos humanos...

A menudo no se cumplen algunas de las condiciones anteriores, pero ello no debería desanimar a los promotores, puesto que el propio proyecto debe identificar los puntos fuertes y débiles y promover la solución para aquellos aspectos más deficitarios.

Un aspecto a tener en cuenta es que las empresas deberán adaptarse a las condiciones de la competencia internacional del siglo XXI. Esta nueva etapa histórica que estamos viviendo obliga a un pacto público-privado que permita potenciar las actividades de gestión de la innovación en las empresas y que incorpore aquellos elementos del sistema que, como los centros de investigación y desarrollo tecnológico o un sistema educativo más alineado con las necesidades del proceso, faciliten la innovación de las empresas.

Si no se dispone de un completo sistema innovador, un ecosistema con una dinámica propia que vaya creciendo y aumentando su complejidad, siempre cabe dotarse de un proyecto ambicioso y realista como el que se dibuja en el presente libro.

La importancia de que una ciudad disponga de elementos que podamos considerar como partes de un sistema innovador viene reforzada por la formulación de Henry Chesbrough (2003) del concepto *open innovation* o innovación abierta. Las empresas deben definir y aplicar estrategias de innovación abierta colaborando con los centros y entidades que puedan ayudarlas en sus objetivos estratégicos para generar innovaciones de forma recurrente.

Actualmente disponemos de suficiente literatura que analiza casos concretos de ciudades en todo el mundo con ecosistemas innovadores.

Para el estudio de casos remitimos inicialmente a Barceló y Oliva (2002), quienes llevan a cabo un análisis de los ecosistemas innovadores existentes en veinte ciudades del mundo, caso de Boston, Los Angeles o Nueva York (Estados Unidos), Bangalore y Hyderabad (India), Hsinchu (Taiwán) y otras de Corea y Japón, y de barrios concretos en

Londres, Estocolmo, Helsinki o Cambridge en Europa. Este estudio sirvió de base para el posterior diseño y desarrollo del Distrito 22@ de Barcelona.

Posteriormente, en Barceló y Guillot (2013) se hace hincapié en otros entornos, como los del MIT en Boston y Seattle (ambos en Estados Unidos), el Citytech de Londres, la ciudad de Espoo en la región de Helsinki o el caso de Berlín. En el capítulo 12 del presente libro se describen algunos casos de ecosistemas innovadores de distintas ciudades del mundo.

El análisis del ecosistema innovador del Instituto Tecnológico de Massachusetts (MIT) en Boston resulta muy interesante, tanto por su creciente complejidad como por sus resultados económicos. En el análisis se observa la presencia de factores destacados, como la multiplicidad de actores, su interacción y el hecho de que para cada etapa de la cadena de valor del conocimiento existen las funciones y servicios apropiados que apoyan y facilitan el proceso en su conjunto. Desde la investigación básica y aplicada hasta el apoyo a una empresa establecida, pasando por la valoración comercial, la creación de *spin-offs* y su crecimiento, el ecosistema dispone de los servicios y funciones que permiten su desarrollo.

Un estudio publicado por la prestigiosa Fundación Kauffman en febrero de 2009 indica que, gracias a este ecosistema innovador, en esa fecha habría unas 25.800 empresas en activo fundadas por exalumnos del MIT, con una ocupación alrededor de 3,3 millones de trabajadores y unas ventas anuales de 2 billones de dólares, cifra superior al PIB español, produciendo el equivalente a la undécima potencia económica del mundo.

4.3. El desarrollo de un nuevo tejido empresarial

Un objetivo central de toda ciudad es el de promover el desarrollo de un nuevo tejido empresarial que, en las condiciones del modelo económico del siglo XXI, solamente es posible mediante la creación de ecosistemas innovadores urbanos, en el sentido que hemos apuntado en páginas anteriores.

Estos ecosistemas innovadores urbanos deben tener la capacidad de atraer talento y generar nuevas actividades productivas, mediante la presencia de pluralidad de agentes y de sus interrelaciones como activo social a promover y a desarrollar. Entre esos agentes podemos destacar el papel de las aceleradoras y de la función de incubación de nuevas empresas. Aceleradoras e incubadoras son dos agentes clave para el desarrollo de nuevo tejido empresarial de alto valor añadido.

Las aceleradoras son organizaciones que ofrecen apoyo a los emprendedores y a las *start-ups* en sus etapas iniciales de desarrollo, mediante las siguientes funciones y actividades:

1. Un claro y abierto proceso de selección dirigido a emprendedores.
2. Disponibilidad de pequeñas cantidades de fondos de inversión inicial.
3. Foco en pequeños equipos humanos con capacidades complementarias, mejor que en fundadores individuales.
4. Apoyo intensivo en cortos períodos de tiempo, entre 3 y 6 meses, para acelerar los procesos de maduración de los proyectos de nuevas empresas. De ahí viene el nombre de aceleradoras, pues aceleran los procesos de desarrollo de las *start-ups*.
5. Una asistencia clave en relación con mentores experimentados y vinculación con empresas consolidadas del sector.

En cambio, las incubadoras son espacios de apoyo a *start-ups*, ofreciendo espacios de oficina y algunos servicios de apoyo. A menudo se ofrecen espacios híbridos entre incubadoras, *coworkings* y otros espacios como los que hemos visto anteriormente, con o sin servicios propios de la función de aceleración, que es fundamental para el desarrollo de un nuevo tejido empresarial.

El índice de mortalidad de estas nuevas criaturas que conocemos por *start-ups* es enorme en todos los países del mundo. En general se considera (Busulwa, 2020) que en Estados Unidos más del 20 % de las *start-ups* no sobreviven al primer año de vida, más del 50 % no viven a los 5 años y más del 90 % finalmente fracasan. En promedio, sobrevive una de cada diez iniciativas emprendedoras.

Se considera que en Estados Unidos cada año emergen más de seis millones de emprendedores que empiezan un nuevo negocio, y que los inversores VC más importantes solamente invierten en unas veinte *start-ups* de un total de 3.000 que evalúan. Y que, de estas veinte, solamente una o dos consiguen la mayor parte del retorno a la inversión. El proceso de selección es pues muy exigente y la mortalidad altísima, al parecer debido a los errores que se cometen habitualmente en las etapas tempranas de la creación y desarrollo de las nuevas empresas.

Los errores y problemas más frecuentes de las nuevas *start-ups*, según diversos estudios, son los siguientes: un producto sin necesidad del mercado, insuficiencia de recursos financieros, no disponer del equipo humano adecuado, precios erróneos, marketing inapropiado, ignorar a los clientes, pérdida de foco, conflictos entre el equipo y los inversores, crecimiento demasiado rápido, etc. La función de las aceleradoras consiste en tratar de evitar o de superar algunos de estos problemas, desde la selección de las iniciativas con más probabilidad de éxito, para ayudarlas a madurar sus proyectos, y acelerar y facilitar el tránsito de la idea, o la propuesta inicial, a la empresa con posibilidades de éxito.

Según Busulwa et al. (2020), las *start-ups* evolucionan a través de un proceso iterativo de seis etapas:

Etapa 1. Reconocimiento de oportunidades: se trata de identificar una idea o un problema que represente una oportunidad de mercado.

Etapa 2. Descubrimiento del cliente: cómo podemos encontrar una solución al problema identificado, cómo construir el MVP («Minimum Viable Product») o el producto mínimo viable a iterar con el mercado, y cómo identificar y validar los canales de venta.

Etapa 3. Validación del cliente: validar la aceptación del mercado, validar el modelo de negocio y evaluar las ventas y la estrategia de marketing.

Etapa 4. Validación de la estrategia operacional y financiera: validación de la estrategia de negocio, de los aspectos operativos y financieros.

Etapa 5. Escalar la ejecución, las operaciones y la organización: valorar las posibilidades de escalar a mercados amplios, riesgos y cómo gestionarlos, costes, cómo escalar las operaciones y la organización.

Etapa 6. Sostenimiento: cómo aplicar un proceso de innovación permanente y efectivo, planes de contingencia y adaptación a situaciones cambiantes, cómo gestionarlo (véase figura 4.2).

Las aceleradoras y los correspondientes programas de aceleración de *start-ups* son una pieza clave de todo ecosistema innovador. Si el objetivo de toda ciudad es renovar el tejido empresarial hacia nuevas actividades de alto valor añadido, adaptadas a la competencia global y al cambio tecnológico, esta renovación solo será posible mediante nuevas iniciativas empresariales que permitan liderar el proceso shumpeteriano de destrucción creativa. Es evidente que la transformación de empresas existentes y la emprendeduría corporativa son también procesos fundamentales, pero sin nuevas *start-ups* es probable que la especialización productiva no cubra nuevos sectores emergentes de alto potencial de crecimiento.

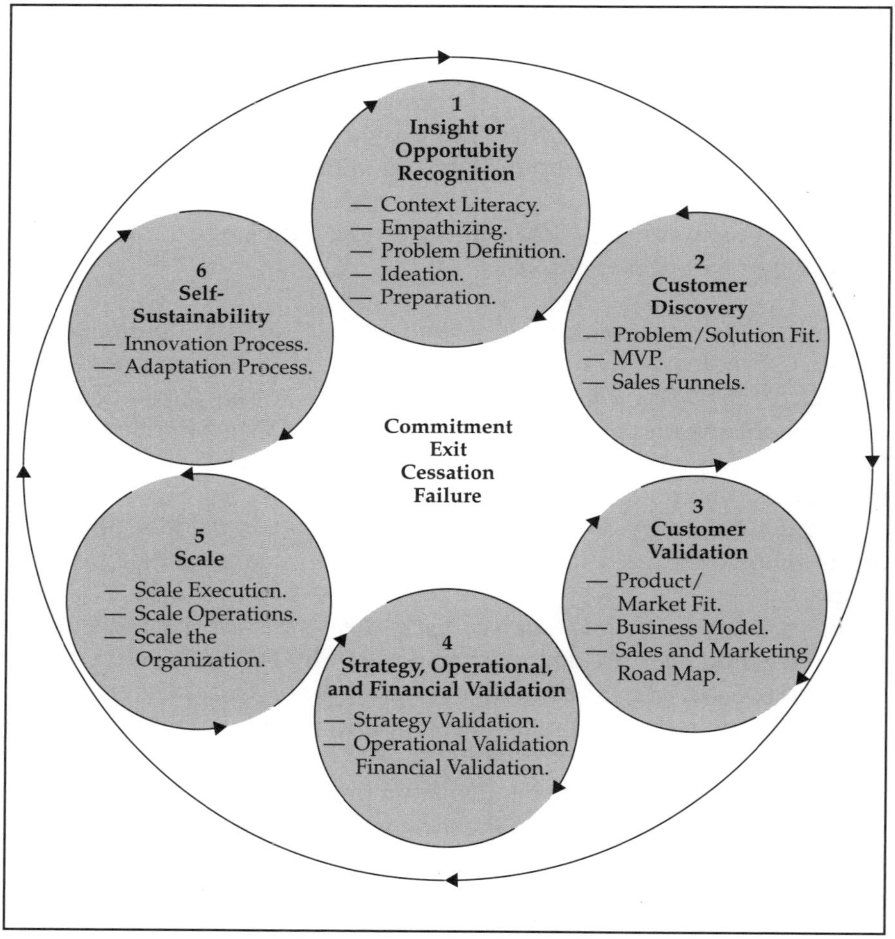

Figura 4.2. Las seis etapas evolutivas de las *start-ups*. [Fuente: Busulwa, 2020.]

Pero ¿qué beneficios pueden aportar las aceleradoras al desarrollo de nuevas actividades económicas, mediante la atracción y el crecimiento de *start-ups*? Podemos destacar siete beneficios concretos, resultado de la observación de la actuación de casos conocidos a nivel internacional:

1. *Aceleran la evolución,* de modo que durante el tiempo que siguen el programa de la aceleradora pueden superar con éxito una o varias de las etapas anteriores.
2. *Desarrollo de capacidades y el proceso de aprendizaje,* mediante los procesos de formación y los apoyos de coaching y mentoring del programa.
3. *Preparación para el acceso a fondos de inversión,* mediante la preparación para los procesos de inversión, el apoyo para destacar el atractivo a los fondos y los contactos con fondos de inversión previstos en el programa.
4. *Networking,* ofrecido durante el programa con contactos con la red de colaboradores de la Aceleradora, como inversores, otros emprendedores, empresas consultoras y de servicios, asesores, corporaciones asociadas, potenciales clientes etc. En un entorno rico como ecosistema innovador este networking podrá ser más fácil que en otros entornos menos desarrollados o en espacios aislados.
5. *Acceso a servicios profesionales,* de las propias aceleradoras o mediante contactos con otros aliados como asesores legales, expertos en estrategias de modelos de negocio o en temas de comunicación, asesores financieros, etc.
6. *Asesoramiento estratégico,* a partir de la propia experiencia de la aceleradora, que acumula un conocimiento resultado de numerosos casos tratados, lo que le confiere un conocimiento único y privilegiado que puede favorecer el desarrollo de nuevas *start-ups.*
7. *Apoyo a todo el proceso de aceleración,* mediante el acceso directo a los organizadores de la aceleradora y a las redes de asesores que participan en el programa. En este sentido, el trato personal, la confianza entre las partes y la implicación de estos asesores será fundamental para el éxito del proceso de aceleración.

Desde la perspectiva del desarrollo de un nuevo tejido empresarial de *start-ups*, el ecosistema innovador necesario está formado principalmente por los siguientes agentes: aceleradoras, incubadoras, programas públicos de apoyo, universidades orientadas a la emprende-

duría, inversores, capital riesgo, organizaciones y asociaciones de emprendedores, *business angels* y otros colectivos. En un espacio urbano, es conveniente que estos agentes estén situados en áreas urbanas próximas, en espacios como los que hemos caracterizado en un apartado anterior.

Evolución del fenómeno de las aceleradoras

Una de las características de un ecosistema innovador es que va aumentando su entropía, de manera que, con el tiempo, aumenta el número y la variedad de agentes que interactúan entre sí. Aumenta la complejidad del sistema y se aceleran de forma exponencial los resultados en términos económicos y de potencial innovador del sistema.

En el caso de las aceleradoras, que es un fenómeno relativamente reciente, se puede afirmar que emergen durante el primer decenio del siglo XXI en Estados Unidos, con casos como el de Techstars y YCombinator, cuyo éxito inicial anima al nacimiento de nuevas aceleradoras, a la vez que se van mejorando sus programas y los resultados de los mismos.

A partir del año 2008 el número de aceleradoras que operan en Estados Unidos va aumentando cerca de un 50 % cada año, de manera que se identifican alrededor de 170 aceleradoras en 2014. Se considera que a finales de 2016 había 579 aceleradoras operando en el mundo, con una inversión realizada de más de 206.000 millones de dólares, en 11.305 *start-ups*. La práctica demuestra que la función de aceleración pasa a ser un elemento esencial de un ecosistema innovador. Actualmente hay millares de aceleradoras repartidas por todo el mundo.

Las experiencias de YCombinator y Techstars fue un auténtico disparo de salida de una carrera imparable hacia el incremento de la complejidad del ecosistema innovador, y las principales causas de este fenómeno fueron la calidad del equipo fundador, con un gran conocimiento y experiencia del fenómeno de la emprendeduría, pero también la maduración de otros procesos paralelos como la mayor disponibilidad de acceso a fondos de capital riesgo, el rápido crecimiento de grandes empresas tecnológicas con gran capacidad financiera o el desarrollo de programas gubernamentales para favorecer el proceso emprendedor.

Se puede afirmar que el conjunto de agentes del ecosistema emprendedor se fue progresivamente ampliando y especializando en las distintas etapas del proceso, de manera que desde las primeras etapas o *early stage* hasta las últimas de escalado y sostenimiento, las *start-up* podían tener acceso a los servicios de apoyo correspondientes, reduciendo el riesgo en la inversión. De ahí nace la necesidad de promover ecosistemas innovadores que vayan aumentando su complejidad y la eficiencia de los procesos de emprendeduría, en los cuales las aceleradoras están jugando un papel fundamental.

Lo que hace único, y no sustituible, el papel de las aceleradoras en un ecosistema innovador es sobre todo el acercamiento de las *start-up* al llamado *smart money*, compartiendo las mejores prácticas de aceleración, aumentando la competencia interna del ecosistema, aumentando el flujo de empresas preparadas para la escalabilidad, alimentando y extendiendo las redes de mentores y asesores al servicio de los emprendedores, y mejorando la conexión con la corporaciones existentes y con las administraciones públicas implicadas. Las aceleradoras son en definitiva una pieza básica de todo ecosistema innovador al servicio del desarrollo económico y social de un territorio.

Parece que actualmente estamos en un proceso de consolidación del fenómeno de algunos ecosistemas innovadores, y el papel que van a seguir jugando las aceleradoras será el de una evolución progresiva hacia una mayor especialización por sectores de actividad, por servicios ofrecidos a los emprendedores y posiblemente también por un mayor acento en algunas de las etapas de desarrollo de las *start-ups*.

Al mismo tiempo, es de esperar que los ecosistemas emprendedores, en su conjunto, aumenten su eficiencia y su eficacia, acelerando los procesos de desarrollo económico y de creación de puestos de trabajo en los territorios urbanos capaces de atraer y desarrollar las actividades de las aceleradoras.

4.4. Situación de los ecosistemas innovadores en el mundo

Hay un acuerdo general en afirmar que el primer ecosistema innovador nace en la zona de la bahía de San Francisco (Bay Area), que incluye el Silicon Valley y se extiende rápidamente por todo el mundo. Veamos algunas cifras comparativas para poder valorar la dimensión del fenómeno y dónde se producen las mayores concentraciones (Dealroom.co, 2022). A estos efectos podemos dividir el mundo en tres zonas: América, EMEA (Europa, Medio Este, África) y Asia-Oceanía.

Los 40 primeros ecosistemas han creado un valor de más de 100.000 millones de dólares (100 Bilions USD), y si consideramos el valor de las

Tech Companies creadas a partir de 1990 en ecosistemas de todo el mundo, destacan por este orden:

— Bay Area .... 7.300 B
— Beijing .... 1.900 B
— Seattle............................. 1.400 B
— Nueva York (ciudad) .... 1.100 B
— Boston .... 963 B
— Los Ángeles....................... 886 B
— Shenzhen .... 737 B
— Londres............................. 720 B
— Austin .... 690 B
— Shanghai........................... 617 B

Entre los diez primeros, hay seis ciudades americanas, tres chinas y una europea, curiosamente fuera hoy día de la Unión Europea, sumando en total 16.313 billones USB (B).

Barcelona sería la número 13 de la zona EMEA, con 46 B, y Madrid ocuparía el puesto número 15 con 39 B. Entre las ciudades latinoamericanas, el liderazgo corresponde a Sao Paulo con 127 B.

Estas cifras nos dan una idea de la globalización del fenómeno de los ecosistemas innovadores, a la vez que se observa una fuerte concentración del valor en Estados Unidos y en China y una posición marginal de la UE. Tel Aviv está por encima de cualquier otra ciudad de la UE, con un valor de 374 B.

Si analizamos el número de unicornios, o *start-ups* que han alcanzado un valor de salida superior a 1 B, vemos que actualmente hay 168 ciudades en el mundo con al menos un unicornio. Teniendo en cuenta que esta cifra era de solo 12 en 2010, ello nos da una idea de un doble proceso relacionado con la difusión global del modelo de ecosistemas innovadores urbanos. Por un lado su globalización a todos los continentes, y por otro la fuerte aceleración del proceso, de acuerdo con las funciones exponenciales que tratamos en capítulos anteriores.

Las ciudades implicadas están actuando como plataformas de atracción y fijación de talento, atracción de capital y de los agentes propios de todo ecosistema innovador. **El crecimiento exponencial del fenómeno de los ecosistemas innovadores como causa del desarrollo correspondiente de la emprendeduría tecnológica hace pensar que este proceso va a seguir durante los próximos años, lo que podría acentuar las diferencias entre ciudades** que sean capaces de transformar sus entornos urbanos en ecosistemas innovadores y las que queden al margen del proceso, con las consiguientes diferencias económicas y sociales entre unas y otras.

En la figura 4.3 se observa la evolución del número de unicornios entre 2010 y 2022, en número total y por zonas geográficas. La zona EMEA estaría por delante de Estados Unidos y de China en número de unicornios, pero no en su valor, como hemos visto.

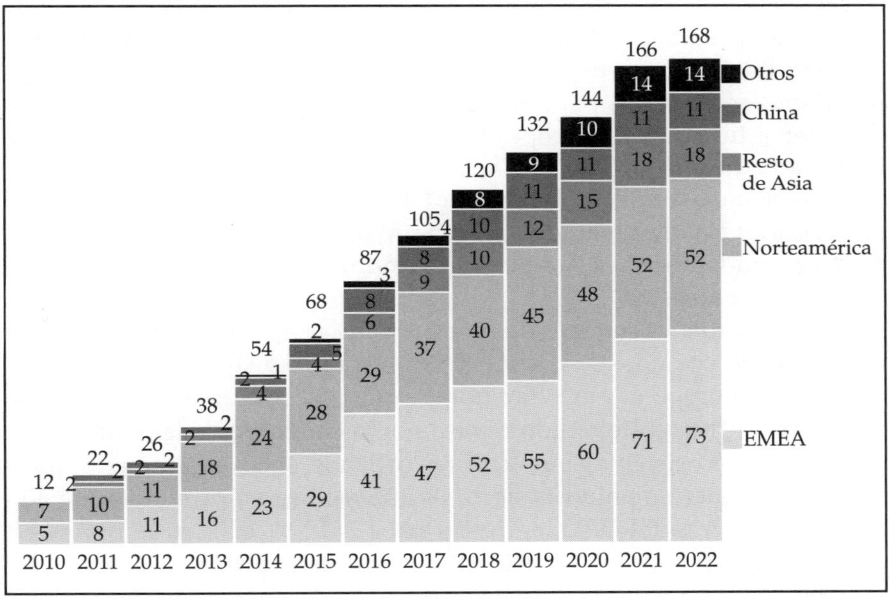

Figura 4.3. Ciudades con al menos un unicornio. [FUENTE: dealroom.co]

Si analizamos las tendencias en tecnologías de frontera que se están desarrollando actualmente en las ciudades más avanzadas del mundo, estas son por orden de importancia cuantitativa:

1. Inteligencia artificial.
2. Computación futura.
3. Nuevo modelo energético.
4. Tecnologías del espacio.
5. Biotec.
6. Materiales avanzados.

Para el desarrollo práctico de estas tecnologías de frontera, y su aplicación a nuevos modelos de negocio, es necesario contar con una fuerte base científica y tecnológica, mediante nuevas infraestructuras de I+D, centros tecnológicos, universidades, laboratorios y, en definitiva, un pacto público privado que alimente el conjunto del proceso innovador. El escenario de todo este proceso global son las ciudades y los ecosistemas innovadores que se ubican en las mismas, que serán capaces de integrar en un espacio urbano: emprendeduría, capital, conocimiento, I+D e innovación en una plataforma captadora de talento y de inversión.

Cuando hablamos de ciudades, no nos referimos exclusivamente a los entes administrativos que delimitan un término municipal, sino a las realidades económicas y sociales que configuran un entorno urbano que suele tener un alcance metropolitano. Hablamos de la ciudad real, no de la ciudad administrativa.

El reciente estudio de Dealroom (2022) se plantea la pregunta de si las ciudades están preparadas para la próxima década, y para ello analiza 201 ciudades de 65 países de todo el mundo. Veamos algunos resultados de ese análisis.

Hay 25 ciudades con más de 20 unicornios, la mayoría en Estados Unidos y Asia, 52 ciudades con entre 5 y 19 unicornios distribuidas entre Estados Unidos, Europa y Asia, y 92 ciudades que poseen entre 1 y 4 unicornios.

Finalmente, en este rápido repaso por las metrópolis del mundo que disponen de ecosistemas innovadores urbanos, si consideramos el indicador del número de nuevas *start-ups* que reciben su primera inversión de fondos de capital (VC), entre los años 2010 y 2020, en la figura 4.4 podemos comprobar la evolución por zonas geográficas.

Observamos un fuerte crecimiento en todo el mundo entre 2010 y 2015, con una cierta estabilización a partir de dicho año, con bajadas en 2020 probablemente resultado de la crisis de la COVID-19. Es probable que para los próximos años la tendencia siga al alza, debido a la entrada de nuevas ciudades en el club de los ecosistemas innovadores, pero habrá que ver la distribución geográfica de este crecimiento. La partida no está terminada y muchas ciudades del mundo están trabajando en este sentido.

Sin embargo, según el informe *The State of European Tech 2022* de Bryce Keane, las *start-ups* europeas sufrieron un retroceso importante durante este año, recortando un 18 % la inversión y perdiendo unos 14.000 puestos de trabajo. Algunos aspectos como la inflación, la subida de tipos de interés, la guerra de Ucrania y una cierta alegría en la valoración de *start-ups* habrán jugado un papel importante en este retroceso, aunque habrá que ver su evolución en el próximo futuro.

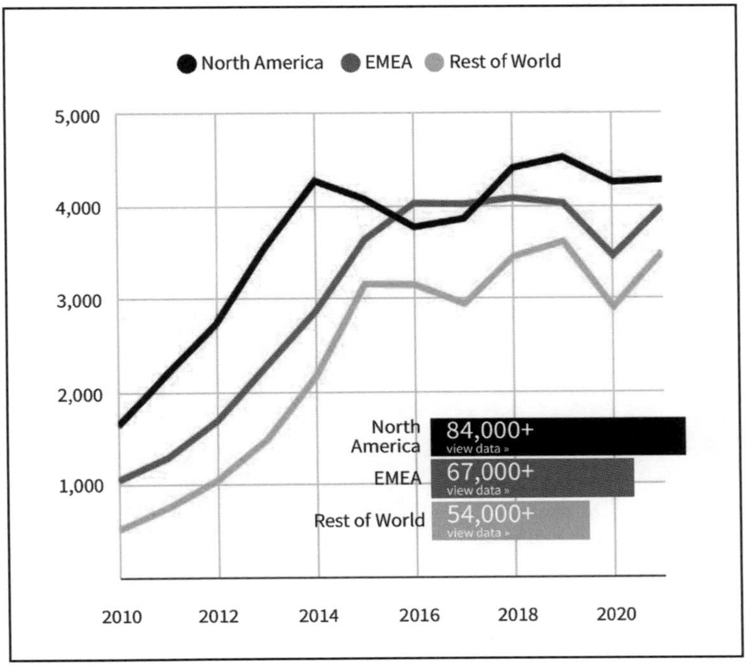

Figura 4.4. Nuevas *start-ups* que reciben su primera inversión de un VC. [FUENTE: Dealroom, 2020.]

El resultado en términos económicos dependerá de la capacidad de las ciudades para promover y desarrollar ecosistemas innovadores que activen procesos de realimentación positiva, como por ejemplo el doble círculo virtuoso del emprendimiento que se representa en la figura 4.5.

Se produce un doble proceso de realimentación positiva entre la acumulación de talento y de capital, que a su vez alimentan el éxito de nuevas *start-ups*. Al aumentar el número de fundadores y operadores con experiencia, se produce el apoyo de unos y otros a la creación de nuevas *start-ups,* lo que aumenta la calidad de las nuevas *start-ups* emergentes que pueden acceder a fuentes de capital.

Por su parte, los fondos VC locales acumulan experiencias y adoptan estándares globales, lo que atrae a operadores globales que tienen como resultado el incremento de capital disponible para empresas más grandes, lo que conecta con las nuevas *start-ups,* mejorando el ratio de éxito de todo el proceso.

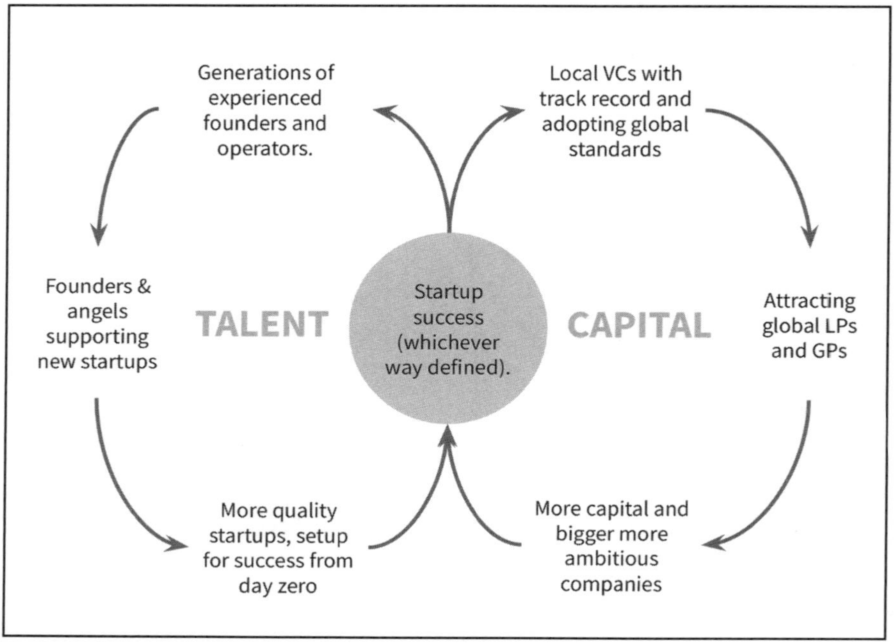

Figura 4.5. Círculo virtuoso del talento y del capital. [FUENTE: Dealroom, 2022.]

Cada vez más ciudades en el mundo se van incorporando al club de las ciudades innovadoras, con ecosistemas que crean los entornos urbanos atractivos para el talento y el capital en un proceso interactivo y exponencial que depende de la capacidad de iniciativa de cada ciudad. No hay ciudades condenadas a la marginalidad, más que aquellas incapaces de entender y aplicar estos procesos que hoy día se extienden por todo el mundo.

Ideas clave

1. Un «ecosistema innovador» es un entorno constituido por diversos organismos y funciones interrelacionados que tienen por finalidad promover la innovación, y a partir de ella el desarrollo económico de un territorio.
2. Un ecosistema innovador debe reunir los siguientes factores: capital humano o talento, actividades empresariales de alto

valor añadido, políticas públicas adecuadas, infraestructuras que favorecen la información y el conocimiento, recursos financieros y aspectos sociales y culturales.

3. Las aceleradoras son una pieza clave de todo ecosistema innovador para renovar el tejido empresarial hacia nuevas actividades de alto valor añadido, adaptadas a la competencia global y al cambio tecnológico.
4. El número de nuevas *start-ups* que reciben su primera inversión de fondos de capital (VC) entre los años 2010 y 2020, tuvo un fuerte crecimiento en todo el mundo entre 2010 y 2015, con una cierta estabilización a partir de dicho año, y con bajadas en 2020 probablemente resultado de la crisis de la COVID-19.

PARTE SEGUNDA
EL DISTRITO INNOVADOR COMO RESPUESTA

Hasta aquí hemos analizado la ciudad actual y apuntado algunos requerimientos y características de la nueva ciudad del siglo XXI. También hemos destacado las principales características de los llamados ecosistemas innovadores. Además, hemos afirmado que para transformar una ciudad hacia el nuevo modelo hay que seguir un largo proceso, que no será fácil pero sí posible. En cualquier caso, no hay alternativa: o se produce una transformación hacia la creación de ecosistemas innovadores urbanos, o llegará el declive, como conocemos a partir de múltiples ejemplos en uno y en otro sentido.

En esta segunda parte del libro desarrollaremos el modelo de distrito innovador como la transformación de una parte de la ciudad en un ecosistema innovador, con capacidad para transformar su economía mediante la atracción de talento e inversiones de todo el mundo.

Empezaremos el capítulo 5 desarrollando el modelo de distrito innovador como ecosistema formado por cinco subsistemas interrelacionados, que iremos describiendo en capítulos posteriores.

5
DISTRITOS INNOVADORES

Un distrito innovador es una parte de la ciudad que se transforma en un ecosistema innovador, con las características y los contenidos ecosistémicos que hemos apuntado en el capítulo anterior.

Este es el elemento clave que permite hablar de un distrito innovador, por contraposición, por ejemplo, a un parque empresarial, a un *hub,* a edificio aislado o a un parque científico tradicional. Todo agente de un distrito innovador debe tener fácil acceso a otros agentes, con los que podrá colaborar para el alcance de sus objetivos, y ello implica proximidad física y cultural y valores compartidos por el conjunto de la comunidad.

Para pasar del concepto de ecosistema innovador al proyecto de distrito innovador es necesario aplicar el modelo a la realidad concreta de una ciudad con una historia y una cultura determinadas, que son distintas en cada caso. Se trata por tanto de partir del concepto de ecosistema innovador para llegar a la transformación de un entorno urbano concreto y transformarlo en distrito innovador, siendo este el objetivo de este libro.

No se trata de copiar, o de poner nombres de moda como ahora *hub,* o ecosistema, o *Silicon something,* o *smart-city,* sino de entender lo que los romanos llamaban el *genius loci* o el espíritu del lugar, y hacerlo mediante los instrumentos propios del urbanismo, las infraestructuras, la arquitectura, la estrategia económica y de conocimiento, las estrategias y las técnicas de gestión de la innovación y las estrategias de gestión apropiadas para conseguir los objetivos deseados para una ciudad o un conjunto urbano determinados.

5.1. Un modelo de transformación urbana: el distrito innovador

Cualquier ciudad del mundo puede, y debe, plantearse la necesidad de desarrollar un distrito innovador teniendo en cuenta dos elementos fundamentales:

a) Su propia realidad en términos sociales, culturales, históricos y económicos.
b) Los casos de éxito y fracaso existentes hoy en el mundo y, sobre todo, en aquellos países culturalmente próximos.

No tener en cuenta estos dos elementos ha sido la causa de la mayoría de los fracasos en iniciativas dirigidas a la creación de nuevos espacios para el desarrollo económico. Veamos algunos ejemplos, pensando sobre todo en los países europeos y en los de América Latina.

El fenómeno del *Silicon something* o el *me too:* se trata de un fenómeno bastante generalizado, por el que tarde o temprano a un gobierno local, regional o nacional se le ocurre la idea del *me too,* o «yo también quiero un Silicon Valley en mi pueblo». Han encargado un PowerPoint —que no un proyecto— a un consultor, se han hecho la foto o incluso han inaugurado un edificio; la prensa local y los medios han anunciado la buena nueva..., y nunca más se supo. En mis actividades académicas en diversos másteres y universidades dedicamos un tiempo a analizar las causas del fracaso de tantos proyectos de este tipo, y las conclusiones son demoledoras, tanto para los políticos de turno como para las sociedades y medios de comunicación acríticos que los acogen. Lo destacaremos más adelante.

La moda de los parques científicos y tecnológicos: a pesar de los sonoros fracasos de este modelo en España y en muchos países de Latinoamérica, muchas universidades y gobiernos siguen insistiendo en este modelo. La desinformación de los promotores y el marketing brillante de algunas consultoras han llevado a dedicar grandes medios económicos, y de todo tipo, a un modelo que, como explica Bruce Katz, sencillamente no funciona.

Aparte de los fracasos anteriores, hoy ya disponemos de suficiente experiencia y perspectiva para procurar entender los factores de éxito que han llevado a algunas ciudades como Londres, Helsinki, Barcelona o Berlín, entre muchas otras en Europa y en otras partes del mundo, a desarrollar nuevos espacios urbanos que conocemos como distritos innovadores (DI).

Para el desarrollo con éxito de nuevos DI deberemos tener en cuenta el concepto de «ciudades abiertas» de Sennett, que formula en su libro *Construir y habitar* (2019). Su crítica demoledora a modelos cerrados, como el edificio Googleplex de Nueva York o la ciudad tecnológica de Songdo en Corea del Sur, nos aportan nuevos elementos de reflexión para evitar más errores en la creación de nuevos espacios para el desarrollo económico basado en la creatividad y en la innovación. Según Sennet, la ciudad inteligente de tipo «prescriptivo» dice a sus habitantes cómo deben de vivir y relacionarse con su entorno, mientras que la que «coordina» actividades, en lugar de controlarlas, lleva a un tipo de ciudad inteligente distinta. La primera «idiotiza a los que viven» en ellas; la segunda permite la compatibilidad con el desarrollo de distritos innovadores.

Una de las formas para iniciar, o para reforzar, el proceso de transición hacia la nueva ciudad del siglo XXI es mediante el diseño e implantación de un distrito innovador en una parte de la misma para que, poco a poco, vaya transformando la ciudad en su conjunto.

Siguiendo la definición de distrito innovador de Katz y Wagner (2014), un DI está ubicado en un área urbana delimitada, dentro de una ciudad, que cuenta con múltiples agentes, como instituciones de referencia y grandes y pequeñas empresas, junto con *start-ups,* incubadoras y aceleradoras y otros agentes promotores de innovación. Es un rico y variado ecosistema con agentes que se relacionan entre sí. Además, un DI es físicamente compacto y accesible, técnicamente conectado y urbanísticamente basado en una mezcla de usos de viviendas, oficinas y comercio.

Se trata de transformar un determinado entorno urbano o distrito de una ciudad, de manera que pueda ubicar un conjunto plural de oficinas, viviendas, centros tecnológicos y de I+D, incubadoras y otras actividades y personas que puedan interactuar. Lo llamamos distrito innovador, y está formado por un conjunto denso de estas actividades económicas y de servicios de todo tipo, lo que constituye un sistema complejo, como lo hemos definido en el capítulo 1 cuando hemos analizado las características de un sistema.

Hay que distinguir entre un parque empresarial y un distrito innovador.

El primero es un espacio, normalmente situado en las afueras de la ciudad, en el que hay una amalgama de empresas, donde cada una va a lo suyo y cuya motivación al instalarse en dicho Parque es encontrar una oficina donde trabajar al mejor precio posible, y bien comunicada por carretera con las zonas residenciales y otras infraestructuras de transporte. Responden al modelo de ciudad del siglo XX que hemos caracterizado en páginas anteriores. No es un sistema integrado que interactúa.

El distrito innovador, por el contrario, es un espacio urbano integrado en la ciudad, formado por un conjunto de agentes que interactúan, con personas que residen en el propio distrito o que pueden desplazarse al mismo en transporte urbano, con equipamientos culturales y servicios de todo tipo. Es un sistema urbano integrado, propio de la lógica de la ciudad del siglo XXI.

En el mundo hay actualmente numerosos distritos innovadores, aunque no responden a un único modelo. Cada uno ha tenido una génesis y un desarrollo distinto y tienen estructuras diferentes; pero, sin embargo, todos ellos comparten algunas características comunes. Son espacios urbanos con personas creativas que trabajan, y algunas también viven, en el distrito y que interactúan para promover la innovación. Veremos algunos casos en el capítulo 12.

Los espacios urbanos densos, con usos mixtos, con servicios culturales, recreativos, comerciales, de restauración, etc., atraen a personas de talento de todo el mundo, con un elevado nivel educativo, creativas, innovadoras y emprendedoras, que pueden enriquecer al vecindario existente, el cual a menudo padece el problema de la gentrificación que trataremos en próximos capítulos. Se trata, en definitiva, de la integración de dos ideas o disciplinas: la innovación y el urbanismo, normalmente desarrolladas por estudios académicos y por disciplinas profesionales distintas y que actúan de forma separada y a veces ignorándose mutuamente.

El nuevo distrito innovador requiere de una visión multidisciplinar, que debería empezar ya a nivel de sistema educativo; en la medida que ello no se produzca, precisa del trabajo de equipos pluridisciplinares, donde ingenieros, arquitectos, economistas y otras disciplinas propias de las ciencias sociales y otras áreas del conocimiento colaboren estrechamente con un propósito común: diseñar y aplicar proyectos de distritos innovadores. Un distrito innovador no es «aquello que hacen los urbanistas», sino que es un proyecto complejo que requiere una visión amplia, integrando disciplinas, conocimientos y experiencias muy diversas.

Los distritos innovadores son un caso clásico de un conjunto mayor que la suma de sus partes; entender los ingredientes que forman este conjunto es muy importante. Cuanto más plural y diverso, más probable es la interacción entre las partes y más valor se añade al conjunto. Cada elemento participante en un sistema como el DI debe poder añadir valor a sus actividades y beneficiarse del hecho de estar situado físicamente en este entorno, cosa que no ocurre en un Parque Empresarial.

La comprensión del proceso de desarrollo del modelo que representa el DI ha tenido un carácter empírico de prueba y error, que ha seguido una evolución en la creación de lo que algunos autores han llamado la «arquitectura tecnológica». Este proceso evolutivo ha dejado muchos cadáveres en el camino; de la observación de iniciativas diversas puedo afirmar que son muchos más los fracasos que los éxitos en la creación de espacios urbanos para el desarrollo tecnológico y la innovación.

Josh Lerner, en su obra *Boulevard of Broken Dreams* (2009), refiriéndose a las distintas iniciativas públicas para promover espacios para la emprendeduría y la innovación, afirma que «...por cada intervención gubernamental efectiva, ha habido docenas, incluso centenares, de fracasos, donde gran cantidad de recursos públicos no han producido ningún fruto». Y añade que, en muchos casos, el fracaso en los esfuerzos gubernamentales era completamente previsible. Importantes déficits en el diseño de los proyectos hacían inevitable su fracaso desde el principio. En el presente libro intentamos anticiparnos en la fase de diseño y evitar tantos fracasos.

En Europa, gran cantidad de los llamados Parques Científicos o Tecnológicos están hoy sobreviviendo como pueden en precario, a menudo mediante subvenciones de administraciones públicas, o mediante procesos de liquidación judicial, como el llamado Parque Científico y Tecnológico de la ciudad de Girona, situado en las afueras de esta ciudad, a unos 100 kilómetros al norte de Barcelona.

En otros casos se mantienen lo que podríamos llamar «Parques *Zombie*», que solo sobreviven por simple inercia de las correspondientes administraciones públicas, a pesar de que la realidad de las cifras permite pensar que alguna acción de reconversión se debería plantear. Es el caso, entre muchos otros, del llamado Parc BIT de la ciudad de Palma de Mallorca en España.

Según una reciente investigación de la Universtitat de las Illes Balears (Manera y Molina, 2022), después de veinte años de funcionamiento de este parque, desde 2013 la productividad del trabajo del mismo es muy inferior a la del resto de la ciudad de Palma y a la del conjunto de las Baleares.

Ello contrasta con las investigaciones realizadas por Ramon Gras y Jeremy Burke de la Universidad de Harvard (2019) sobre los efectos multiplicadores de los distritos innovadores Urbanos. Este estudio presenta una nueva base de datos y metodología analítica para medir y describir los beneficios no lineales de la agregación geográfica de actividades intensivas en conocimiento en entornos urbanos. Los resultados de esta investigación empírica demuestran que los distritos innovadores se benefician del crecimiento superlineal de la innovación, en términos de los resultados de innovación por empleado (nuevas patentes, nuevos productos y servicios, actividades de I+D) y en términos de creación de empleo.

Los resultados de esta investigación, aplicada a 50 distritos innovadores de los Estados Unidos, demuestran los efectos amplificadores de concentrar actividades intensivas en conocimiento en determinadas áreas urbanas. Concretamente, **los distritos innovadores presentan 2,8 veces una mayor concentración de actividades intensivas en conocimiento por empleado, 4 veces mayores resultados de innovaciones en términos de patentes, nuevos productos o procesos por empleado y 16 veces más creación y disponibilidad de oportunidades de empleos intensivos en conocimiento por residente.**

Estos resultados demuestran que los distritos innovadores se benefician sistemáticamente de modelos de innovación estructural no lineales, como resultado de la concentración geográfica de actividades intensivas en conocimiento en entornos urbanos.

La pregunta que deberíamos realizarnos sobre los Parques Científicos y Tecnológicos (PCT) es si deberían evolucionar hacia formas más próximas a los distritos innovadores, con un urbanismo basado en la mezcla de usos, una sólida alianza público-privada y una especialización productiva realista. La respuesta a esta pregunta solo podrá venir del desarrollo de proyectos piloto.

En el caso frecuente de la presencia de un Parque Científico y Tecnológico en los alrededores del núcleo urbano, el diseño de las relaciones entre este Parque y el nuevo distrito innovador se deberán tener muy en cuenta, de manera que se favorezca la complementariedad y la cooperación entre ambos espacios, se plantee la transformación progresiva del Parque hacia modelos de ecosistema innovador más adaptados a las condiciones del siglo XXI y se realice la adecuada programación espacio-temporal, para la progresiva transformación del conjunto de la ciudad y de la metrópolis en un auténtico ecosistema innovador, nodo de la red global de ciudades innovadoras.

Un distrito innovador se distingue de un Parque Científico por muchos factores, entre los que podríamos destacar los siguientes:

— Un DI se sitúa en un entorno urbano con un urbanismo denso y basado en la mezcla de usos, mientras que un PCT se suele situar en un ámbito suburbano con baja densidad y posee usos científicos con proyección hacia la emprendeduría.

— Un DI está integrado en la ciudad e intenta minimizar la movilidad necesaria con criterios de sostenibilidad, mientras que, en general, un PCT es accesible mediante transporte privado.
— Los PCT suelen tener un propósito estrechamente centrado en la I+D y la Academia, mientras que un DI es un espacio que se configura como ecosistema innovador con multiplicidad de agentes y su propósito es la creación de puestos de trabajo y la atracción de inversiones.

En síntesis, el elemento clave que distingue un PCT de un DI es que este se plantea desde una visión holística que integra una red de recursos, empresas, universidades y distintas entidades y organizaciones, con la finalidad de crear comunidad e interrelación entre todas ellas desde una gran pluralidad de agentes, y como una parte de la ciudad para su transformación hacia la ciudad del siglo xxi. En cambio, los PCT tienden a estar en zonas aisladas y cerradas al conjunto de la ciudad.

Por su parte, los parques empresariales no han fracasado en la etapa de culminación de la economía industrial, pero en esta nueva etapa del conocimiento son especies ineficientes y en extinción. Llegados a este punto, podemos preguntarnos las causas de todos estos fracasos y de estas ineficiencias. En el caso de los Parques Empresariales, entiendo que es un problema de encontrarnos actualmente en pleno período de transición, y por las dificultades que comporta todo proceso de cambio, como el que representa un nuevo modelo de ciudad, un cambio histórico motivado por el cambio radical en el sistema productivo.

En el mes de abril de 2018 participé en un Máster sobre Gestión de Proyectos Complejos, organizado por la Escuela de Administración Pública de Cataluña (EAPC), dirigido a altos cargos del Gobierno de Cataluña, unas treinta personas de alto nivel dentro de la administración catalana. Les propuse un ejercicio práctico que consistía en poder responder a la pregunta siguiente: ¿Por qué fracasan tantos proyectos en el ámbito de la innovación y la tecnología? Para ello les presenté una lista de unos diez proyectos anunciados por distintas administraciones durante los últimos 4 o 5 años, que no habían conseguido los resultados esperados o que habían desaparecido del mapa, después de haberles destinado cantidades importantes de dinero público.

Como ejemplo de uno de estos proyectos nos podemos referir al llamado Proyecto BZ del Consorcio de la Zona Franca de Barcelona, un consorcio público entre el Estado español y el Ayuntamiento de Barcelona que gestiona un gran polígono industrial situado al sur de la ciudad. Este proyecto consistía en la ocupación de los antiguos terrenos de la empresa SEAT por parte de empresas e instituciones de distintos sectores para crear un gran Parque Biomédico, un ambicioso proyecto audiovisual y otro dedicado a las tecnologías agroalimentarias. El proyecto no llegó a implantarse, probablemente porque no existía tal proyecto, y nunca más se supo.

Para poder contestar a la pregunta formulada a los alumnos del Máster seguimos la metodología del «doble diamante» propia del *design thinking*, con trabajo en grupo, debates en grupo y en plenario, en los que mi función se limitó a la moderación de los debates y a la ordenación de conclusiones que iban aportando los grupos y el debate en pleno. Se llegó a unas claras conclusiones compartidas por todos los participantes del curso, como causas del fracaso de muchos proyectos de transformación urbana en entornos propicios a la innovación y a la atracción de empresas tecnológicas innovadoras; las causas del fracaso de los proyectos analizados fueron:

1. Falta de estrategia y de definición clara del objeto del proyecto y sin planificación de actuaciones.
2. Indefinición y falta de objetivos claros y cuantificados. La mayoría de «proyectos» responden a eslóganes con frases atractivas, pero sin contenido real ni realista.
3. Déficits de financiación y falta de modelo económico consistente. Falta de un análisis coste-beneficio. Falta de recursos y de realismo.
4. Gestión deficiente, falta de sistemas de control y seguimiento, sin métodos de evaluación continuada y externa. Equipos profesionales poco estables y a veces poco cualificados.
5. Falta de modelo de gobernanza: ausencia o déficit de liderazgo, problemas del ciclo político con visiones a corto plazo, y a veces falta de consenso político.
6. Ausencia de políticas de marketing y de comunicación.

Vamos a transformar las conclusiones a las que llegaron los miembros del citado grupo en propuestas en positivo, a partir de la experiencia práctica en proyectos como el 22@Barcelona, y otros que hemos ido desarrollando durante los últimos años, tanto en España como en América Latina. Esta experiencia práctica nos permite proponer algunos factores que se deberían tener en cuenta a la hora de plantear un proyecto de transformación urbana con las características de un DI (Barceló y Guillot, 2013):

— *Planificación estratégica:* un proyecto debería estar basado en un modelo consistente que defina las partes del sistema y sus interrelaciones; este modelo se debería concretar en un relato que, partiendo de la situación real de la ciudad y de sus condicionantes históricos y culturales, la proyecte hacia el futuro; todo proyecto de DI debe adecuarse a la cultura y la estructura territorial concreta de cada ciudad.
— *Definición de objetivos:* como en todo proceso de planificación estratégica, esta debe concretarse en objetivos estratégicos viables, seguidos de objetivos operativos, planes de acción, indicadores de seguimiento, etc.
— *Modelo económico:* definición precisa de los recursos necesarios para asegurar las inversiones; previsión de los mecanismos de planeamiento urbanístico, con las correspondientes aplicaciones de beneficios y cargas a los proyectos de transformación, estimación de un análisis coste-beneficio, previsiones del impacto económico y social, acciones para evitar o limitar los efectos de los procesos de gentrificación, estrategias económicas que permitan incorporar la transformación social de barrios degradados situados dentro o cercanos al futuro distrito, y definición de estrategias de clústeres.
— *Gobernanza y modelo de gestión:* liderazgo político, en la figura del alcalde o alcaldesa, con un claro partenariado público y privado; necesidad de sobrepasar el ciclo político de cuatro años hacia una previsión de estabilidad a medio y a largo plazo. Es necesario el consenso político y social, y la dotación de una unidad específica de gestión del proyecto y del futuro DI.
— Marketing *y comunicación:* preparación de un plan de marketing con claros y concretos mecanismos de atracción de inversiones y empresas de origen internacional; plan de comunicación y marca, conectado con el relato estratégico, con el fin de conseguir el conocimiento y el prestigio del DI en todo el mundo.

Los factores anteriores son resultado de la observación y de la experiencia práctica, tanto en proyectos que han fracasado como en otros que han llegado a buen puerto o que están en buen camino. Seguidamente ordenaremos estos factores en un modelo de nuevo sistema urbano basado en subsistemas integrados y otras funciones relevantes de carácter transversal.

Modelo de distrito innovador como nuevo sistema urbano

Para poder dibujar este modelo de distrito innovador, integraremos distintas visiones y planteamientos expuestos en páginas anteriores. En primer lugar, la teoría de sistemas o *Systems Thinking* desarrollada en el capítulo 1; a ello le añadiremos las conclusiones para la nueva ciudad que sintetizamos en el capítulo 2; seguido de los factores de éxito y fracaso, y todo ello desde el prisma de la experiencia de casos concretos.

Un distrito innovador será un nodo de la red global de ciudades y espacio urbano que acogerá las nuevas empresas de la economía exponencial, aplicando un nuevo urbanismo que permita una nueva ciudad densa y compacta con mezcla de usos, que facilite el cambio cultural y que potencie los sectores intensivos en conocimiento. Dispondrá de nuevas infraestructuras de conocimiento y se reforzarán las existentes, tendrá en cuenta el cambio social como necesidad y como oportunidad para la innovación social; dispondrá de nuevos sistemas de gobernanza y de comunicación, y se aplicarán mecanismos y servicios de atracción de inversiones.

Los espacios públicos de un DI crean sentido de comunidad, generan confianza y seguridad y promueven el movimiento asociativo. El uso del automóvil es compatible con el espacio público peatonal y se aplican nuevos planes de movilidad que promuevan el transporte público, prestando atención a la distribución de mercancías en la ciudad.

Los distritos de innovación son laboratorios vivos para la experimentación que tienen en cuenta la importancia y predominio del trabajo cara a cara, con adecuación de espacios públicos y de edificios que faciliten esta forma de comunicación, compatible y relacionada con la comunicación telemática. El DI debe entenderse por tanto como un espacio para la interacción.

La estructura y la gestión de los espacios favorecerán las actividades culturales y de servicios diversos, de manera que la ciudad será atractiva para el talento.

A partir de las referencias anteriores, y de algunas experiencias prácticas, sobre todo en ciudades europeas, ya podemos intentar destacar los elementos clave de un DI para avanzar en su modelización. Los elementos fundamentales para el diseño y el desarrollo de un DI en una ciudad son los siguientes:

a) *Nuevo modelo de planificación y desarrollo urbanístico:* para una nueva ciudad densa y compacta, basada en la mezcla de usos, con espacios de oficinas, comercio, vivienda y equipamientos públicos, con mecanismos de equilibrio entre beneficios para el propietario (las plusvalías de los terrenos recalificados) y cargas públicas para financiar infraestructuras, servicios y vivienda pública. Es el modelo de la nueva ciudad creativa y socialmente equilibrada del siglo XXI. El urbanismo y la arquitectura al servicio de la estrategia de la nueva ciudad.

b) *Estrategia económica:* basada en la elección de aquellas actividades o clústeres urbanos que están en condiciones de sentar las bases para un futuro desarrollo con perspectiva global, aplicando metodologías que permiten conocer y actuar con los principales agentes públicos y privados relacionados con una actividad o área de conocimiento especifico. El pacto público-privado es imprescindible para esta elección y, en general, para el conjunto del sistema que conforma el DI.

c) *Desarrollo de infraestructuras de I+D y de innovación. Nuevo ecosistema de innovación.* A partir de la situación actual de la ciudad y del país sobre sus instituciones de conocimiento y sus mecanismos de transferencia, y en consonancia con las actividades o clústeres elegidos, en un DI deberá haber una cierta capacidad de generación y transferencia de conocimiento para la innovación. Sin esta situación de partida, el DI puede ser un mero receptor de ocupantes de edificios de oficinas. A partir de esta situación inicial necesaria deberán aplicarse programas de desarrollo de la base tecnológica existente, directamente conectados con un conjunto de espacios y actividades abiertas como *coworkings*, aceleradoras, formación, intercambio, etc., que pueden configurar lo que llamamos el ecosistema innovador.

d) *La ciudad como laboratorio vivo del desarrollo tecnológico urbano* (me resisto a usar el concepto de Smart City, por el mal uso que se ha hecho del mismo). El DI deberá ser el distrito donde la ciudad experimenta con proyectos piloto innovadores del fenómeno urbano, desde nuevos modelos de movilidad hasta aplicaciones y servicios para la ciudadanía, pasando por iniciativas de conexión con el sistema educativo de la ciudad, entre otras iniciativas. La innovación social será la base del DI que se proyecta al conjunto de la ciudad.

e) *La nueva ciudad como agente activo de la Transición Energética.* Uno de los mayores retos de las nuevas ciudades es el cambio climático y los DI no pueden quedar al margen de los procesos de cambio necesarios. En este sentido, el nuevo DI deberá liderar el proceso de transición energética de la ciudad y del conjunto del país, mediante la aplicación de energías renovables, el ahorro y la eficiencia energética en el diseño, construcción y gestión de los edificios y en modelos de movilidad basados en el vehículo eléctrico.

f) *La transformación social mediante iniciativas que conecten el DI con la ciudadanía.* Finalmente, el elemento más importante es la transformación social; el DI dirigido a las personas, a todas las personas de la ciudad, vivan y trabajen, o no, en el DI. En este sentido, iniciativas como la del *citilab* de Cornellà, en el área metropolitana de Barcelona, representan elementos a incorporar a los nuevos DI.

Este conjunto de elementos interrelacionados configura un sistema complejo, que será la base del futuro de la nueva ciudad próspera, innovadora e inclusiva. Este modelo se ha aplicado en distintas ciudades como Barcelona, Palma de Mallorca o Valencia en España, o en San José de Costa Rica o Viña del Mar en Chile, en América Latina.

5.2. Cómo diseñar un nuevo distrito innovador

Para proponer los elementos fundamentales a tener en cuenta para el diseño de un nuevo DI empezaremos recordando cómo se hizo el Distrito 22@ de Barcelona.

El día 28 de mayo de 2015 se celebró en el edificio Glorias, puerta y símbolo del Distrito 22@ Barcelona, el Breakfast número 100 que organiza la Asociación de las empresas del distrito, 22@Nerwork. Con ocasión de esta efeméride, me invitaron a participar reflexionando sobre el tema del modelo 22@. Seguidamente resumiré mi intervención en dicho acto.

Todo empieza en el año 1998, cuando el Ayuntamiento de Barcelona inicia un proceso de planificación urbanística del suelo industrial del barrio del Poblenou, situado al norte de la ciudad de Barcelona. Por aquella época yo dirigía la Fundación Instituto Catalán de Tecnología (ICT), que pocos años antes se había ubicado en una antigua fábrica de la calle Ciutat de Granada, esquina Tánger, en el mismo barrio. En este edificio ICT desarrollaba sus actividades de formación y de desarrollo tecnológico en el ámbito de las TIC, y promovía también actividades de dinamización y divulgación cultural, que incluían, entre otras, la edición de una revista (Quaderns de Tecnología), la publicación de libros o la realización de actos de reflexión sobre tecnología, economía y sociedad. Así fue como nació el grupo *Cercle Digital,* que se reunía en la cafetería del edificio una vez al mes para desayunar y debatir en torno a temas de interés general relacionados con la tecnología y la sociedad.

Uno de los temas debatidos en esos desayunos del *Cercle Digital* fue el Plan de Urbanismo del Ayuntamiento para el barrio del Poblenou, que, a nuestro entender, no respetaba el carácter productivo que había tenido este barrio desde la primera revolución industrial del siglo XIX. Algunos miembros del *Cercle Digital* participamos activamente en un debate ciudadano, tanto a nivel urbanístico como de modelo de ciudad, desde el punto de vista económico y tecnológico.

A raíz de este debate se hicieron estudios (Paco Solé Parellada, catedrático de la UPC, lideró un estudio sobre actividades económicas del distrito) y se analizaron veinte ciudades del mundo escogidas como modelos de la nueva ciudad del conocimiento y la innovación. Posteriormente, publicamos el libro *Ciudad digital (2002)* y llevamos a cabo numerosas reuniones, algunas con responsables de urbanismo del Ayuntamiento de Barcelona.

Al final de este proceso de debate, el alcalde Joan Clos decidió parar la tramitación del Plan y dejarlo todo para después de las elecciones municipales de 1999. Joan Clos había decidido apostar por la nueva ciudad compacta, del conocimiento, sostenible y motor económico que hoy es el distrito 22@ de Barcelona. La crónica de esta historia está recogida en el libro *El districte d'activitats 22@bcn* (Oliva, 2003).

Sin entrar en las claves urbanísticas del nuevo modelo, sí quiero destacar cómo la definición de los nuevos usos, el establecimiento de cargas en equilibrio con las plusvalías correspondientes, o la fijación de los estándares de edificabilidad, entre otros aspectos, fueron un ejemplo de buen hacer y de capacidad de visión del nuevo distrito, lo que permitió que se llevara a cabo una operación basada en la colaboración público-privada.

El Distrito 22@ de Barcelona representa un buen ejemplo de colaboración público-privada, basada en el equilibrio de la necesaria tensión dinámica entre un agente que preserva el bien público, el Ayuntamiento, y unos agentes privados que tienen un incentivo a la inversión en beneficio de la colectividad; el sector privado tuvo incentivos para invertir y transformar ese antiguo distrito industrial, que en esos momentos se encontraba en rápido proceso de degradación. El resultado, como se puede observar de forma clara, dio lugar al actual distrito innovador 22@, que representa hoy en día el principal motor económico de la ciudad de Barcelona, aportando un gran beneficio económico y social para la ciudad.

Descripción del modelo de distrito innovador y factores clave de su éxito

Con el proyecto 22@Barcelona no solo se logró impulsar un proyecto decisivo para la ciudad de Barcelona, sino que al mismo tiempo se definió un modelo de transformación urbana y de creación de un distrito urbano de innovación que hoy en día se sigue con atención y con admiración en todo el mundo. Frecuentemente representantes de ciudades de todo el mundo visitan el Distrito para plantear cuestiones alrededor del modelo 22@ y de cómo este se aplicó en Barcelona.

La mejor manera de explicar el modelo de distrito innovador es mediante la figura 5.1 siguiente:

Figura 5.1. Subsistemas del DI.

En este modelo se distinguen cinco subsistemas:

— *Desarrollo urbano e inmobiliario:* consiste en el proceso de planificación de la transformación física del espacio urbano, con la definición de usos del suelo, cargas y compensaciones a la propiedad, aspectos legales, construcción de edificios, plan de infraestructuras y espacio público y movilidad, así como los criterios para la gestión urbanística y el marketing inmobiliario.

— *Estrategia económica:* las estrategias de clúster se elaboran con el fin de fomentar la transferencia entre las instituciones económicas y las de conocimiento, y también con la idea de generar proyectos de mejora de la productividad y de la internacionalización. Un buen programa de iniciativa empresarial y la presencia de incubadoras para la ubicación de *start-ups* son complementos para el ecosistema innovador.
— *Actividades de conocimiento, ciencia y tecnología:* la creación, atracción y crecimiento de empresas, instituciones y centros especializados (universidades, centros tecnológicos, instituciones de I + D, etc.) basados en la estructuración y dinamización de clústeres económicos y de conocimiento.
— *Integración social,* como instrumento de cohesión social y para evitar la gentrificación, con políticas públicas transformadoras para el conjunto de la ciudad.
— *Gobernanza y* marketing: comporta la definición del instrumento de gobierno y de la gobernanza de las nuevas instituciones (forma, composición, competencias, funciones, etc.), optimizada para reunir a los diversos agentes (empresas, gobierno, universidades, otros centros de expertos, organizaciones intermedias, asociaciones, organizaciones civiles, etc.), para garantizar el desarrollo estratégico, político, económico y social, y la sostenibilidad del distrito.

Para una mejor comprensión del modelo y de cómo se puede gestionar un proyecto complejo como este, remito a la lectura del libro *Gestión de proyectos complejos* (Ediciones Pirámide, 2013). En este libro se propone un modelo de gestión de proyectos complejos y se explica como ejemplo el caso del 22@Barcelona.

Los cinco subsistemas anteriores se desarrollan con mayor detalle en los capítulos siguientes.

5.3. Algunas lecciones de casos de distritos innovadores

Tanto de las lecciones aprendidas del distrito innovador de la ciudad de Barcelona, como de la experiencia de otros casos como los que veremos en el capítulo 12, se desprenden algunos retos que vamos a proponer seguidamente y que desarrollaremos a lo largo del libro. Son los aspectos que se deberían tener en cuenta para el diseño e implantación de un nuevo distrito innovador, que reúna las condiciones que en páginas anteriores hemos ido desarrollando para la nueva ciudad. Son los siguientes:

Reto 1. Espacios urbanos y entornos de trabajo para favorecer la innovación, mezcla de usos y espacios de encuentro:

- Planeamiento urbanístico según los principios presentados en los cuatro primeros capítulos.
- **Mezcla adecuada de usos para favorecer la comunicación entre agentes y organizaciones del distrito y del conjunto de la ciudad.**
- Mezcla de usos más apropiada: vivienda, oficinas, espacio público, equipamientos, etc.
- Morfología de edificios y estructura de calles con los mismos objetivos.
- Planteamiento y objetivos a corto, a medio y a largo plazo.
- Normas para la edificación como espacios abiertos al conjunto del DI.
- Ciudad sostenible, según lo expuesto en el capítulo 3.

Reto 2. Infraestructuras: movilidad, telecom, energía:

- Plan integral de infraestructuras del DI.
- Plan de movilidad del DI y sus relaciones internas y de conexión con la ciudad y la región.
- Modelo energético, energías renovables, niveles adecuados de autogeneración y autoconsumo, autosuficiencia.
- Conexión con el conjunto de la ciudad y del país.

Reto 3. Estrategia económica: criterios para focalizar acciones en algunos clústeres, condiciones y acciones:

- **Estrategia económica basada en las propias fortalezas y en las tendencias de fondo a nivel global.**
- Metodologías avanzadas de análisis para la identificación de fortalezas empresariales y del conocimiento, y poder así elegir los puntos fuertes para la especialización mediante clústeres urbanos.

— Identificación de las posiciones de partida en cuanto a agentes locales para sentar las bases para la atracción de talento y de inversiones.
— Plan de reforzamiento de la situación de partida.
— Agentes clave de cada uno de los clústeres para que pueda considerarse un auténtico ecosistema innovador, que consiga atraer empresas tractoras e instituciones del conocimiento alineadas con los clústeres de especialización.

Reto 4. Base de conocimiento y ecosistema innovador: centros de I+D, centros tecnológicos y papel de la universidad:

— Alianzas con las principales universidades y centros de formación y de innovación de la ciudad.
— Identificación de las principales fortalezas de las universidades y centros para que puedan formar parte activa de los correspondientes clústeres y del ecosistema innovador del DI.
— Atracción de centros de I+D y de centros tecnológicos al DI.
— Identificación de las principales debilidades para definir y aplicar estrategias de fortalecimiento de la base de conocimiento mediante alianzas internacionales que no generen dependencia y permitan reforzar la propia base.
— Promover contenidos como los que se presentan en el capítulo 4, dedicado a los ecosistemas innovadores.

Reto 5. Acciones para evitar la gentrificación, papel de la vivienda pública, modelos:

— El éxito de un DI en una ciudad suele provocar procesos de gentrificación que pueden perjudicar a amplias capas sociales de la población.
— Identificación y diseño de las medidas que deberían tomarse para intentar evitar estos efectos negativos.
— Definición del papel de la vivienda pública en este sentido y su aplicación al DI.
— Ídem del sistema educativo y en relación con las empresas.
— Otras medidas de política pública.

Reto 6. Innovación social, *coworking* y *coliving*, redes ciudadanas:

— Se trata de definir el papel de la innovación social en un DI para poder implicar al conjunto de la población.

— Definir y desarrollar los espacios del ecosistema descritos en el capítulo anterior.
— Papel del sector público y de la iniciativa privada.
— Posible participación en redes internacionales, cómo hacer atractivo el DI a los principales operadores internacionales del sector.
— Cómo promover la emprendeduría en el DI.

Reto 7. Gobernanza, marketing y comunicación de un DI:

— Papel del sector público y del sector privado en el desarrollo y la gestión de un DI.
— Activar mecanismos para la atracción de inversiones y de empresas a un DI.
— Valorar la importancia de una política de comunicación y de marca del distrito.
— Desarrollar actividades de dinamización del sistema innovador del distrito hacia dentro y hacia fuera a nivel de ciudad y a nivel internacional.

Hasta aquí hemos presentado los principales retos que se plantea un DI, reflejando el debate actual de varios proyectos concretos en los que participamos, para ilustrar el proceso que están siguiendo actualmente algunas ciudades del mundo para definir y llevar a la práctica proyectos de distritos innovadores. En sucesivos capítulos del libro iremos tratando de forma ordenada estos retos que plantea el diseño y puesta en marcha de un distrito innovador.

Reforzando el ecosistema mediante la colaboración entre empresas y academia

La colaboración entre empresas y agentes del conocimiento como universidades, centros de I+D o centros tecnológicos es el principal reto que se plantea todo proyecto de DI. Sin esta colaboración el ecosistema tiene un desarrollo muy limitado, con el riesgo de pasar a ser un simple Parque Empresarial, con las características que hemos observado en páginas anteriores.

Para que esta colaboración pueda ser efectiva y fructífera existen barreras de todo tipo, desde barreras culturales a problemas con el sistema de incentivos, disparidad y diferencias en los modelos de gobernanza. El mismo concepto de tiempo en ambos mundos es a menudo totalmente distinto. Por ejemplo, en el caso del tempo del mundo *start-up* y el de la academia, el primero debe ir muy rápido y no puede esperar los tiempos del segundo.

El entorno y la cultura de un DI deben facilitar este encuentro y fomentar acciones de colaboración efectivas. La configuración y proximidad de los espacios y el desarrollo de programas de encuentro y de definición de oportunidades de ambas partes puede ser un mecanismo efectivo en este sentido. La identificación y el desarrollo de proyectos concretos, con la participación de ambas partes y el incentivo de los programas públicos adecuados, son mecanismos a desarrollar en los DI.

En su etapa inicial es importante que el DI identifique «empresas tractoras» y *anchor institutions* que permitan arrastrar a otros agentes públicos y privados del ecosistema. Unas y otras tienen capacidad de arrastre para implicar a sectores identificados como prioritarios y a nuevas actividades emergentes.

Una vez identificadas las áreas de especialización de un DI se trata de focalizar las acciones hacia actividades de estos sectores, atrayendo empresas, instituciones y otras organizaciones propias del ecosistema que generen economías externas que representen un incentivo a la atracción de nuevos agentes del sector. Los acuerdos para sentar las bases de partida son fundamentales para las etapas de desarrollo posteriores.

En el capítulo 7 presentamos algunas metodologías para identificar prioridades sectoriales para la especialización productiva del DI y asegurar una situación de partida suficientemente sólida para que los incentivos a la ubicación de agentes en el distrito vayan aumentando progresivamente. Este proceso debe abarcar una variedad de agentes que asegura una cierta masa crítica empresarial y de conocimiento con suficiente atractivo para el arranque de los correspondientes procesos de realimentación positiva.

En el caso del Distrito 22@ de Barcelona, la elección inicial del Clúster Media y de contenidos digitales, y las alianzas con los centros de formación y de I+D de la Universidad Pompeu Fabra (UPF) y con las empresas Mediapro y RBA, líderes en sus respectivos sectores, representó el par motor de arranque en términos mecánicos para el desarrollo posterior del Clúster Media.

En el caso del nuevo distrito innovador de la ciudad de Valencia, también en España, la fuerte oferta de conocimiento existente, tanto en Centros de I+D como en la Red REDIT de Institutos Tecnológicos sectoriales, la potente dinámica de distintos agentes del ecosistema y la presencia de empresas tractoras, permiten pensar que estas alianzas inicia-

Figura 5.2. Distrito 22@ Barcelona.

les en los sectores elegidos pueden tener suficiente consistencia para actuar de atractores a otros agentes internacionales a los espacios que se irán creando en el actual polígono industrial de Vara de Quart, en su proceso de transformación en un nuevo distrito innovador.

En otros casos, como el del nuevo distrito innovador Llevant de la ciudad de Palma de Mallorca, donde la oferta de conocimiento, la dinámica del ecosistema y la presencia de empresas tractoras en sectores estratégicos no tienen la potencia del de Valencia o Barcelona, se han diseñado estrategias urbanísticas, de especialización y configuración del ecosistema distintas, que veremos en el estudio de casos del capítulo 12.

En todos los casos, el sistema de gobernanza y su capacidad de liderazgo, de participación y de gestión de los programas previstos serán fundamentales para promover y desarrollar las acciones de colaboración entre empresas y de estas con las instituciones de conocimiento.

Se trata de partir del concepto de ecosistema innovador y del modelo de distrito innovador que estamos definiendo, para adaptar las estrategias a las condiciones competitivas de cada ciudad, y tener la capacidad de liderar y de gestionar este sistema complejo que llamamos DI, transformando la estrategia más adecuada en objetivos y en planes de acciones concretos y realistas.

La colaboración público-privada, beneficios

Sin una estrategia de alianzas entre el sector público y el privado no puede existir un DI como lo estamos caracterizando. El sector público, en sus distintos niveles, establece los marcos de referencia para incentivar la actuación de los agentes privados locales, en una primera etapa, para pasar posteriormente a atraer otros agentes económicos de todo el mundo.

A nivel local, las administraciones municipales tienen normalmente las competencias de planeamiento urbanístico que ha de permitir la estrategia urbanística para la creación de los espacios que hemos destacado en páginas anteriores. Un nuevo marco urbanístico genera los incentivos para la inversión privada y los recursos y activos públicos en forma de cargas urbanísticas. El equilibrio entre beneficios y cargas, propio del proceso de planeamiento urbanístico, es el que permite hoy a las ciudades de todo el mundo generar patrimonio público e incentivar los procesos inversores que generen puestos de trabajo en un proceso de realimentación positiva y continuada.

A nivel regional y nacional, y también supranacional, como es el caso de la Unión Europea, las administraciones públicas ofrecen programas de fomento de la innovación e incentivos a la inversión, que representan un nivel complementario del papel de los entes locales y va en el mismo sentido de favorecer la colaboración público-privada para el desarrollo económico, en este caso aplicado a un DI.

Otra forma de colaboración público-privada se produce en el seno de un clúster constituido y en funcionamiento, como veremos en un próximo capítulo. El funcionamiento regular de un clúster urbano comporta la colaboración continuada entre sus distintos miembros, con una relación directa con los programas del sector público propios de estos instrumentos colaborativos.

En algunos DI, como el 22@Barcelona o el V21 de Viña del Mar en Chile, la existencia de organizaciones como el 22@Network y el correspondiente V21Network chileno asegura la colaboración entre las empresas y entidades miembros de estas asociaciones con el sector público. Se trata de una colaboración colectiva organizada mediante la intermediación de estas asociaciones. Las numerosas actividades que organizan permiten contactos continuados entre agentes privados y con el sector público.

La relación de las empresas con el espacio público representa otro de los aspectos de la colaboración público-privada, en la medida en que el sector público promueve parques y plazas para el uso de personas y grupos, y estas, y las organizaciones correspondientes, utilizan estos espacios. Si esta colaboración se establece de inicio, pueden ponerse en práctica mecanismos participativos tanto en el diseño del espacio público como en su gestión concertada para favorecer espacios de encuentro mediante la organización de múltiples actividades.

Son múltiples las oportunidades de colaboración público-privada en los distritos innovadores, algunas de ellas estrechamente relacionadas con su sistema de gobernanza. Por ejemplo, puede destacarse la importancia de contar con una estrategia de marketing y comunicación que veremos en un próximo capitulo. Para que esta estrategia sea eficiente y efectiva, en el sentido del desarrollo del DI, es necesaria la colaboración permanente entre el sector público y los agentes individuales y colectivos del sector privado, empresas y asociaciones, que deben colaborar tanto en el diseño de la estrategia como en su implementación. Para la consolidación del prestigio y la reputación de la marca del DI, y para la atracción de talento e inversiones, es imprescindible que colaboren empresas e instituciones públicas en beneficio de todos.

De los espacios a la creación de comunidades de innovación

En el capítulo 4, dedicado a caracterizar los ecosistemas innovadores, hemos destacado la importancia de los espacios que ocupan múltiples agentes que conforman el sistema. La creación de estos espacios se conoce con el nombre de *placemaking,* que consiste en la capacidad para crear una conexión emocional entre los espacios físicos y la comunidad.

La creación de espacios no es algo frio y banal que solo tiene por objetivo disponer de algunos metros cuadrados para un grupo de personas. Como afirma Elena Granata (2021), el *placemaker* es el inventor de lugares que habitaremos, son lugares con alma, es el *genius loci* de los romanos, que adquiere una gran importancia en el diseño de ciudades y, específicamente, de estos lugares de encuentro e intercambio que llamamos distritos innovadores.

El *placemaking* es a la vez una filosofía y un proceso. Se trata del concepto de la creación de espacios que contribuyan al bienestar y a la salud de las personas, y a la vez es el proceso para el diseño de estos espacios, sean edificios, parques, calles o plazas públicas. Los dos aspectos deben formar parte de una misma función.

En el caso de un distrito innovador, la mezcla de usos entre los primarios residenciales y de actividad económica, y los secundarios en forma de servicios y actividades diversas de tipo cultural, académico o institucional, le confieren un carácter singular que debe ser tenido muy en cuenta en los procesos de planeamiento urbanístico y de diseño y construcción de los distintos espacios. La normativa que enmarca el desarrollo del distrito debe tener muy presente esta naturaleza singular del DI.

Mediante el concepto y el proceso de *placemaking* los distritos innovadores tienen la capacidad de diseñar y gestionar espacios relacionados con la calidad de vida de las personas, con componentes como:

— *Sociabilidad:* reforzando las redes sociales y las relaciones personales a lo largo del día y de la noche.
— *Accesibilidad:* promoviendo la movilidad a pie y el transporte público.
— *Usabilidad:* regulando el acceso al uso de espacios para todos los grupos sociales y los niveles de renta.
— *Seguridad:* mediante espacios y servicios seguros y sanos.

La fácil accesibilidad a estos espacios, la garantía de sociabilidad, el acceso democrático para todos y la seguridad de los mismos forman parte del código genético de un distrito innovador.

Pero con la creación de espacios adecuados y accesibles no es suficiente. Estos espacios deben gestionarse mediante programas que estimulen la participación de todas las personas del distrito y de la ciudad. Se trata de programar un conjunto de actividades que fomenten el encuentro y la creación de redes de carácter profesional, cultural y social diverso. Actividades como conciertos o cine al aire libre, presentaciones diversas o ágoras de debate y participación crean comunidad y sentido de pertenencia que deben fomentarse en un DI. Son instrumentos que crean sentido de comunidad, como en los pueblos y barrios de una ciudad ocurre con las fiestas mayores o las manifestaciones deportivas.

Un distrito innovador es, como la ciudad, un ser vivo que debe alimentarse de actividades y programas que mejoren la calidad de vida de las personas. El talento internacional quiere vivir y trabajar en espacios urbanos vibrantes y de alta calidad de vida, y el *placemaking* y la programación deben actuar promoviendo y gestionando estos espacios.

Ideas clave

1. Un distrito innovador es un espacio urbano integrado en la ciudad, formado por un conjunto de agentes que interactúan, con personas que residen en el propio distrito o que pueden desplazarse al mismo en transporte urbano, y con equipamientos culturales y servicios de todo tipo.
2. Los distritos innovadores se benefician sistemáticamente de modelos de innovación estructural no lineales, como resultado de la concentración geográfica de actividades intensivas en conocimiento en entornos urbanos.
3. A partir del concepto de ecosistema innovador y del modelo de distrito innovador que estamos definiendo, se trata de adaptar las estrategias a las condiciones competitivas de cada ciudad, y tener la capacidad de liderar y de gestionar cada proyecto, transformando la estrategia más adecuada en objetivos y en planes de acciones concretos y realistas.
4. Para la consolidación del prestigio y la reputación de la marca del DI, y para la atracción de talento e inversiones, es imprescindible que colaboren empresas e instituciones públicas en beneficio de todos.

6
UN URBANISMO AL SERVICIO DE LA CIUDADANÍA

En capítulos anteriores hemos visto que el sistema urbano es un sistema complejo, que solo es posible entender si pensamos en sistema, y que en las actuales condiciones de cambio económico y tecnológico, en el marco de la globalización, es necesario pensar en un nuevo urbanismo. En este contexto, el distrito innovador puede ser un modelo adecuado para liderar este cambio.

Hay que pensar en una nueva ciudad densa y compacta, con mezcla de usos, escenario de la nueva economía, la cultura y la innovación tecnológica. Para ello es necesario un cambio cultural orientado hacia las inversiones en intangibles dirigidas a las personas, al conocimiento y la innovación y a actividades culturales y servicios. La ciudad deberá ser atractiva para el talento.

Para ello las ciudades deberán tener su propia agenda 2030, derivada de la aplicación de las 17 ODS para un desarrollo sostenible, con un urbanismo al servicio de la ciudadanía, generando distritos innovadores como base fundamental para el desarrollo económico y la creación de empleo.

6.1. Un nuevo urbanismo para una nueva ciudad

Proponemos seguidamente algunos principios a tener en cuenta para una reflexión sobre el nuevo urbanismo que necesita la ciudad para aplicar a proyectos de nuevos distritos innovadores.

La primera reflexión es que nos encontramos ante un sistema complejo como es la nueva ciudad del siglo XXI. Desde este necesario pensamiento sistémico, el urbanismo es un elemento más, directamente relacionado con otros elementos a tener en cuenta, pero sobre todo con los que hemos definido en el capítulo anterior como los siete retos de un DI. En definitiva, se trata de insistir en el predominio del contenido sobre la forma, de la vida de las personas sobre los elementos formales o estéticos, que también deberán tenerse en cuenta si son compatibles con los elementos funcionales.

Es fundamental que exista un predominio de las personas y sus necesidades sobre los edificios. Jacobs se refería a la «seudociencia del urbanismo y la reconstrucción urbana», y hablaba de «dogmas» y de «cimientos idiotas» al referirse al urbanismo imperante en su época, y añadía: «La seudociencia del urbanismo y su pareja, el arte del diseño urbano, no se han librado aún del engañoso confort de los deseos, supersticiones familiares, simplificaciones y símbolos, y aún no se han embarcado en la aventura de verificar el mundo real».

Para el nuevo urbanismo que necesita hoy de la planificación y el diseño de nuevos distritos innovadores, proponemos embarcarnos en esta aventura apasionante de verificar el mundo real, de partir de la realidad de la situación de la ciudad para construir un nuevo ecosistema innovador urbano.

Del DI a la ciudad del siglo XXI, tratamos de pasar de un ecosistema urbano situado en una parte de la ciudad al conjunto de la misma, transformándola según los nuevos requerimientos del siglo XXI. Sería el llamado planeamiento «semilla» que incorpora la idea de sembrar elementos de ruptura en la trama urbana para que, por evolución, vayan transformando sus entornos hasta cambiar toda la ciudad. En este sentido, el distrito innovador seria la semilla que transformaría toda la ciudad.

La diversidad de usos es el elemento clave del nuevo sistema urbano, para lo cual se deberá empezar identificando los elementos que actúan en este sistema, para seguidamente analizar sus relaciones actuales y las deseables en el futuro; deberemos analizar los agentes actualmente en presencia y los que deseamos incorporar en el futuro.

En el caso del sistema urbano, y más concretamente del sistema que representa un DI, las interacciones de los agentes serán de carácter económico y social, con una gran diversidad de acciones a definir y a valorar para su comprensión y su tratamiento.

Se considera que para favorecer la diversidad de usos en un entorno urbano se deben tener en cuenta varias condiciones, como son, entre otras, el planeamiento y la gestión urbanísticas, el comportamiento social de los grupos humanos que van a relacionarse en el área urbana, su composición, la estructura económica del distrito considerado, la movilidad de los agentes, las infraestructuras y, finalmente, pero no menos importante, la gobernanza especifica que deberá tener el distrito.

La segunda reflexión a considerar es el de la suelta y de la transición de un modelo disperso a otro compacto. El uso generalizado del automóvil, propio de la segunda revolución industrial, que tiene su apogeo y desarrollo generalizado durante la segunda parte del siglo XX, ha llevado a la dispersión de la ciudad. El urbanismo imperante se ha adaptado a esta situación y a esta lógica objetiva y ha especializado el territorio en zonas homogéneas en cuanto a sus usos: residenciales, servicios, industria, etc.

La racionalidad del sistema ha llevado a que muchas familias decidieran residir fuera de los centros urbanos, en zonas residenciales que, en algunos casos, les ofrecían mejor calidad de vida y mayores espacios. Esta ha sido la aspiración de las clases medias, ya que las clases altas ya tenían sus mansiones en otras zonas protegidas de distintas formas, según cada país y ciudad; en países como Brasil, México y otros, incluso con vigilantes armados de seguridad privada.

Figura 6.1. Ejemplo de viviendas pareadas situadas en el extrarradio.

La clase trabajadora o de menores ingresos, por su parte, también ha vivido en barrios o en centros degradados de la ciudad, a veces sin los más mínimos servicios y a menudo con dificultades de transporte diario hacia los centros de trabajo alejados de sus barrios.

Se trata de un urbanismo que ha especializado el territorio. Ha habido un incentivo a la dispersión; bien por necesidad o bien por un tema de estatus social, las familias se han agrupado en barrios de viviendas, mejores o peores, y se han desplazado diariamente desde estos barrios hasta los centros de trabajo, en polígonos industriales o en servicios propios de los centros urbanos.

Figura 6.2. Polígono industrial actual.

Una primera consecuencia de esta dispersión es la importancia del transporte en vehículos motorizados. A lo largo del siglo XX, gracias sobre todo al sistema de producción basado en la cadena de montaje o fordismo, se generalizó el uso del automóvil, y los estados dedicaron grandes recursos a la construcción de carreteras y de autopistas, a veces, como en España, inicialmente por la vía de concesiones a empresas privadas. Ello incentivó la huida de la ciudad por parte de muchas familias, hacia nuevas zonas residenciales que iban ampliando el perímetro de la ciudad y alargando los tiempos de acceso a los centros de trabajo y al centro urbano.

Sabemos que cada nueva autopista que pasa por una ciudad disminuye su población un 18 % aproximadamente (Glaeser, 2011). Las autopistas representan un fuerte incentivo a la dispersión de la población por el territorio metropolitano.

Al parecer estos incentivos han sido superiores en Estados Unidos que en Europa. Por una parte, el legado arquitectónico del centro de muchas ciudades europeas ha representado un atractivo para vivir en estos centros urbanos. Además se ha invertido menos en autopistas y los gobiernos europeos han aplicado más impuestos a la gasolina que en Estados Unidos. Por ello, muchas ciudades europeas son menos dispersas que, por ejemplo, la gran metrópoli americana del tipo de Los Angeles. Con todo, la tendencia a la dispersión y a residir en la periferia urbana también se ha producido en las ciudades europeas.

Actualmente, la mayoría de las ciudades son afectadas por los colapsos diarios en el transporte por carretera y los correspondientes problemas en la polución del aire, y han apostado por favorecer el transporte público y, de manera más incipiente, por revertir el modelo de urbanismo disperso hacia un nuevo urbanismo propio de una nueva ciudad compacta con mezcla de usos.

El paso de un modelo disperso a otro compacto, que responde a la nueva lógica económica actual, no será ni fácil ni rápido, pero sí será necesario. Pienso que de la misma manera que hubo un incentivo para la dispersión, debería haber ahora un nuevo incentivo para la concentración de usos en un mismo espacio.

Los dos incentivos fundamentales para la dispersión fueron la disponibilidad de viviendas, debido al fuerte desarrollo de las zonas residenciales periféricas, y la dispersión de las áreas de actividad económica en los polígonos industriales y en los parques empresariales.

Si queremos favorecer la transición a un modelo de ciudad compacta, deberemos revertir estos dos incentivos que han promovido la dispersión. Por un lado promoviendo vivienda asequible en el núcleo urbano, mediante la disponibilidad de suelo público y privado y el aumento de las densidades correspondientes —la nueva ciudad deberá tener una elevada densidad—, y por otro lado la reconversión de espacios urbanos degradados, antiguos distritos industriales o espacios ocupados por infraestructuras que se han quedado obsoletas.

La tercera reflexión consiste en cómo podemos estructurar la diversidad de usos que hemos comentado repetidamente. Vamos hacia un modelo de ciudad compacta, densa, diversa y con pluralidad de usos. Este aspecto es seguramente el tema más importante para el diseño urbanístico de nuevos DI, pues supone la colisión de las diversas personas que habitan en ellos: ¿qué usos se le deben dar?, ¿con qué intensidades relativas?, ¿cómo estructurarlos en el espacio del DI para favorecer el encuentro? Vaya por delante que este es un aspecto fundamental que está en fase de investigación en distintos lugares del mundo, y sobre el que creo que deberemos ir avanzando por un proceso sucesivo de prueba y error. Pensamos que mediante un proceso iterativo entre modelo y proyecto real, sucesivamente, podremos avanzar en establecer algunos criterios que, sin embargo, siempre deberán adaptarse a realidades distintas.

Dicho esto, y con todas las cautelas de tratar un tema que actualmente está abierto, podemos avanzar algunas ideas.

Para ello distinguiremos entre tres niveles:

a) La escala grande, que trataría el tema de la dispersión.
b) La escala mediana que, en nuestro caso, podría ser el nivel del conjunto del distrito.
c) La escala pequeña a nivel de calle y fachada de los edificios.

Nos centraremos en la escala mediana, porque la escala pequeña es el terreno de la arquitectura, en el que no pretendemos entrar, pero que en cualquier caso se deberá adaptar a los requerimientos funcionales del distrito innovador; en este sentido, consideramos relevante tener en cuenta a distintos autores que han tratado de forma exhaustiva estos aspectos relacionados con el espacio urbano. A esta escala mediana, trataremos la diversidad de usos, la importancia del espacio público, los usos residenciales, las zonas frontera y la viabilidad económica de la transformación.

Diversidad de usos

Las ciudades en su conjunto, o un distrito de una ciudad, tienen su atractivo en la diversidad de usos de sus distintos edificios, alrededor de un espacio público.

Un distrito innovador no solo consiste en los espacios dedicados a las actividades económicas y del conocimiento, sino que también son importantes los equipamientos de todo tipo (culturales, deportivos, artísticos, lúdicos) así como los servicios de cafeterías y restaurantes. El talento es atraído por la calidad de vida de las ciudades, y esta depende de la existencia de este tipo de servicios vinculados con el espacio público. Glaeser pone como ejemplo el atractivo de una ciudad como Londres y sus «placeres urbanos».

A veces, un restaurante tradicional o un café de barrio constituyen la diferencia entre un espacio con glamour y otro espacio cosmopolita impersonal de una cadena que es la misma en Londres, Tokio o San Francisco. Los *Ruin Bars* de Budapest, algunos restaurantes como el «7 Portes» del Puerto de Barcelona o el bar-restaurante el Louvre de Praga distinguen un espacio con personalidad de otro impersonal cosmopolita.

Esta diversidad requiere como premisa que el planeamiento urbanístico de este territorio permita e incentive esta mezcla de usos, y esto depende del marco jurídico de cada país y de cada ciudad. Los planes urbanísticos de una ciudad determinan usos, edificabilidades, cargas urbanísticas, suelo público, etc. Pero los distritos urbanos se construyen sobre situaciones preexistentes que queremos cambiar hacia las condiciones del nuevo distrito, y esto introduce una gran complejidad y la necesidad de procesos evolutivos y de restricciones de partida, que requieren de un tratamiento caso a caso y manzana a manzana.

La diversidad de un distrito comporta la presencia de muchas personas en espacios limitados que tienen inquietudes, necesidades y preferencias muy diversas que hay que satisfacer. Necesidades profesionales y laborales, de tipo lúdico y cultural, residenciales con toda clase de soluciones diversas y de servicios comerciales de todo tipo. El planeamiento urbanístico debe permitir e incentivar toda esta variedad de usos.

Se proponen cuatro condiciones para generar «una diversidad exuberante en las calles y distritos de una ciudad»:

1. El distrito debe cumplir más de una función primaria, asegurando la presencia de personas que salen al espacio público en horas de oficina. No todo pueden ser oficinas o viviendas. Personas que salen de sus hogares o de sus hoteles a distintas horas y que trabajan en espacios con horarios distintos, conviviendo en un mismo barrio o distrito.
2. Manzanas pequeñas y calles y esquinas abundantes. Los bloques grandes sin esquinas no permiten el encuentro y los espacios libres para la vida social de la ciudad, actuando de barrera física a la comunicación.
3. Mezclar edificios de distintas épocas y condiciones, y recuperar el patrimonio histórico con una variedad de casas antiguas. Esto no siempre es posible, pero sí deseable. El espíritu de la ciudad se conserva mediante el relato histórico de distintas épocas. Una fábrica restaurada, un edificio modernista o un elemento arqui-

tectónico antiguo permiten una lectura del patrimonio histórico de la ciudad y le confieren carácter y sentido de la historia.
4. Concentración humana suficientemente densa a lo largo de la jornada.

Se distingue entre dos tipos de usos para la diversidad. Los llamados usos primarios son los que obligan a la gente a estar en estos espacios; en el caso del DI serían las oficinas y las viviendas, pero también las universidades y centros de I+D o similares. Son usos que aseguran una presencia continuada durante buena parte del día y de la semana.

Los usos secundarios serian aquellos que surgen a partir de la presencia de los usos primarios, para ofrecer servicios a las personas que viven, trabajan o simplemente utilizan los primarios.

Una combinación adecuada de usos primarios, con la dimensión necesaria para asegurar la viabilidad de los usos secundarios, es una de las condiciones de éxito del DI. La mezcla adecuada de usos primarios, tanto en proporciones como en su distribución en el territorio, y una buena distribución de todo tipo de usos secundarios, son condiciones para la diversidad.

El uso residencial funciona durante unas horas del día y el de oficinas a otras distintas. Durante el día el distrito es ocupado por la gente que trabaja, resida o no en el distrito, y durante la noche y el fin de semana por los que residen y los habitantes del resto de la ciudad, que se sienten atraídos por los usos secundarios que se ofrecen. El distrito es un espacio atractivo para toda la ciudad. Los estudiantes de los campus universitarios y los emprendedores de *start-ups* ocupan edificios y espacios públicos a todas horas del día y la noche.

Y todos estos requerimientos para la diversidad requieren de una nueva condición: una elevada densidad. La ciudad del siglo XXI y los distritos innovadores son entornos urbanos de una elevada densidad, combinando edificios altos, para concentrar a mucha gente diversa, con espacio público para que esta gente se encuentre; como decíamos en páginas anteriores, para favorecer la colisión entre personas y aumentar la probabilidad del encuentro.

Uno de los ingredientes esenciales que determinan el éxito o el fracaso de un distrito innovador son evidentemente las actividades económicas atraídas en sus edificios de oficinas distribuidos por todo el distrito. No es el único elemento, pero sí que es el que permite la inversión y la demanda para los restantes usos. Estas actividades económicas podrían conformar un conglomerado diverso de empresas que no colaboran, o estar organizadas en clústeres o conjunto de actividades que forman parte de una determinada cadena de valor.

La opción que proponemos para el distrito innovador es la segunda: la creación de un espacio diverso donde se facilita el encuentro y la colaboración, que no solamente debe funcionar a nivel de servicios de todo tipo, sino como sistema productivo con diversidad de empresas y de servicios o entidades asociadas al clúster. Un DI necesita estar organizado alrededor de algunas opciones estratégicas, en donde el territorio considerado reúne algunas ventajas competitivas, como veremos en el capítulo 7.

La especialización que requieren los clústeres urbanos propios del distrito considerado, precisa de la presencia de todo un sistema complejo y diverso de actividades del conocimiento, como centros universitarios, unidades de I+D o centros tecnológicos y de diseño, que configuran el ecosistema innovador de este clúster. No se trata de atraer al distrito a una determinada universidad, por importante que sea, sino de atraer las unidades de docencia y de investigación relacionadas con la especialización y las necesidades específicas del clúster considerado, en el marco de una estrategia de innovación abierta u *open innovation*. En este sentido, en el caso del Distrito 22@ de Barcelona, en el plan urbanístico que se aprobó en el año 2000 ya se distinguió entre los usos 22@ (actividades económicas) y las 7@ (equipamientos del conocimiento).

Importancia del espacio público

En todo este conjunto de edificios con usos y servicios diversos y mezclados, emerge una condición fundamental que es la estructura del espacio público. ¿Cómo se organiza el espacio público en relación con los otros usos primarios y secundarios? En este sentido, las aportaciones de Jacobs, o la más recientes de Ghel, son fundamentales y se deberán tener muy en cuenta. No entraremos a fondo en este tema, pero sí que destacaremos algunos factores a considerar.

«Los edificios, las entradas, las tiendas, etc., se agrupan en torno a un espacio público y se vuelven unos hacia otros como los amigos alrededor de una mesa» (Jan Ghel, 2014). Esta idea de espacio público, que concentra la mirada de los edificios colindantes como los amigos que dialogan alrededor de una mesa, es muy interesante. Los edificios se organizan mirando al espacio público, de manera que este es el lugar de encuentro de las personas que entran y salen de estos edificios. En este sentido, las distancias son importantes; se considera que «el límite interpersonal» crítico se encuentra, tanto desde la perspectiva visual como de la sonora, en unos 25 metros. Las personas pueden relacionarse cuando se acercan entre ellas.

Es el papel de la plaza pública en los pueblos y ciudades de Europa. Nací y crecí en un pueblo del norte de Cataluña, en un edificio donde mis abuelos regentaban una panadería abierta todos los días de la semana en la plaza del centro, al lado del ayuntamiento; esta plaza es el centro de la vida social de todo el pueblo, allí funciona todavía el mercado todos los miércoles, y allí se encuentran jóvenes y mayores, juegan los niños y se celebran fiestas y actividades de todo tipo.

Figura 6.3. Plaza del municipio de Amer (Girona).

Esta idea de la plaza pública como lugar de encuentro de propios y extraños debería poder trasladarse a los nuevos DI. A la idea de plaza pública podemos añadirle, pensando en la problemática de la movilidad urbana, la idea de la «supermanzana», que ya viene de urbanistas como Ildefonso Cerdá y que más recientemente se ha reformulado en Barcelona.

También se debe tener en cuenta que, para un distrito innovador, es importante la gestión del espacio público. Algunas actividades que tienen lugar en el espacio público necesitan de un cierto nivel de gestión, que corresponde a la satisfacción de uno de los retos del DI, y que se tratará en un capítulo posterior. Si no tenemos esto en cuenta, algunos de los agentes participantes del distrito pueden apropiarse o condicionar el uso del espacio público, como así ocurrió hace unos años en el Distrito 22@; en el conjunto llamado inicialmente Barcelona Media o Ca l'Arañó, en una calle diseñada para conectar espacios de empresas y de una universidad, se dio la circunstancia que esta decidió por su cuenta colocar una valla que impide el acceso de las empresas a la plaza, como se observa en la fotografía de la figura 6.4.

Figura 6.4. Valla que separa la plaza Gutemberg (UPF) de los edificios de las empresas del Parque Barcelona Media.

Usos residenciales

Una breve mención a la vivienda, para confirmar su importancia en un DI como una parte viva de la ciudad que concentra a un gran número de personas. Algunas pueden vivir y trabajar en el distrito, otras pueden ocupar temporalmente hoteles y residencias de todo tipo, y otras solamente acuden a trabajar, pero también pasan buena parte del día en este entorno urbano. Un elevado número de viviendas en un DI es importante para asegurar una base de actividad continuada y de mezcla de usos.

Vivienda pública y privada. Pública para compensar o evitar el fenómeno de la gentrificación, que trataremos seguidamente, y como medida de integración social, así como vivienda privada, para permitir una amplia oferta de vivienda a personas para que puedan vivir y trabajar en el distrito.

La decisión de asignar como uso residencial, sea público o privado, a una parte del DI debe valorarse muy atentamente, puesto que ello comporta la necesaria dotación legal de suelo para equipamientos de uso de los residentes en las viviendas. Se deberá considerar la conveniencia de optar por otras formas residenciales de carácter comunitario que se están promoviendo en distintos países, como el llamado *coliving* o distintas formas de residencias con espacios comunes.

Las zonas frontera

Para terminar esta segunda reflexión dedicada a la ciudad compacta, densa y diversa, debemos tratar el tema de los vacíos fronterizos o de las zonas frontera de transición entre el ámbito estricto del distrito y el resto de la ciudad.

Una vía férrea, como en el caso de la ciudad de Badalona, es una frontera que separa la ciudad del frente marítimo; la transformación de los polígonos norte y sur deberá contribuir a superar esta barrera, pendientes del posible traslado de la vía a largo plazo.

A menudo los barrios que rodean al distrito innovador sufren efectos negativos derivados de su éxito, bien por el fenómeno de la gentrificación, o bien por la dificultad de integrarlos a la dinámica del distrito, y acentúan su decadencia. El plan de implantación del DI deberá tener en cuenta estos efectos a todos los niveles: respecto al planeamiento urbanístico, previendo las conexiones de todo tipo con el entorno; respecto al nivel de estrategia económica, incorporando personas de los barrios colindantes a la dinámica laboral del distrito, y a nivel de integración social con los correspondientes programas que se tratarán en un próximo capítulo.

El problema de las áreas frontera también se pone de manifiesto en el caso de la cercanía de un parque urbano. Es el caso del Distrito T24 y Ciudad Tec de San José de Costa Rica con la vecindad del Parque de la Sabana, gran parque central de la ciudad. En estos casos se deberá pensar en los usos de la proximidad del parque, en la urbanización de las calles de conexión entre distrito y parque y en los planes de movilidad correspondientes. Un parque puede ser un gran atractivo del distrito, o por el contrario un espacio vacío que está a sus espaldas.

Se puede distinguir entre las «lindes» y las «fronteras». Las primeras serían porosas mientras que las segundas no. La frontera es un punto de baja intensidad, mientras que las lindes son zonas donde interactúan diferentes grupos. En la ciudad moderna dominan las fronteras. Una urbanización residencial o un polígono industrial marcan fronteras. El reto del urbanista de la nueva ciudad es crear membranas porosas que conecten las distintas zonas de la ciudad.

A nivel de distrito innovador este concepto de membrana y de linde es muy importante, pues debe favorecer la conexión del DI con el resto de la ciudad. En el caso del Distrito T24 este reto se manifiesta con la conexión entre el conjunto central de Ciudad TEC y el mercado popular del Mayoreo, situado al lado, y la conexión del Distrito T24 con el Parque de la Sabana. Ambas soluciones urbanísticas nos ofrecen la oportunidad de experimentar con fórmulas de membranas permeables, eliminando fronteras.

Viabilidad económica

La cuarta y última reflexión sobre el nuevo urbanismo de un DI es la de la viabilidad económica del distrito desde el punto de vista de la transformación urbana. Parece obvio decir que un distrito innovador, como toda promoción de cualquier tipo, tiene que ser económicamente viable, tanto desde el punto de vista de las necesarias inversiones públicas y privadas como de su mantenimiento a lo largo del tiempo.

Cuentan que el gran escritor catalán Josep Pla (para los que no lo conozcan, recomiendo la lectura de *El cuaderno gris*), una vez que visitó Nueva York, llegó a Manhattan en barco desde Europa, y cuando vio tantos edificios rascacielos, con sus luces y anuncios luminosos, preguntó: «¿Y todo esto quien lo paga?». Pues igual pasa en un DI: ¿y todo esto quien lo paga?

Hemos insistido en que la promoción de un distrito innovador requiere de un pacto público-privado, en el que cada parte juega un papel complementario del otro. **Sin iniciativa y liderazgo público en el planeamiento urbanístico, en las infraestructuras, etc., no hay DI, pero sin la participación activa privada tampoco.**

Un elemento clave de la financiación de la transformación del distrito es la puesta en práctica de un principio básico del urbanismo: el equilibrio entre beneficios y cargas. Con el cambio de usos del suelo mediante un nuevo Plan General, o Master Plan o Plan Regulador, según cada país, se generan unas plusvalías que permiten que el Ayuntamiento aplique unas cargas urbanísticas para financiar la inversión pública correspondiente. Estas cargas deben permitir la inversión pública, pero deben mantener también el incentivo a la inversión privada; es necesario pues saber encontrar el equilibrio entre beneficios y cargas, en interés público y aceptando el incentivo privado a la inversión.

Otro aspecto a tener en cuenta es la fiscalidad. Consecuencia de la transformación del distrito, el Ayuntamiento tendrá unos ingresos superiores, por distintos conceptos relacionados con la propiedad de los edificios y con las actividades económicas, pero también tendrá unos costes de mantenimiento de esta nueva ciudad densa y compleja, con unos servicios públicos que antes no existían. Otros beneficios para la ciudad derivarán de las políticas sociales y de las actividades económicas derivadas para servicios del propio distrito o del conjunto de la ciudad. Las cargas urbanísticas y la nueva fiscalidad son los dos instrumentos clave del gobierno municipal para poder encontrar un equilibrio óptimo entre eficiencia y equilibrio social, entre lógica económica y cohesión social.

Se trataría de plantear un cierto modelo coste-beneficio para el distrito, que se fuera revisando a medida que este va avanzando. En el caso de la ciudad de Badalona se hizo una primera aproximación a este modelo de coste-beneficio, estimando los ingresos fiscales, los nuevos puestos de trabajo y los beneficios para la integración social, y el resultado era enormemente positivo para la ciudad. Solamente destinando un 20 % del suelo total, de unas 100 hectáreas a edificios de oficinas, los nuevos puestos de trabajo directos superarían los 25.000, lo que, para una ciudad de 217.000 habitantes (2018) no está nada mal. Si consideramos un número similar de puestos de trabajo indirectos (recordemos que, según Moretti, el factor *high tech*-servicios es de 5), el total de nuevos puestos de trabajo que se podrían generar representaría una cifra similar al número actual de personas que residen y trabajan en la ciudad. A pesar de esto, hasta el momento este proyecto no ha tirado adelante, probablemente por falta de liderazgo y de condiciones de gobernanza.

Resumiendo, las principales conclusiones sobre un nuevo urbanismo al servicio de un distrito innovador son:

— *Primera:* necesidad de un pensamiento sistémico utilizando las metodologías más apropiadas. El urbanismo al servicio de los objetivos del distrito, con toda su complejidad de elementos interrelacionados.
— *Segunda:* para pasar de la ciudad dispersa a la concentración de actividades en un distrito innovador será necesario establecer nuevos incentivos para la promoción de la vivienda asequible en el núcleo urbano, mediante la disponibilidad de suelo público y privado, y además promover la reconversión de diversos espacios urbanos, como antiguos distritos industriales, o espacios ocupados por infraestructuras que se han quedado obsoletas.
— *Tercera:* favorecer la diversidad de usos, como elemento central del nuevo distrito. Se han analizado las condiciones para esta diversidad, distinguiendo entre usos primarios y secundarios, y dentro de los primarios hemos analizado el uso residencial y el de oficinas. Hemos visto la importancia de los usos secundarios como servicios de todo tipo, tiendas, bares y restaurantes y actividades culturales. Finalmente, el papel central del espacio público y la consideración de las áreas limítrofes.
— *Cuarta:* viabilidad económica. Se ha recordado la necesidad de un pacto público-privado, con papeles complementarios de cada uno, y el mecanismo de equilibrio entre beneficios y cargas a aplicar a las plusvalías generadas por el valor del suelo con el cambio de usos del mismo.

Un nuevo urbanismo al servicio de un distrito innovador:

1. Necesidad de un pensamiento sistémico aplicado a la ciudad.
2. Reconversión de antiguos espacios industriales en nuevos espacios de centralidad urbana.
3. Favorecer la diversidad de usos, con equilibrio entre usos primarios y secundarios.
4. Pacto público-privado que asegure la viabilidad económica del distrito.

6.2. La nueva ciudad abierta

Una vez vistos los principales factores que intervienen en un nuevo urbanismo al servicio de un distrito innovador, en el presente apartado y en los siguientes de este capítulo veremos distintos aspectos complementarios a tener en cuenta en el proceso de transformación urbanística hacia un nuevo distrito innovador. Empezaremos haciendo referencia al concepto de ciudad abierta.

Sennet (2019) distingue entre *ville* y *cité*. Partiendo de una cierta tradición histórica, la *ville* representaría un lugar físico, mientras que la *cité* estaría más en el terreno de las percepciones, las conductas y las creencias. La *cité* estaría relacionada con la cultura del lugar, con la percepción de las personas que lo habitan.

Es una distinción que se ha perdido con el tiempo, pero que se debería recuperar, porque distingue entre un entorno construido y la gente que lo habita; entre lo físico (edificios y otras construcciones) y la vida de la gente. La *cité* tendría que ver con la ciudadanía, con la condición de ciudadanos de una ciudad.

Sennet se plantea qué puede ocurrir cuando los valores de quienes construyen la *ville* (el trabajo profesional de urbanistas, arquitectos y constructores) no encajan con los de la población que habita en ella. Por ejemplo, cuando la gente, por razón de raza, estatus social o religión, se niega a vivir con vecinos que no son como ellos. Si un sector social desea vivir en comunidades cerradas, como urbanizaciones privadas cerradas, el autor manifiesta que «el urbanista debería ir contra la voluntad de la gente y negarse a construir comunidades cerradas». Entramos en el terreno de la ética profesional.

A efectos de la reflexión que estamos haciendo sobre la creación de distritos innovadores en las ciudades, es relevante la distinción entre *ville* y *cité*. La primera en un distrito innovador es el subsistema que estamos analizando en este capítulo, el que hemos llamado de la transformación urbanística; está determinado por el complejo y variado proceso que permite pasar de la ciudad dispersa a la ciudad compacta, con toda la problemática de la diversidad de usos que hemos analizado en el apartado anterior. En cambio, la *cité* será la forma en que la ciudadanía vive y actúa en esta parte de la ciudad.

La *ville* es lo físico, y por tanto está destinado a perdurar mucho tiempo. Por el contrario, la *cité* está en cambio permanente, y más en la actual revolución, como hemos visto en el primer capítulo. ¿Cómo podemos relacionar un aspecto físico estable en el tiempo con algo que está cambiando continuamente? No hay respuesta a esta pregunta, más que destacar la dificultad que tiene el diseño de un nuevo distrito urbano y la tensión creativa que comporta entre algo físico y algo líquido y en cambio continuo.

Vamos a retener que el factor clave de un distrito innovador es que lo físico —la *ville*— y la cultura ciudadana —la *cité*— actúen en sintonía, que continente y contenido sean dos conceptos armónicos, de manera que uno refuerce al otro. **En un distrito innovador, los edificios y el espacio público están diseñados y construidos para favorecer el encuentro de las personas y su capacidad creativa y de innovación.** Esta armonía es el factor fundamental del proceso o subsistema de la transformación urbanística dentro del sistema que representa el distrito innovador.

La ciudad abierta

El concepto de ciudad abierta tiene relación con la *cité*. El concepto abierto trata de un sistema en el que la relación entre las partes es dinámica; los elementos del sistema interactúan sin un control centralizado y con normas relativamente sencillas, y originan comportamientos colectivos complejos, no predeterminados y abiertos a la evolución y al autoaprendizaje. La dinámica de este sistema abierto tiende al aumento de la complejidad, como veíamos en los ecosistemas innovadores. Los elementos del sistema se retroalimentan entre ellos, adoptando formas nuevas no sometidas a programas preestablecidos.

En un sistema lineal o cerrado, el conjunto es igual a la suma de las partes. En el terreno urbano sería el caso de un parque empresarial o de un polígono industrial. En cambio, en un sistema abierto el conjunto es superior a la suma de las partes y debe ser analizado como un todo. El autor pone como ejemplo de sistema abierto el *Media Lab* del *MIT*, creado en 1985 por Nicholas Negroponte, y se plantea cómo trasladar la organización abierta y evolutiva de este centro innovador al conjunto de la ciudad, con sus componentes de creatividad y complejidad. De esta forma, la ciudad inteligente sería cada vez más compleja y con una mayor riqueza de significados.

Una ciudad abierta basaría su funcionamiento en la dinámica de sus complejidades y en el papel de los distintos profesionales que intervienen, el cual consistiría en animar esta complejidad y crear una *ville* interactiva y conectada, superior a la suma de sus partes. Para ello deben detallarse unos criterios de partida que establezcan las bases de este sistema complejo.

En el caso de un distrito innovador, estos criterios de partida son los que hemos establecido en el capítulo anterior, como elementos característicos de un nuevo modelo urbano complejo y compacto, con mezcla de usos y espacio para la atracción del talento y el desarrollo de la creatividad y la innovación. Con esta base conceptual, que serían las «normas relativamente sencillas» a las que antes nos referíamos, arquitectos y urbanistas deben ser capaces de innovar en el diseño de la *ville*.

Un par de ejemplos. Al diseñar el aula de una universidad, normalmente se dibujará un espacio rectangular con filas de sillas que miran al profesor, el cual se situará sobre una tarima; aunque la clase esté dotada de los medios audiovisuales más modernos, se tratará del aula de toda la vida. El mismo centro situado en un distrito innovador deberá estar diseñado para que mesas y sillas puedan organizarse de las formas más diversas, para el trabajo en grupo y en conjunto, para favorecer la interacción de todos con todos y para la apertura al entorno educativo y al conjunto del ecosistema que conforma el distrito innovador.

Veamos el caso de un espacio de trabajo como es un *coworking*. Se trata de un fenómeno relativamente reciente, que hoy se ha generalizado en las ciudades más dinámicas del mundo. Consiste en flexibilizar el uso del espacio y en crear ambientes propicios al intercambio y la creatividad; una persona o una *start-up* alquila un determinado espacio de una o varias mesas, con derecho a un uso flexible de los espacios comunes; con ello se consiguen varios objetivos: se reduce el coste para el profesional o la empresa, se crea un entorno propicio a la cooperación y al intercambio, y finalmente, y no menos importante para explicar su difusión durante los últimos años, aumenta el rendimiento económico de estos espacios para el propietario o promotor del *coworking*.

Sin embargo, suelen ser edificios cerrados al entorno urbano, y esto, en el caso de un *coworking* situado en un distrito innovador, representa una limitación importante. En el diseño de un *coworking* de un DI se deberá innovar en la forma en que este se interrelaciona con el rico sistema creativo propio del nuevo distrito. El entorno de servicios y de funciones de todo tipo del DI representa una gran oportunidad para que el espacio *coworking* esté abierto a este entorno, y ello requiere de nuevos diseños y nuevas propuestas propias de la ciudad abierta.

La ciudad cerrada

En contraposición a la ciudad abierta, se define la ciudad cerrada como la ciudad actual, uniforme, globalmente estandarizada; cuando llegamos a un aeropuerto internacional y a un parque empresarial de empresas multinacionales, no sabemos diferenciar si estamos en Asia, en América del norte o en Europa. Los edificios que forman un parque empresarial, un campus universitario o un gran edificio residencial son espacios encerrados en sí mismos y no abiertos a la interacción con el exterior.

La ciudad cerrada es pues resultado de un determinado proceso de globalización que, a pesar de competir en términos del siglo XXI, mantiene unos valores propios de las sociedades industriales en relación con el modelo de ciudad. Se trata de ciudades encerradas en su propio entorno urbano y, dentro del mismo, en su propio espacio funcional, que no se relaciona con los otros espacios próximos o lejanos. Actualmente, se da la paradoja de que cuando tenemos más tecnologías para la comunicación y el intercambio, más encerrados estamos en nuestras propias organizaciones y en nuestros propios espacios. La *ville* y la *cité* están divorciados.

La ciudad cerrada se corresponde a nivel organizativo con un organigrama piramidal. En la ciudad cerrada, cuando un elemento falla puede fallar todo el sistema, igual que en el organigrama con una gestión centralizada desde arriba, cuando una decisión errónea de arriba afecta negativamente a toda la organización. En cambio, un sistema abierto tiene capacidad para reconfigurarse, y reúne la condición de «resiliencia» para recuperar su posición inicial ante una crisis. Superar una crisis en un sistema cerrado es mucho más difícil que en uno abierto, donde cada elemento tiene su propio funcionamiento y se relaciona con todos los demás. La ciudad cerrada es dependiente de determinados elementos que toman decisiones sin una visión de conjunto.

Una ciudad abierta tiene capacidad de reacción ante una crisis como la del cambio climático o la del coronavirus. En el primer caso, la dinámica de sus elementos constitutivos permiten una multiplicidad de iniciativas, por ejemplo para crear comunidades de autoconsumo de energías renovables, o de transporte colectivo o de creación de un tejido empresarial nuevo basado en las energías renovables. En el caso del COVID-19, la ciudad abierta, o elementos de esta ciudad abierta, se ponen por propia iniciativa a construir material para el tratamiento de los afectados, desde transformar una cadena de montaje de vehículos en una cadena para producción de respiradores o una empresa de confección en una fábrica de máscaras faciales.

Los miembros de la ciudad abierta se relacionan con los demás y tienen capacidad de iniciativa propia para que, en los ejemplos presentados, que son reales, se pongan en contacto con hospitales y decidan ayudar a superar sus carencias. La ciudad cerrada mantiene a sus miembros aislados y la ciudad abierta reacciona reinventándose.

El diseño de un nuevo distrito debe incorporar en la *ville* innovaciones formales propias de una ciudad abierta, para poder ser una *cité* coherente y desarrollada. Pero, ¿cómo se puede abrir una ciudad? Se trata de entender cómo construimos la nueva ciudad que representa el distrito innovador, de forma que un distrito abierto a partir de su diseño y de su gestión acabe impregnando al conjunto de la ciudad.

Con respecto al concepto de «urbanismo fracturado», se refiere a la división entre el conocimiento sobre construir y el conocimiento sobre habitar; es decir, la *ville* y la *cité* desconectadas, sin relación. La especialización es la causa de la falta de pensamiento sistémico. Ello plantea un grave problema a la hora de pensar en estrategias para abrir la ciudad, para pasar de una ciudad cerrada como la actual a otra ciudad abierta.

Sennet explica cómo en sus encuentros con Jacobs, cuando esta ya vivía en Toronto y habían pasado ya los tiempos de su militancia cívica en Nueva York, le planteó que pensaba que ella era muy buena en la *cité* pero no tanto en la *ville*, que había centrado sus ideas y propuestas en la vida de la gente en la calle, pero no había entrado demasiado en la construcción de la ciudad. Esta crítica, que en un país de cultura latina como España habría merecido el odio eterno, fue contestado con un: «¿Y tú qué harías?» como invitación o provocación a resolver esta aparente contradicción. Y creo que este es el origen del libro *Construir y habitar*, a la vez que es también un homenaje a su admirada Jane Jacobs y un intento de contestar a su pregunta.

En este sentido, se plantean distintas formas de integrar *cité* y *ville*, de tratar la ciudad como un sistema abierto integrado. Empezando con la idea de Jacobs de pisar la ciudad, de caminar en sus espacios públicos, lo que les confiere un conocimiento de la cultura del lugar. El espacio público como lugar de encuentro y de conocimiento de las personas y los valores de este lugar. Favorecer por tanto el espacio público como lugar de encuentro es una manera de avanzar hacia la ciudad abierta.

La percepción del espacio público como lugar donde nos situamos como espacio propio conocido y amigable, como nuestro hábitat natural, nos lleva a las formulaciones de Ghel de lo que llama la «escala pequeña» a la que nos hemos referido anteriormente.

También se introduce el concepto de «coproducir», de trabajar con formas abiertas. El autor critica lo que llama la «consulta popular», porque no se trataría realmente de un proceso participativo de la ciudadanía sino de la justificación de hacer «lo que querían hacer desde un primer momento». El experto urbanista se dirige a algunos ciudadanos, como la estrella a sus espectadores, y al final el gobierno de la ciudad podrá hablar de que la solución ha contado con la participación de la ciudadanía. Esto me recuerda algunos de los llamados «procesos participativos» que han tenido lugar en Barcelona durante los últimos años.

En contraposición a estas prácticas «participativas» del poder político, se pueden proponer algunas ideas para la «coproducción», desde construir maquetas en grupos hasta plantear distintas alternativas a grupos de ciudadanos, para seguidamente marchar los expertos y dejar a los ciudadanos que discutan entre ellos los pros y los contras de las distintas opciones y de otras posibles. Se trataría de evitar la dictadura de los expertos y acercar la *ville* a la *cité,* la construcción de la ciudad a la vida de la ciudadanía. Sin embargo, ello reclama de una actitud activa de los ciudadanos que no depende de los expertos urbanistas, sino de la cultura del lugar.

En los últimos años se ha hablado mucho de las *smarts cities* como sinónimo de ciudades abiertas gracias a las aplicaciones tecnológicas. La tecnología permitiría que los ciudadanos dispongan de una información que les capacita para adoptar decisiones inteligentes en los distintos aspectos de la vida ciudadana. Sennet ya había manifestado sus cautelas sobre este tema en distintos artículos como el publicado en *The Guardian* (4 diciembre 2012) de título bien significativo: *«No one likes a city that's too smart»* (a nadie le gusta una ciudad que es demasiado lista).

La moda de las *smart cities* durante los últimos años llegó hasta tal punto que no había alcalde o alcaldesa que no quisiera tener una *smart city,* todas las ciudades querían ser *smart.*

Recuerdo un día que, estando en mi oficina, me pasaron una llamada del alcalde de un pueblo que no conocía, el cual me dijo: «Hola, me han dicho que usted nos puede ayudar a ser una *smart city*». Después de unos segundos de silencio y reflexión por mi parte, le pregunté: «Oiga, ¿en su pueblo no hay problemas de alumbrado público, o de recogida de basuras o de invertir en las escuelas?». Después de otros segundos de silencio, el alcalde vio que yo no era la persona apropiada para un reto tan importante como transformar su pueblo en *smart* y se terminó la conversación. Luego busque en Google el citado pueblo, que resultó que tenía unos 80 habitantes, supongo no muy preocupados, o sí, por los proyectos del alcalde.

Se distingue también entre la ciudad «prescriptiva» y la ciudad «coordinadora». La primera establece normas para la vida de los ciudadanos, mientras que la segunda fomenta su participación activa en la ciudad. Y añade: «la ciudad inteligente prescriptiva es cerrada; la ciudad inteligente coordinadora es abierta». Y pone dos ejemplos de ciudades «inteligentes» cerradas.

La ciudad inteligente de Songdo en Corea del Sur, a 65 kilómetros de Seúl, es una ciudad que se construyó desde cero a partir del año 2002. Según el proyecto, se trataba de emitir el 50 % cantidad de gases de efecto invernadero, en comparación con la capital.

Songdo tiene actualmente el tamaño del centro de Boston, con el 40 % del espacio urbano dedicado a zonas verdes, aproximadamente el doble de Nueva York. El parque más grande de Songdo mide alrededor de 41 hectáreas, y sigue el modelo del Central Park.

No está permitido el uso de vehículos de combustión interna. Tiendas, oficinas, parques, hospitales y colegios están cerca de las zonas residenciales, permitiendo así una movilidad urbana basada en los desplazamientos a pie o en bicicleta. La ciudad cuenta con unos 25 kilómetros de carriles para uso exclusivo de bicicletas. En el año 2019 había unas 20.000 residencias habitadas, con una población de cerca de 100.000 habitantes. Las previsiones oficiales son que para el próximo 2020 Songdo tendrá unos 300.000 habitantes.

Pero se trataría de una ciudad «prescriptiva», en el sentido de que el uso intensivo de tecnología sigue unas pautas normativas muy definidas. Todo está calculado para alcanzar la máxima eficiencia energética, y grandes paneles informan de todo lo que está pasando en cuanto a la polución, el consumo de electricidad o los flujos de tránsito.

El control de todos los parámetros de la ciudad desde una cabina centralizada «personifica el modelo prescriptivo de ciudad inteligente». Se trata de una ciudad «homogénea, fuertemente supervisada y centralizada», no mostrando ninguno de los indicadores de diversidad o de participación ciudadana propios de la ciudad abierta.

Esta ciudad «es una pesadilla para muchos urbanistas y una fantasía hecha realidad para muchas grandes empresas informáticas». Y añade que Songdo no tenía nada de inteligente y que «su funcionamiento era para idiotas»; las llamadas ciudades inteligentes tendrían el efecto de «idiotizar a los que viven en ellas».

El autor propone un uso de la tecnología en las ciudades para coordinar actividades en lugar de controlarlas; una tecnología centrada en las personas y en su libertad para tomar decisiones propias, a partir de la información disponible y veraz. En este sentido, también afirma que «la tecnología coordinadora desarrolla la inteligencia humana».

Otro ejemplo de ciudad cerrada es el del edificio Googleplex de Nueva York, situado sobre el barrio de Greenwich Village, resultado de una reforma arquitectónica en la que solamente se ha conservado el exterior. Es un edificio cerrado al exterior, de manera que estaría en la ciudad pero no formaría parte de esta ciudad. Se trataría de un cuerpo extraño al sistema urbano.

Con el caso de Googleplex, cabe preguntarse si un edificio cerrado que solo mira hacia adentro puede fomentar la creatividad, o si la estructura interior, con supuestas «zonas de innovación» a base de mesas de ping pong, donde puedes acudir si te sientes bloqueado en tu creatividad, puede ser una solución; el autor lo califica de parque para niños pequeños, de espacio infantil.

Dejamos al lector la reflexión sobre uno y otro modelo de ciudad. La ciudad inteligente prescriptiva sería una ciudad cerrada, y cuanta más tecnología se utilice para prescribir el comportamiento de los ciudadanos más cerrada sería, como la ciudad Songdo o el edificio Googleplex.

Considero que las reflexiones de Richard Sennet sobre la ciudad abierta, y su crítica a las supuestas «ciudades inteligentes», son muy relevantes a la hora de diseñar, construir y gestionar espacios urbanos como el de un distrito innovador. La transformación urbanística de la ciudad en distritos innovadores deberá tener en cuenta también estas aportaciones sobre la ciudad abierta.

6.3. Ciudades creativas

Las ciudades juegan un papel fundamental en la globalización. En realidad son sus agentes principales, y no los Estados o países. Esta tendencia viene reforzada por la imparable concentración de la población mundial en áreas urbanas. Por primera vez en la historia de la humanidad más de la mitad de la población mundial reside actualmente en regiones urbanas, y está previsto que crezca hasta el 60 % en el año 2030. La evolución de la concentración de la población mundial en ciudades, desde el año 1800, iniciada la revolución industrial, ha sido la siguiente:

1800	1900	1950	2007
3 %	14 %	30 %	50 %

FUENTE: Peter K. Kresl.

Entre 1800, cuando la inmensa mayoría de la población mundial (97 %) vivía en el campo, y 1950 se observa un fenómeno acelerado de concentración en las regiones urbanas, producto de la revolución industrial y la invención del modelo de producción basado en la fábrica. Sin embargo, vemos que durante la segunda mitad del siglo XX el proceso se acelera y ello ya no resulta tan obvio.

Con la revolución del conocimiento basado en la difusión de las TIC parecía que ya no sería necesaria la concentración en las ciudades. De hecho, las nuevas tecnologías permiten la comunicación de todos con todos sin que importe el tiempo y el espacio. La ciudad sería un producto industrial caduco y en el futuro todo el mundo viviría en lugares tranquilos, alejados de las grandes ciudades, y desde allí se conectaría con el ordenador. Vemos que esta profecía que propagaron algunos gurús de los años 80 no se ha cumplido en absoluto, por las razones que ya hemos apuntado en páginas anteriores

Sea como sea, parece clara la importancia de las ciudades como polos de competitividad en el mundo. De hecho, actualmente los países con un mayor Índice de Desarrollo Humano (HDI) concentran más del 70 % de su población en áreas urbanas. El caso de Europa y Norteamérica supera estas cifras, con un 75 % y un 77 % respectivamente, y se estima que lleguen a un 83 % y un 84 % en 2030.

Podemos afirmar que hoy las ciudades son elementos clave de la globalización y de la economía basada en el conocimiento. Y en las ciudades el trabajador cualificado, el talento, determina la capacidad de generar valor y actividad económica en el conjunto del proceso productivo. El talento y los puestos de trabajo de la nueva economía se concentra en las grandes ciudades.

La ciudad compacta, sostenible y del conocimiento. Para que un núcleo urbano pueda devenir en nodo de la red global de forma estable y continuada, debería reunir algunas condiciones estructurales propias de la nueva sociedad del conocimiento. Entre otras, podemos destacar las siguientes:

— *Ciudad compacta,* en contraposición a la ciudad difusa propia de la sociedad surgida de la segunda revolución industrial. Esta especializa y distribuye el territorio según su actividad y función. Las actividades productivas industriales son expulsadas de la ciudad durante el siglo XX. No importa la distancia, pues se dispone de un medio de transporte, el automóvil, que resuelve este problema con eficacia, aunque no con eficiencia. En cambio, la nueva ciudad necesita ser compacta y densa, necesita que las personas se encuentren para intercambiar el conocimiento. Precisa espacios de relación y convivencia en el propio tejido urbano y un modelo de movilidad distinto, y también una mezcla de usos propia de la ciudad mediterránea tradicional.

— *Ciudad sostenible,* en contraposición a la ciudad industrial tradicional no sostenible. La ciudad industrial no es sostenible y, por tanto, no tiene futuro. El modelo energético que comporta es inasumible, los tiempos de desplazamiento son irracionales, la contaminación inaceptable y la depredación del territorio salvaje. Según Salvador Rueda (1995), en 25 años el área metropolitana de Barcelona urbanizó tanto suelo como en los 2.000 años anteriores.

— *Ciudad del conocimiento.* En contraposición a la ciudad sede de actividades poco cualificadas, es en el interior de las ciudades donde podemos hacer posible la interrelación entre actividades generadoras de conocimiento y nuevas actividades productivas, siguiendo modelos urbanos como el de la triple hélice. La creatividad, el talento y la innovación requieren de un entorno urbano rico en instituciones y centros culturales que favorezcan la relación entre personas y entre organizaciones de la nueva economía.

Otras características de la ciudad nodo de la red global serían la ciudad tolerante, con una elevada calidad de vida, atractiva para el talento internacional e integradora de la creatividad cultural; la ciudad políglota; la ciudad con un espacio público que favorezca el intercambio; la ciudad compleja y plural; la ciudad amable y segura; la ciudad abierta; la ciudad bien comunicada con el mundo; la ciudad con personalidad basada en su historia y en su cultura, una ciudad con relato compartido. En definitiva, la ciudad plenamente adaptada a las condiciones de la economía global basada en el conocimiento.

Las ciudades creativas. Sistemas complejos o el todo superior a la suma de las partes

Diversos autores, como el divulgador de la ciencia Philip Ball, han estudiado algunas pautas o leyes de la naturaleza y las han comparado con el comportamiento humano. Desde las colonias bacterianas, el caso del moho del limo o el movimiento de manadas de pájaros, todas ellas parecen responder a pautas o modelos geométricos de una variedad y riqueza propia del diseño de un artista. A partir de estos ejemplos de la naturaleza nos preguntamos si las personas no seguimos a veces pautas de conducta similares, pautas complejas sin que sean dirigidas por ningún plan superior.

Ninguno de los pájaros de la manada tiene un plan preconcebido de la trayectoria que van a seguir, pero sin embargo el movimiento del conjunto parece seguir un plan dirigido por alguien con una visión del conjunto. Cada pájaro actúa a partir de su «percepción local del mundo», responde rápidamente a lo que hacen sus vecinos de vuelo y el conjunto tiene sentido como tal. ¿Ocurre lo mismo en las ciudades como conjunto humano que sigue unas pautas globales a partir de la percepción local de cada ciudadano? ¿Cuál es la lógica de este sistema complejo que llamamos ciudad? Parece que una de sus propiedades es que el todo es superior a la suma de las partes. El conjunto *ciudad* representa algo superior a la suma de sus ciudadanos.

La ciudad es básicamente un espacio de interacción, y el conjunto de interacciones genera influencias externas que modifican la conducta. De la misma forma que un ave modifica su vuelo por interacción con su entorno próximo, así un ciudadano se ve influido por el entorno urbano, en el que interacciona con otras personas. La forma y la organización del espacio urbano determinarán las interacciones y condicionará el comportamiento.

Las pautas de conducta de cada persona serán similares en uno u otro espacio. Sin embargo, como en las manadas de pájaros, emergerán nuevos comportamientos colectivos resultado de la interacción entre los individuos. A su vez, estos nuevos comportamientos colectivos podrán generar una explosión de creatividad de todo el conjunto.

El lenguaje del espacio, espacio y ecosistemas innovadores

Nos preguntamos sobre la posibilidad de proyectar los espacios urbanos y arquitectónicos de modo que actúen como entornos propicios a la interacción humana, facilitando la creatividad del conjunto barrio o ciudad. ¿Los actuales planeamientos urbanos y el diseño de espacios responde a este requerimiento o más bien seguimos pautas propias de la sociedad industrial anterior?

El caso del diseño de la Tate Gallery de Londres y los estudios de Michael Batty del University College demuestran que la trayectoria que siguen las personas en un museo depende de la estructura y disposición de las salas y no del contenido de las mismas o del tipo de arte que prefieren. El espacio determina su uso y no el contenido del mismo. Existe pues una lógica en la forma en que las personas nos relacionamos con el espacio y circulamos por él. Si la capacidad creativa y la innovación de un colectivo dependen de las interacciones del mismo, la morfología de estos espacios, a nivel urbanístico y arquitectónico, será fundamental para determinar el potencial innovador de una ciudad y de un conjunto humano. Se tratará de averiguar las reglas, el lenguaje de estos espacios, para fomentar la creatividad y la innovación.

Las actuales comunidades urbanas de ciudades europeas fueron diseñadas en su mayoría en la época industrial, cuando las jerarquías sociales y el sistema productivo imperante de carácter jerárquico eran piramidales y unidireccionales de arriba abajo, dificultando las actividades colectivas y fomentando la pasividad de las personas ante la autoridad. En general, los actuales bloques de viviendas limitan la frecuencia de los encuentros y por tanto la interacción de las personas.

En cambio, la sociedad del conocimiento hemos visto que requiere de la interacción de las personas. Se deberán diseñar, por tanto, espacios que aumenten la frecuencia de estos encuentros y faciliten el intercambio de ideas a compartir y los proyectos a desarrollar. La sociedad del conocimiento requiere de un urbanismo y de una arquitectura (también de la gestión de los espacios) diametralmente opuesta a la de las sociedades industriales.

Recientes investigaciones realizadas por Aretian en la Universidad de Harvard (Elsevier, 2022) sobre el «marco de análisis geoespacial para evaluar tipologías de diseño urbano en relación con los estándares de ciudad de 15 minutos» (Elsevier, *Journal of Business Review*), presentan una metodología basada en la ciencia para medir y evaluar tipologías de diseño urbano en relación con el concepto de ciudad de los 15 minutos. La ciudad de 15 minutos es una solución urbana desarrollada para hacer que las ciudades sean más sostenibles, respetuosas con el medio ambiente, transitables y orientadas a la comunidad.

Esta investigación evaluó la forma de la ciudad y las métricas de desempeño urbano para 25 áreas metropolitanas en 12 países diferentes, compuestas por 8.228 unidades geográficas urbanas más pequeñas. A partir de este análisis, el estudio concluye que la forma y disposición de las características de la ciudad tienden a tener un impacto medible en las métricas de desempeño urbano: producción de innovación y crecimiento económico.

Cada una de las diez tipologías de forma de ciudad presenta sus propias características, propiedades de red, ventajas y desventajas, que resultaron ser similares en todo el mundo. El resultado es que cuanto mayor es la fractalidad de la forma urbana, mayor es la calidad de vida, la eficiencia de la urbanización, el acceso a servicios urbanos, y mejores patrones de interacción social inducidos. Además, los niveles intermedios de entropía de la forma urbana, cuando se combinan con grados muy altos de fractalidad, presentan los resultados de desempeño urbano más altos en general.

Los ecosistemas innovadores tendrán su desarrollo en ciudades planificadas con un nuevo concepto de urbanismo, acercándose el máximo posible a formas de fractalidad, en donde la ciudad creativa tendrá su hábitat natural. A su vez, el diseño arquitectónico deberá adaptarse a los requerimientos de la nueva sociedad, eliminando jerarquías y facilitando el encuentro de todos con todos. Finalmente, las organizaciones deberán gestionar estos espacios para multiplicar la frecuencia de estos encuentros. Se trata de promover en las ciudades las condiciones que hemos definido como el distrito innovador.

Morfología urbanística, diseño arquitectónico y gestión de los espacios son los tres aspectos a tener en cuenta en un distrito innovador urbano.

Algunas conclusiones sobre un nuevo urbanismo para ciudades creativas

El siglo XXI es el del conocimiento de las personas creativas. Sabemos que la «clase creativa» se ubica en ciudades que reúnen determinadas condiciones de entorno; también hemos visto que los ecosistemas innovadores urbanos, llamados distritos innovadores, facilitaban la creación de estos entornos urbanos y el desarrollo de la economía basada en el conocimiento.

Es necesario desarrollar un nuevo modelo de urbanismo que facilite la creación de estos entornos. A su vez, la arquitectura y el desarrollo de infraestructuras y servicios deben ir en la misma dirección. Es necesario desarrollar una nueva lógica del espacio urbano que favorezca la creatividad y la innovación. Creo que estamos lejos de que el urbanismo y la arquitectura tradicionales hayan asumido este cambio histórico fundamental, entre otras razones por la compartimentación y la segregación de las distintas disciplinas profesionales y del conocimiento. Es necesario integrar las visiones, pensar en sistema y desarrollar modelos que integren distintos ámbitos del conocimiento.

El diseño de espacios innovadores

Hemos visto cómo la configuración del espacio urbano determina la interacción entre las personas y cómo este podía condicionar su comportamiento. La ciudad es básicamente un espacio de interacción, y el conjunto de interacciones genera influencias externas que modifican la conducta. La forma y la organización del espacio urbano determinarán las interacciones y condicionará el comportamiento.

Vimos que la sociedad del conocimiento requiere que se proyecten nuevos espacios urbanos y arquitectónicos que actúen como entornos propicios a la interacción humana, facilitando la creatividad del conjunto urbano. Ahora veremos algunos casos concretos en los que el diseño y la gestión del espacio son fundamentales para el fomento de la creatividad y la innovación.

El caso de Pixar

Pixar Animation Studios tiene su sede en una antigua fábrica situada en la ciudad de Oakland, en la bahía de San Francisco. Steve Jobs es conocido por su brillante estrategia empresarial en Apple, pero no tanto por su éxito en Pixar y menos por algunos aspectos como la organización de los espacios para promover la innovación. Al parecer había un diseño inicial basado en tres edificios separados que se destinarían a despachos para informáticos, animadores y dirección. Modelo tradicional propio de la sociedad industrial, con departamentos funcionales separados y estructura jerárquica.

En su lugar, Jobs decidió crear un gran espacio con un atrio espacioso en el centro. Se trataba de situar la función más importante en el centro: la interacción entre los empleados. Jobs quiso crear un gran espacio vacío en el centro para que todos pudieran siempre hablar con todos. Pero no se trataba solamente de crear un espacio, se trataba de que la gente fuera allí de forma natural. Decidió crear funciones comunes en el centro, funciones como las salas de reuniones o el bar. También la tienda de regalos. Finalmente también decidió colocar todos los aseos de Pixar en el centro.

La gente va regularmente al bar o al aseo y se reúne con asiduidad. Colocando estas funciones en el centro aumentaba considerablemente la posibilidad de encuentro entre personas que de otra forma no se encontrarían casi nunca. Al parecer Jobs decía que era importantísimo que: «todos se toparan con todos diariamente». En definitiva, Jobs logró que todos se encontraran con todos de forma natural, facilitando así que pensaran en cosas que pueden compartir o mejorar.

En este punto me acuerdo de que durante mi etapa de director de la Fundación ICT les decía a mis compañeros que nuestro centro físico de I+D estaba en el wáter, porque era allí donde me encontraba con todo el mundo y al verlos me venían ideas a compartir. «Oye, Pep, he pensado que…» o «¿por qué no nos vemos esta tarde y hablamos de...?».

Figura 6.5. Ejemplo de fabrica industrial transformada en edificio universitario. Aquí nació el 22@.

Volviendo al caso de Pixar, además del espacio central, por la noche la gente acudía a los bares, un total de once dentro del recinto de Pixar, donde seguían las relaciones sociales espontáneas y se generaban ideas para desarrollar al día siguiente. Vemos que la gente en Pixar trabajaba todas las horas y casi todos los días.

Otro elemento de encuentro entre empleados se lograba mediante la Pixar Universidad o universidad corporativa, que ofrecía 110 cursos de distintas disciplinas creativas a todos los empleados. Los empleados de distintos departamentos y grupos se encontraban en las aulas para desarrollar sus capacidades por ejemplo sobre escritura creativa, improvisación cómica o juegos malabares. La finalidad principal es la interacción y el fomento de la creatividad.

Estos espacios cumplirían una función similar a la de los llamados «terceros lugares» o espacios interactivos distintos del hogar y de la oficina, donde se fomenta la interacción y la creatividad. Los bares y restaurantes han jugado históricamente un papel importante en este sentido en muchas ciudades del mundo. El restaurante 7 Portes de Barcelona ha sido para mí uno de estos lugares donde, con su dueño el profesor Paco Solé, hemos celebrado gloriosas cenas con personas de todo el mundo.

La curva de Allen

Tom Allen, profesor del MIT, lleva años analizando la importancia de la interacción entre ingenieros en laboratorios de grandes empresas. En este contexto ideó una curva, la curva de Allen, que refleja la probabilidad de que dos personas en un área de trabajo se comuniquen. Resulta que una persona tiene diez veces más probabilidades de comunicarse con otra que se siente en una mesa cercana que si se halla a más de 50 metros de distancia.

Además, y esto es quizá más importante, los empleados que participaban en la mayoría de las interacciones eran los de mayor rendimiento. Como resultado de sus investigaciones, Allen afirma: «Quienes tenían un rendimiento alto en cualquier empresa, consultaban con entre cuatro y nueve colegas de la misma organización, mientras que los que tenían un rendimiento bajo contactaban a lo sumo con uno o dos colegas».

Según Allen, basta con aumentar el número de conversaciones entre empleados para que se aumente de forma importante la función creativa. Hablar con los demás nos provoca nuevas ideas a aplicar al trabajo que estamos haciendo. En este sentido, el lugar más importante de una empresa sería aquel que nos permite encontrar a alguien y charlar con él. La máquina de café, el lavabo o una zona de descanso bien situada pueden promover la innovación en una organización.

Clústeres y espacio urbano

Se trata de ordenar el espacio para que pueda albergar las actividades de clúster urbanos que se desarrollan en el capítulo 7; aquí nos limitaremos a comentar su relación con el espacio físico. El entorno físico afecta a varias disciplinas, entre las cuales cabe destacar el planeamiento urbanístico, la construcción de edificios y las infraestructuras. Para abordar con éxito la transformación del entorno físico se deben considerar los siguientes aspectos:

— *El modelo urbano a aplicar:* una ciudad compleja implica mezcla de usos residencial, productivo, comercial y servicios. Esto implica una visión del clúster urbano sin límites claros, plenamente integrado en el conjunto urbano, alejado de la visión de parque tecnológico fuera del casco urbano, como el modelo Sophie Antipolis en Francia. No se trata de un área cerrada con baja densidad, sino de un entorno propio del modelo de ciudad compacta que vimos en capítulos anteriores, donde las personas viven y trabajan en un espacio con una movilidad amable a escala humana.

  Sería el caso del campus del MIT o del de la Universidad de Harvard en Cambridge (Massachusetts) o incluso, aunque con diferencias notables, del Silicon Valley, las universidades de Stanford y Berkeley y la zona de la Bahía de San Francisco. En Europa podemos encontrar estos espacios urbanos en ciudades como Londres, Berlín o Helsinki o en el distrito 22@ de Barcelona.
— *Condiciones iniciales:* la definición y el desarrollo del proyecto dependen en gran medida de las condiciones iniciales del mismo, entre las que podemos destacar las siguiente: si se trata de un área densa y con edificios existentes, algunos de ellos a conservar, o si es un espacio libre sobre el que construir, si existen áreas naturales a proteger, como un río o una zona verde a preservar, o si existen antiguos espacios industriales a descontaminar; o la necesidad de recabar la opinión y la implicación de la comunidad local y los efectos del proyecto sobre la misma, etc.
— *Agentes implicados:* un factor muy relevante es la propiedad pública o privada del suelo. En ambos casos es posible la transformación, pero requiere esquemas e instrumentos distintos en uno o en otro caso. En el sur de Europa, el caso más frecuente será la presencia de propietarios privados con los cuales habrá que contar. Otro agente importante es el promotor inmobiliario y su naturaleza pública o privada, con papeles distintos para ambos casos.

En todos los casos, la legislación urbanística y contar con los instrumentos societarios apropiados va a ser un factor determinante del éxito de la operación. El marco legal y la gestión urbanística son cruciales para asegurar un alto nivel de urbanización, construcción y disponibilidad de infraestructuras adecuadas para el desarrollo de un clúster urbano.

Factores como la flexibilidad del planeamiento, el equilibrio entre beneficios y cargas para los propietarios y promotores privados que asegure un adecuado incentivo a la inversión, y un marco financiero público-privado que asegure la viabilidad de las inversiones en infraestructuras, serán también determinantes para el éxito del proyecto.

Conclusiones

Steve Jobs decidió crear en Pixar un espacio central con funciones que facilitaran el encuentro entre empleados que normalmente no se encontrarían. ¿Estamos en condiciones en nuestros espacios actuales de crear estas funciones en el lugar apropiado? Probablemente, en la mayoría de los casos el margen de acción es limitado, al tratarse de edificios ya construidos, pero posiblemente podemos reorganizar el espacio disponible teniendo en cuenta el espacio de circulación y los espacios comunes, para avanzar en este sentido.

En el caso de poder rehabilitar un espacio o un edificio creo que, antes de decidir la distribución, se deberían tener en cuenta las lecciones que nos ofrecen el caso de Pixar y las teorías de Allen. Cuando se trata de nuevas construcciones, apelo a los gremios de arquitectos, promotores y constructores para actuar decididamente en el sentido apuntado en este capítulo. Si quieren ver un ejemplo de lo que no se debería hacer, pueden visitar el edificio de Esade Creápolis en Sant Cugat (Barcelona).

Remito también a libros como el de Kursty Groves, *I wish I worked There!!!* (2010), en el que se presentan espacios habilitados por grandes compañías para favorecer la creatividad de sus empleados, no para copiar soluciones que pueden funcionar en otros contextos, sino para disponer de algunas ideas a adaptar a cada situación concreta.

Un nuevo urbanismo debe ser capaz de pensar y actuar en el sentido apuntado en este capítulo sobre los nuevos espacios urbanos en el siglo XXI, tanto en la definición de usos y densidades, como en la creación, estructura y funcionamiento del espacio público. Es el momento de la revolución del conocimiento y, por tanto, también de la revolución en el diseño de los espacios urbanos innovadores que llamamos distritos innovadores.

Ideas clave

1. Un nuevo urbanismo al servicio de un distrito innovador deberá basarse en un enfoque sistémico, pasando de la ciudad dispersa a la ciudad compacta con mezcla de usos, teniendo en cuenta el papel central del espacio público y asegurando la viabilidad económica mediante un pacto público-privado.
2. Una ciudad abierta basa su funcionamiento en la dinámica de sus complejidades, el papel del urbanista y del arquitecto consiste en animar esta complejidad y crear una *ville* interactiva y conectada, superior a la suma de sus partes.
3. Morfología urbanística, diseño arquitectónico y gestión de los espacios son tres aspectos a tener en cuenta en un distrito innovador urbano.

7
ESTRATEGIA ECONÓMICA

Para el diseño de un distrito innovador (DI) es necesaria una estrategia económica basada en la elección de aquellas actividades o clústeres urbanos que están en condiciones de sentar las bases para un futuro desarrollo de la ciudad con perspectiva global, aplicando metodologías que permiten conocer y actuar con los principales agentes públicos y privados relacionados con una actividad o área de conocimiento específico. El pacto público-privado es imprescindible para esta elección y en general para el conjunto del sistema que forma el DI.

La creación de un espacio diverso, donde se facilita el encuentro y la colaboración, debe funcionar como sistema productivo con diversidad de todo tipo de empresas y de servicios o entidades asociadas a los clústeres seleccionados. Un DI necesita estar organizado alrededor de algunas opciones estratégicas, reuniendo el territorio considerando algunas ventajas competitivas. La especialización que requieren los clústeres urbanos propios del distrito considerado precisa asimismo de la presencia de todo un sistema complejo y diverso de actividades del conocimiento, como centros universitarios, unidades de I+D o centros tecnológicos y de diseño, que configuran el ecosistema innovador de este clúster; este aspecto lo veremos en el próximo capítulo.

Empezaremos presentando dos metodologías para identificar la especialización productiva más apropiada para cada caso, la especialización inteligente RIS3 y la matriz de masa crítica.

7.1. La especialización inteligente o RIS3

En la cumbre de Lisboa de marzo de 2000, los jefes de Estado y de Gobierno europeos acordaron un nuevo objetivo estratégico para la

Unión Europea (UE): transformarla en la economía más competitiva del mundo en 2010. Después de la fuerte crisis de 2008, y constatado el fracaso de esta estrategia, el Consejo Europeo de diciembre de 2009 se planteó la revisión de la estrategia de Lisboa, tomando como punto de partida el impacto de la crisis y los retos del futuro de la UE. Resultado de esta revisión, se aprobó una nueva estrategia política llamada «Europa 2020».

La nueva estrategia Europa 2020 marcó tres prioridades de las políticas de la UE:

a) El crecimiento inteligente, basado en el conocimiento y la innovación.
b) El crecimiento sostenible, promocionando una gestión de los recursos más eficiente y una economía verde y competitiva.
c) El crecimiento inclusivo, mediante el fomento de una economía con elevado nivel de empleo que genere cohesión económica, social y territorial.

Europa 2020 representó un cambio radical en las políticas regionales europeas, que hasta este momento se habían dedicado a financiar grandes infraestructuras de obras públicas, preferentemente en las regiones más atrasadas, llenando el sur de Europa de todo tipo de infraestructuras de cemento, con autovías sin coches, trenes de alta velocidad deficitarios y aeropuertos sin aviones. Fue un auténtico despilfarro, que se puso de manifiesto de forma descarnada con la crisis del 2008 y sus consecuencias posteriores. Las ruinas de este despilfarro son hoy bien visibles viajando por estas regiones, aunque de los responsables nunca más se supo. Las regiones que habían recibido más dinero público, europeo, nacional y regional, fueron las que más padecieron los rigores y las consecuencias de la crisis. Una política regional ruinosa que había que cambiar con urgencia.

En este nuevo marco de referencia se aprobaron los objetivos de la política de cohesión, política que se ejecuta a través de los llamados Fondos Estructurales, que representan aproximadamente una tercera parte de todo el presupuesto comunitario para el período 2014-20, unos 336.000 millones de euros. Estos recursos representan la aportación de los fondos de la UE a los proyectos de las regiones europeas, cuyos Estados y regiones a su vez financian una media del 50 % del total de la inversión; esto representa que la llamada Política de Cohesión europea habrá movilizado más de 600.000 millones de euros en siete años, una cifra muy respetable para transformar la especialización productiva europea. Creo que todavía está por hacer una evaluación rigurosa de los resultados.

Con la nueva Política de Cohesión se trataba de orientar las acciones a resultados y no a gasto, de maximizar el impacto de la financiación de la Unión Europea, «hacer más con menos», de invertir más en innovación y en las personas y empresas (no más «ladrillo o cemento») y de centrar las acciones en la investigación y la innovación, en la eficiencia energética y en la ocupación. En definitiva, eficacia y economía del conocimiento.

Por otra parte, según el nivel de desarrollo de cada región, las regiones «más desarrolladas» debían concentrar un mínimo del 80% de los recursos en los cuatro primeros objetivos estratégicos, que son:

— Primero: potenciar la I+D+i.
— Segundo: mejorar el uso y la calidad de las TIC y su accesibilidad.
— Tercero: mejorar la competitividad de las PYMES.
— Cuarto: favorecer el paso a una economía de bajas emisiones de carbono.

Para el logro de estos cuatro objetivos se definió una nueva estrategia, llamada **RIS3 *(Research and Innovation Strategy for Smart Specialization)*, como una agenda de transformación económica integral de ámbito territorial basada en la innovación, la investigación y la colaboración entre agentes de la cuádruple hélice;** es decir, entre Administración Pública, empresas, ámbitos del conocimiento y elementos de la sociedad civil. Cada región europea definió su estrategia RIS3 y la debía aplicar a los proyectos que se financiaban con los fondos estructurales europeos (Fondo Regional, FEDER; Fondo Social, FSE; Fondo Agrícola de Desarrollo Rural, FEADER, y Fondo de Pesca, FEP).

Para generar, evaluar y seleccionar los proyectos y programas a financiar por fondos europeos se aplicó esta nueva estrategia RIS3, también llamada de *especialización inteligente,* que se basa en los siguientes principios: centrar las actuaciones en algunas prioridades clave, construir sobre los activos y fortalezas existentes, involucrar a todos los agentes y actores de la cuádruple hélice, basar la estrategia en la evidencia empírica y establecer fuertes sistemas de gestión, seguimiento y evaluación de las actuaciones y resultados.

La Estrategia Europa 2020, y los criterios de la nueva política regional europea que representa RIS3, son la gran oportunidad para la industria de las regiones europeas y para el futuro de su economía. RIS3 es una magnífica estrategia para definir la especialización de una ciudad o región, no solo europea sino de cualquier país del mundo.

El método RIS3 aplicado a un distrito innovador

La estrategia de especialización inteligente de una región se puede aplicar a la estrategia de especialización de un DI, adaptándola a la realidad socioeconómica y al potencial de desarrollo de la ciudad y del distrito urbano considerados.

Esta nueva estrategia de especialización se puede definir siguiendo los criterios de la UE, empezando por un análisis estratégico que tiene por resultado la formulación de cuatro objetivos:

1. Reforzar la competitividad del tejido empresarial existente, mediante la mejora de la eficiencia de los procesos productivos, la internacionalización y la reorientación de los sectores consolidados hacia actividades de mayor valor añadido.
2. Potenciar nuevas actividades económicas emergentes a partir de la investigación y la innovación, para crear y explotar nuevos nichos de mercado.
3. Consolidar el distrito y el conjunto de la ciudad, como polo global de conocimiento, y conectar las capacidades tecnológicas con los sectores existentes y emergentes del territorio.
4. Mejorar el sistema innovador de la ciudad.

Para lograr estos objetivos se puede partir del modelo de la UE de definición de la estrategia regional y de los proyectos y programas que la componen, llamado RIS3, adaptando a las condiciones del distrito urbano los siguientes elementos básicos (llamado en inglés modelo de las 4C):

— Centrar las actuaciones en algunas prioridades clave (típicamente sectores, retos, tecnologías particulares —*Choices*—) para un desarrollo basado en el conocimiento.
— Construir sobre los activos y fortalezas existentes en la ciudad, explotando las ventajas competitivas *(Competitive advantage)* con suficiente masa crítica *(Critical mass)* y potencial de excelencia internacional.
— Involucrar centralmente a todos los agentes y actores de la cuádruple hélice (administración, universidad y centros de conoci-

miento, empresa y sociedad civil) para generar iniciativas y dinámicas colaborativas *(Collaborative Leadership)*.

Además, se recomienda: apoyar la innovación tecnológica y no tecnológica, estimular la inversión del sector privado, basar la estrategia en la evidencia empírica y establecer fuertes sistemas de monitorización y evaluación de las actuaciones y resultados.

En resumen, una estrategia regional RIS3 establece:

— Las prioridades sectoriales y tecnológicas de especialización, así como los retos locales y globales clave que se pretende atacar.
— Los elementos transversales clave que definen y definirán el carácter innovador del territorio (por ejemplo: internacionalización, investigación básica excelente, emprendimiento, etc.).
— El mix de políticas, programas y proyectos que se desarrollarán en el período programado, cómo se ejecutarán y cómo se financiarán.

Para la aplicación práctica de la estrategia de especialización inteligente de un DI se deberían utilizar diferentes instrumentos metodológicos y organizativos, entre los que proponemos la creación y gestión de clústeres urbanos, que ya se ha citado en capítulos anteriores y que se va a desarrollar también en el presente capítulo. Esta aproximación a los clústeres urbanos es totalmente compatible con la estrategia RIS3.

¿Quién debe ser el agente principal de la política de especialización inteligente? La respuesta la encontramos en la propia UE cuando insiste en el papel de la llamada «cuádruple hélice», formada por administración, empresas, universidades y sociedad civil. En el caso de un DI el liderazgo debe corresponder al gobierno de la ciudad, con un pacto con los otros elementos propios de la cuádruple hélice.

7.2. Método de la matriz de masa crítica (MMC)

Durante la gestión del Distrito 22@ Barcelona desarrollamos, con la colaboración de un equipo interno y otro externo, una estrategia para estructurar el distrito alrededor de núcleos relacionados con clústeres urbanos, como base de un proceso de especialización progresiva y de estructura territorial organizada alrededor de áreas de conocimiento y de empresas relevantes de cada clúster.

El primero de estos núcleos, a la vez funcionales y territoriales, se estructuró alrededor de un espacio que fueron ocupando empresas y entidades del conocimiento que conformaban el núcleo inicial de un futuro Clúster Media, que llamamos Parque Barcelona Media (PBM). Los elementos centrales de este nuevo clúster fueron dos facultades de la Universidad Pompeu Fabra, UPF (la Escuela Politécnica y la Facultad de Comunicación), intentando integrar tecnología y contenidos, la empresa Mediapro, líder del mercado Media en España, y la empresa RBA, líder en el sector editorial, todas ellas acompañadas de un gran número de empresas y laboratorios de tamaño medio y pequeño del mismo sector de actividad.

Parque Barcelona Media se organizó en una única manzana donde conviven centros de formación universitaria, centros de investigación y transferencia, empresas grandes, medianas y pequeñas del sector Media, servicios de producción audiovisual, incubadoras y otros servicios avanzados, configurando el núcleo central de un clúster del sector Media.

A partir de este núcleo inicial, su entorno urbano se fue haciendo atractivo para que nuevas empresas y entidades aprovecharan las externalidades positivas creadas, hasta constituir un auténtico clúster urbano localizado en un espacio del distrito.

Figura 7.1. Conjunto en la entrada del Distrito 22@ en fase de proyecto. Actualmente todo este espacio está ocupado por empresas y organizaciones de los sectores TIC y Media.

Figura 7.2. Núcleo central del PBM cuando estaba en su fase inicial, hoy completamente ocupado y en pleno funcionamiento.

Esta experiencia inicial sirvió además para intentar desarrollar un modelo operativo para un proyecto de especialización de un distrito innovador; de esta forma se creó la matriz de masa crítica (MMC) como herramienta para poder diseñar y gestionar una estrategia de especialización de un DI.

La MMC tiene básicamente dos objetivos:

a) **Valorar las condiciones de partida de cada posible clúster urbano y su viabilidad futura.**
b) **Identificar vacíos a cubrir y debilidades a superar.**

A partir de completar el ejercicio de identificar los distintos agentes por categorías, cada fila horizontal representa una fotografía de la situación inicial del conglomerado o clúster de partida, con sus principales agentes. Pero, en el estadio de diseño, no se trata de un sistema integrado que pueda calificarse como clúster urbano. Es a partir de esta fotografía inicial que podremos identificar fortalezas y debilidades, elementos básicos del sistema a construir y déficits a superar, de manera similar a lo que vimos en el análisis de sistema con la metodología de *Systems Mapping*. De hecho, la MMC podría ser la primera etapa para, si se confirma su potencial sistémico, poder pasar a mapear el incipiente clúster. Serían pues dos herramientas complementarias.

Figura 7.3. Una de las MMC que se diseñaron para el 22@ y que se publicaron y difundieron por distintos medios.

Una vez completada esta fase inicial de diseño de la MMC, ya se podrán tener conclusiones operativas y acordar un primer plan de acción, de acuerdo con los agentes identificados que se constituyen en organización sistémica. Todo el proceso debe ser participado por los agentes del sistema, de la forma que comentamos en el capítulo primero.

7.3. Clústeres y estudio de casos

Desde la formulación de Alfred Marshall (Marshall, 1890) de los «distritos industriales», hasta el moderno concepto de clúster propuesto por Michael Porter (Porter, 1990 y 1998), pasando por el análisis de los distritos industriales de la *terza italia* (Becatini, 1987 y 1989), han sido numerosos los economistas que han estudiado el fenómeno de la relación entre el espacio regional o local y los actores económicos y la innovación. La teoría y la práctica actuales de los «clústeres» se basa en esta tradición y trata de integrar las características propias de la economía del conocimiento que hemos visto en anteriores capítulos.

Marshall ya observó, a finales del siglo XIX, que las aglomeraciones territoriales de actividades industriales relacionadas, que llamó «distritos industriales», eran más eficientes en la medida en que se beneficiaban de externalidades positivas asociadas a sus respectivas actividades. Es decir, que empresas cercanas en un espacio determinado podían beneficiarse de esta proximidad mediante la colaboración.

Por su parte, Michael Porter (1998) puso también el acento en la importancia de la competencia local como incentivo para la innovación, conectando el potencial de la competencia con las virtudes de la cooperación selectiva. Porter relacionó el concepto de «clúster» con la capacidad competitiva de las industrias y de las naciones, con la definición que sigue:

«**Clústeres son grupos geográficamente cercanos de compañías interconectadas y de instituciones asociadas en un campo determinado, unidas por elementos comunes y por complementariedades.** Los clústeres conforman una matriz de industrias conectadas y otras entidades importantes para competir, incluyendo instituciones gubernamentales y otras como universidades, agencias, *think tanks,* centros de formación y asociaciones empresariales» (Porter, 1998).

Actualmente hay una cierta confusión sobre el significado real del concepto «clúster», ya que probablemente se está utilizando con excesiva profusión para casos diversos. En este caso vamos a referirnos al concepto de clúster que utiliza habitualmente el TCI (The Competitiveness Institute), promovido por el propio Michael Porter.

La citada fuente considera que los siete elementos clave de un clúster son:

1. **Concentración geográfica.** Desde el principio, la concentración geográfica ha sido un elemento clave de un clúster. La proximidad física entre los miembros de un clúster es la que permite la mayor parte de sus beneficios, distinguiendo entre aspectos *hard* y *soft*.

Se entiende por elementos *hard* o tangibles aquellos directamente relacionados con los beneficios de las empresas para ubicarse en un lugar determinado. Serían, entre otros, el acceso a activos o recursos propios de la zona, las oportunidades para reducir costes de transacción, por ejemplo en el acceso a personal cualificado, las economías de escala y de aglomeración, el acceso a proveedores especializados, los medios de acceso a la información compartida o la relación con una demanda local sofisticada.

Los elementos *soft* serían los intangibles, entre los que podríamos destacar el «capital social» de la zona. Entendemos por capital social de un territorio las formas de intercambio de conocimiento tácito a partir del conocimiento y la confianza entre personas y grupos sociales; es decir, las facilidades del encuentro *face to face* (cara a cara) informal como fuente de innovación y mecanismo de colaboración. La existencia de espacios que favorecen la relación personal, como bares, restaurantes, campus o instituciones, tal y como ha destacado Richard Florida, son elementos fundamentales para la creatividad.

2. Especialización. Normalmente los miembros de un clúster comparten una misma actividad principal, aunque no necesariamente relacionada con un mismo sector. Las relaciones cliente-proveedor pueden establecerse entre miembros de un mismo clúster, pero pertenecientes a diferentes sectores de actividad, en el sentido tradicional del término sector.

Por ejemplo, actores que hacen diferentes actividades del sector de las TIC, junto con empresas fabricantes de sensores o de sistemas automáticos, pueden formar parte de un clúster de telemática. Algo similar puede ocurrir con un clúster de biotecnología, formado por diferentes agentes relacionados con el sector alimentario, la agroindustria, las tecnologías médicas y las tecnologías ambientales.

En realidad, cada vez es más frecuente que la innovación se produzca en las zonas frontera entre diferentes actividades. Así los clústeres de la economía del conocimiento serán cada vez más diversos, a diferencia de los distritos industriales tradicionales.

3. Múltiples actores. Un clúster no está formado por una suma de empresas individuales. Una de sus características fundamentales es el pluralismo, la complejidad, la mezcla de actividades y de agentes. La organización de un sistema productivo en cadenas de valor conlleva la conformación de un sistema de relaciones plural entre diferentes agentes que colaboran, intercambian información y generan procesos de aprendizaje compartido.

Aparte de la colaboración entre empresas, se establecen fuertes lazos con otras instituciones como universidades, centros de investigación o agencias públicas.

Los actores esenciales de un clúster se podrían ordenar en cuatro categorías o grupos: empresas, administraciones públicas, la comunidad investigadora y las instituciones financieras. Otra institución fundamental, sobre todo en una nueva iniciativa, sería lo que los autores denominan Instituciones para la Colaboración (IPC), definidas como actores formales o informales que actúan como promotores de la iniciativa, motivando a los actores a participar en el clúster.

4. Competencia y cooperación. Entre los diferentes elementos de un clúster se producen relaciones de cooperación, pero, a su vez, esto no obsta para que también compitan entre ellos. En realidad, la presión competitiva interna representa un incentivo a la innovación y a la mejora de cada uno de los miembros de un clúster en costes, calidad, capacidad comercial y para entrar en nuevos mercados, etc.

La competencia estimula la creatividad, a la vez que la cooperación permite compartir recursos, reducir riesgos, aumentar la especialización de la empresa, fomentar la complementariedad de actividades entre empresas, etc. Asimismo se pueden promover servicios compartidos, tales como un centro tecnológico, que beneficien a los miembros del clúster. Por ejemplo, imaginemos un clúster del mueble que recibe un pedido muy importante de Dubái que ninguna empresa individual tiene suficiente capacidad para atender. Una función del clúster sería atender este gran pedido mediante la cooperación de las empresas, a la vez que se mantendría la competencia entre ellas para las ventas normales. La competencia y la cooperación de los miembros de un clúster no solo no son contradictorias, sino que favorecen a todos sus miembros.

El factor que permite el mantenimiento en el tiempo del binomio competencia-cooperación es la confianza entre los miembros del clúster, confianza basada en la conveniencia de compartir un proyecto y una visión del sector, en la necesidad de impulsar colectivamente un proyecto que beneficiará a todos a medio y largo plazo. La confianza es un factor cultural que requiere de la relación personal cara a cara *(face to face)* y tiene su traducción, a nivel institucional, por la vía de compartir instituciones y organizaciones comunes, y a nivel práctico mediante la participación en proyectos colectivos. De ahí que los clústeres, como hemos visto, se configuran en un entorno geográfico determinado donde estos valores culturales se manifiestan.

Debido a la globalización, estos clústeres territoriales deben conectarse a escala global con clientes, pero también con empresas del mismo sector con las que competir y cooperar. Se configura pues un doble nivel de relación, la propia del clúster territorial, junto a la relacionada con la organización a escala global. Se organiza pues una malla compleja de relaciones locales y globales en que cada empresa debe saber situarse correctamente mediante acciones de cooperación y de competencia. La complejidad, como hemos reiterado, es uno de los signos de nuestra sociedad del conocimiento.

En este sentido, los clústeres se configuran como nodos locales de redes globales. Cada clúster puede conectarse con otros en una red global.

5. Masa crítica. Es evidente que unas pocas empresas no crean un clúster. Se necesita una cierta dimensión para tener los beneficios que estamos analizando. Aquí aparece el concepto de masa crítica, prestado de la física nuclear, que significa en este caso un mínimo número de empresas y de volumen de negocio por encima del cual se producen los efectos positivos de un clúster.

La razón de una necesaria masa crítica se encuentra en que, para que funcione el proceso de aprendizaje y de innovación propios de un clúster, se necesitan múltiples interacciones y combinaciones entre sus miembros, que no se dan si el número es pequeño. Por otra parte, ante una crisis del sector, sin una dimensión determinada, las pérdidas de algunas empresas pondrían en crisis la viabilidad del clúster.

Este concepto de masa crítica no es sin embargo válido para todas las actividades, ni es un concepto inmutable. Según la naturaleza de cada sector, la masa crítica necesaria puede variar, al igual que la dimensión óptima evoluciona con el tiempo. Finalmente, a veces la presencia de una gran empresa tractora puede configurar un clúster a su alrededor, aunque inicialmente se parta de unas pocas empresas. Sería el caso en su momento de Nokia en Finlandia y el clúster de las tecnologías de la información basadas en el teléfono móvil.

6. El ciclo de vida de un clúster. En general, cualquier clúster evoluciona en el tiempo, aumentando su dimensión y su complejidad. Según el modelo publicado en Ikeda (2004), se proponen cinco etapas en el ciclo de vida de un clúster: aglomeración, emergencia del clúster, desarrollo, madurez y transformación. En definitiva, un clúster es un organismo vivo que evoluciona en el tiempo y puede pasar por algunas de las etapas descritas.

a) Aglomeración: existen en una misma región un número determinado de empresas y otros actores relacionados con un sector de actividad.

b) Emergencia del clúster: un número de miembros de la aglomeración comienzan a cooperar en torno a una actividad de interés común y desarrollan nuevas oportunidades a partir de su relación.

c) Desarrollo: el número de miembros que cooperan crece, con actores que ya estaban en la aglomeración y empiezan ahora a cooperar, o bien las ventajas del clúster emergente atraen a nuevos actores. También puede crecer por el desarrollo propio de sus miembros. Es en este estadio donde puede aparecer, más o menos formalmente, la figura del IPC (Institución para la Colaboración) que hemos visto anteriormente, a la vez que se visualiza una imagen externa del clúster.

d) Madurez: un clúster maduro es aquel que ya tiene una masa crítica de miembros, que ha realizado acciones de cooperación internas y externas, y en el que los miembros ya han experimentado en la práctica los beneficios del mismo. Miembros de otros territorios se han incorporado, hay una dinámica de creación de *start-ups* o nuevas empresas emergentes, etc.

e) Transformación: en un mundo en fuerte transformación cambian las tecnologías, las condiciones de la competencia, etc., y el clúster y sus miembros tienen que innovar permanentemente. En estas condiciones, el clúster debe tener la capacidad de adaptarse al cambio, lo que a veces representa la transformación en nuevos clústeres emergentes nacidos del clúster inicial, por especialización en actividades concretas o debido a una reorientación en el modelo de negocio de una de sus actividades.

7. Innovación. La innovación es la característica fundamental de un clúster, sin la cual este no existe o es una simple etiqueta formal. Un clúster favorece las condiciones para que se desarrolle la innovación, en el sentido que hemos visto.

Como afirma Von Hippel (1994), la conexión entre los clústeres y la innovación está asociada con el «conocimiento fijado en un territorio» *(sticky knowlege)* basado en la interacción social. En la medida que la innovación se refiere a nuevas ideas que se comercializan, el clúster representa un entorno propicio para el flujo de nuevas ideas y para su transformación en objetos o en procesos que son aceptados por el mercado. La conexión entre los miembros del clúster favorece el proceso innovador.

A veces esto se produce por la simple interacción entre empresas, las ideas fluyen y se transforman en proyectos e iniciativas que generan innovaciones. En otros casos es la presencia de un centro de I + D en el clúster lo que favorece la puesta en marcha de un proyecto que, al final, se convierte en innovación, la cual favorece a algunos miembros del clúster y, por efecto difusión, probablemente termina favoreciendo al conjunto.

Para terminar esta introducción a la teoría de clústeres, lo haremos con dos ideas y una pregunta final.

La primera idea es que esta teoría nos permite hoy entender algunos de los procesos que se están dando en la nueva economía a nivel global. Efectivamente, en la actualidad un sistema productivo se organiza en forma de cadena de valor, en la que cada elemento aporta una parte del valor del sistema y se coordina a nivel global. **La existencia de un clúster local en un DI tiene sentido porque participa y se coordina con la correspondiente cadena de valor o sistema global.**

La segunda idea es que los clústeres siguen siendo un magnífico instrumento para promover la economía basada en el conocimiento, siempre que se entienda su naturaleza y su dinámica interna y externa. Un clúster local debe disponer de unas condiciones de partida, que son las que nos van a indicar la correspondiente MMC. A partir de aquí se podrá promover el desarrollo de este clúster en un entorno como el DI, conectado a la red global.

La pregunta es la siguiente: ¿hay muchos clústeres reales en nuestro país, más allá del nominalismo fomentado a menudo por las diferentes administraciones públicas? Recuerdo dos experiencias visitando los gobiernos regionales de dos comunidades autónomas españolas, en el marco de la aplicación de la estrategia RIS3; al preguntar cuántos clústeres había en la región, se nos contestó que había una larga lista de grupos que se consideraban oficialmente como clústeres; finalmente pudimos verificar que muchos de estos «clústeres oficiales» eran en realidad asociaciones de empresas que no reunían la mayoría de las condiciones anteriores, pero que cada año recibían las correspondientes subvenciones públicas.

Una lección que deberíamos retener es que **no se puede promover un clúster donde no existen las condiciones necesarias para ello, y que no deberíamos llamar clúster a cualquier asociación empresarial por el solo hecho de autodenominarse de esta forma, o por haber sido reconocida como tal por la administración.**

Clústeres y distritos innovadores

Nuestro modelo de clúster urbano propone una metodología basada en la experiencia práctica acumulada en el proyecto 22@ Barcelona, para gestionar y promover clústeres urbanos intensivos en el factor conocimiento. Su objetivo final consiste en la creación de áreas de excelencia en varios campos del conocimiento, en las cuales existen condiciones locales de partida para alcanzar el liderazgo internacional, mediante la concentración en el clúster urbano de empresas, servicios y centros científicos y tecnológicos públicos y privados relacionados con los sectores estratégicos que se desean promover.

Hemos hablado de condiciones locales de partida y de liderazgo internacional. Las condiciones locales iniciales deben existir, pues sin ellas el proyecto no supera el terreno de la ilusión o del discurso oficial. Se necesita una base sobre la que construir el futuro clúster, así como una clara ambición por el liderazgo internacional, pues los proyectos locales con visión local no pasan del terreno de la economía social.

Condiciones de partida, liderazgo internacional y un tercer elemento: concertación con los agentes públicos y privados: empresas de referencia, universidades y centros de investigación son algunos de los agentes protagonistas que deben participar en el impulso del proyecto, con el apoyo de la administración. El alcalde o el concejal de promoción económica, por mucha voluntad que le pongan, no pueden sustituir a los agentes reales del proyecto.

La participación activa de dichos agentes debería estimular el desarrollo de cada clúster y de sus correspondientes sectores productivos. Además, se trata también de crear el entorno apropiado para la aparición de nuevos sectores mediante la interacción continua entre los agentes. No hay que olvidar la importancia de los factores de azar, y la capacidad de reacción para poder aprovechar oportunidades que no estaban previstas de inicio, en la creación de sistemas productivos locales.

El encuentro casual, las actividades colectivas y la mezcla de actividades diversas próximas en el espacio favorecen la creación de la chispa necesaria para la innovación y para la generación de iniciativas. Y ello es más probable en entornos urbanos densos e intensos en talento, como el que representan los clústeres urbanos situados en un DI.

Ya citamos a Lerner (2009) en el capítulo segundo, al destacar la gran cantidad de proyectos gubernamentales relacionados con la innovación y la emprendeduría que fracasan, desde la fase de diseño. Por distintas razones, desde el momento en que se inicia el proceso de diseño hasta su implementación, la mayoría de proyectos territoriales que tienen por objeto la transformación urbana en distritos de innovación y emprendimiento fracasan después de haber destinado recursos públicos considerables.

Al definir la especialización de un DI mediante el modelo de clústeres, se suelen producir varios errores que, aplicando metodologías como las presentadas en el presente capitulo —RIS3 y MMC—, se podrían evitar. Ya hemos visto en capítulos anteriores que, en la práctica, se producen más fracasos que éxitos en las políticas públicas de promoción de clústeres.

El primer error consiste en ignorar el carácter sistémico de proyectos de DI y el de sus subsistemas que componen el modelo sobre especialización y clústeres urbanos. Promover la emprendeduría no consiste en crear una incubadora municipal, sino en comprender la complejidad del sistema emprendedor, en tener en cuenta al conjunto de agentes públicos y privados implicados en este sistema y acordar un proyecto y un plan de acción para el impulso y la gestión del sistema en su conjunto.

En relación con el error anterior, en muchos casos no se sitúa correctamente el papel que debe jugar el sector público con relación al sector privado y las entidades de la sociedad civil, a veces debido a apriorismos ideológicos que consideran perverso cualquier acuerdo con las empresas privadas, que tienen un afán de lucro y que, por tanto, tenderán a la especulación y a apropiarse las plusvalías que se generan.

Otros prejuicios ideológicos se sitúan en el extremo contrario, en el de las posiciones ultraliberales. Según este segundo sector ideológico los poderes públicos se deben limitar a establecer las condiciones para que actúe el mundo de los negocios en la promoción de las iniciativas de transformaciones urbanas, en la creación y en la gestión de clústeres y en todas aquellas actividades que tengan relación con la economía.

Ambas tendencias opuestas, que están presentes actualmente en ciudades en España y en América Latina, son causantes del fracaso de muchas ideas o iniciativas, por no saber situar el papel a jugar por el sector público, concretamente por los gobiernos locales, en este tipo de proyectos. **Los gobiernos locales deben liderar algunos procesos, como por ejemplo el planeamiento urbanístico, con el acuerdo con los sectores empresariales, cada uno en su papel.**

El gobierno en defensa del interés público, aplicando cargas urbanísticas y una fiscalidad apropiadas que permitan la financiación pública de infraestructuras, espacios públicos, programas sociales y servicios de interés general, y las empresas privadas y las iniciativas emprendedoras, por su parte, aprovechando con eficiencia y eficacia las oportunidades de inversión y de gestión empresarial que el proyecto permite. Ambos colaborando y situándose en un equilibrio que permita el éxito del proyecto y la defensa del interés general.

Otros errores se producen a veces aplicando políticas públicas que, con buenas intenciones, no saben situar un sistema de incentivos adecuados para la participación de entidades del conocimiento y de agentes privados, tanto inversores como ocupantes de los distintos espacios que se van creando en el distrito. A veces, una visión excesivamente localista del proyecto ignora la importancia que tiene la atracción de inversiones internacionales, para lo cual se requieren un conjunto de estrategias de comunicación y de marketing internacional que deben diseñarse y aplicarse desde el primer momento.

Una cosa es aplicar el modelo de la MMC para tener una fotografía clara de la situación de partida de un posible clúster, y otra muy distinta es ignorar que sin la atracción de agentes internacionales no podremos consolidar el clúster. Para ser un nodo de la red global de ciudades innovadoras, el DI debe tener la capacidad de atraer agentes importantes y talento de todo el mundo.

Otro error que suele repetirse con una cierta frecuencia es ignorar la importancia de una nueva gobernanza para asegurar la participación de los elementos de la cuádruple hélice en el liderazgo y en los procesos participativos necesarios para la buena marcha del DI. A menudo se utilizan agencias públicas que ya estaban funcionando para otros propósitos, sin entender que un proyecto de este tipo es de tal complejidad que requiere de una nueva formulación de la condiciones de gobernanza. Lo veremos en otro capítulo.

A lo largo del presente libro se van proponiendo criterios y métodos para intentar evitar estos errores que, en resumen, consisten en asegurar la capacidad de crear un entorno urbano innovador que favorezca la creatividad y la innovación de los participantes, mediante procesos de especialización en clústeres urbanos como los que hemos presentado en las páginas anteriores.

7.4. Otras aportaciones

Para la definición de un modelo económico urbano, basado en la especialización inteligente y en el criterio de reunir las condiciones de masa crítica inicial, añadiremos varios criterios adicionales a considerar.

El primer criterio se refiere a la necesidad de partir de un doble enfoque: toda especialización de un nuevo DI deberá tener como objetivos:

a) **Reforzar la capacidad innovadora de la industria existente.**
b) **Promover nuevos sectores emergentes urbanos.**

En el caso del nuevo distrito innovador de Valencia, al que ya nos hemos referido y que está en proceso de ejecución, dos de las especializaciones propuestas son las industrias agroalimentarias y las industrias culturales y creativas. ¿Cómo llegamos a esta doble conclusión? En ambos casos procedimos en un triple sentido.

En primer lugar, mediante bases estadísticas analizamos la estructura productiva del polígono industrial y del conjunto de la ciudad de Valencia y su área metropolitana. Vimos que en este territorio metropolitano y en el conjunto de la comunidad valenciana había una gran tradición y especialización productiva en el sector agroalimentario, en términos de puestos de trabajo, facturación y exportaciones.

A partir de esta constatación, preparamos un ranking por estas tres variables, facturación, empleo y exportaciones, y vimos que había un número notable de empresas que podríamos considerar empresas tractoras, con una dinámica innovadora y exportadora muy importante. Muchas empresas del sector habían conseguido ser competitivas en un mercado global, y ello podía representar una buena situación de partida pensando en una futura especialización de este territorio.

Por otra parte, en Valencia existe desde hace tiempo una fuerte concentración de Institutos Tecnológicos, agrupados en la red REDIT y Centros de Investigacion del CSIC relacionados con los citados sectores y que representan una base de oferta tecnológica muy importante para alimentar los procesos de innovación correspondientes. Además, existe una fuerte dinámica innovadora, *start-ups,* fondos y aceleradoras, que actúan con resultados notables.

En el caso del sector de las industrias culturales y creativas seguimos un proceso similar, identificando los principales agentes de la cuádruple hélice relacionados con el sector. A partir del análisis estadístico observamos una base inicial del sector, compuesto por un número importante de empresas innovadoras. No se trata de un macrosector, pero consideramos que era base suficiente para seguir con el proceso. En segundo lugar, preparamos el ranking por volúmenes de empleo y de facturación y vimos que era un sector muy distribuido en actividades diversas.

Según la clasificación de la UNESCO, este sector está formado por seis subsectores, que tienen en común que están basados en personas creativas y en una fuerte base cultural. Los subsectores son los siguientes:

a) Patrimonio vivo: patrimonio natural y cultural, cultura tradicional.
b) Audiovisual: televisión, radio, cine, videojuegos etc.
c) Artes visuales: pintura, escultura, fotografía, artesanía.
d) Creatividad funcional: diseño, publicidad, moda, arquitectura.
e) Sector editorial: prensa, libros, periódicos, revistas, bibliotecas.
f) Artes escénicas: teatro, danza, música.

En Valencia domina el sector de la creatividad funcional, con un 75 % del total de las empresas, pero con algún caso destacado en artes escénicas, audiovisual y patrimonio vivo.

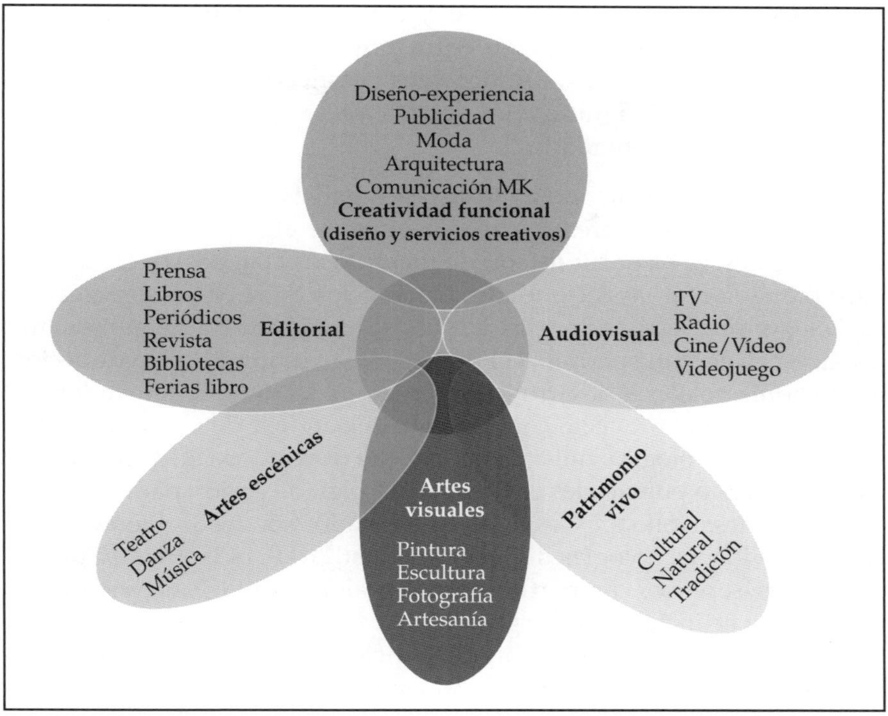

Figura 7.4. Clasificación del sector de las industrias culturales y creativas según la Unesco. [FUENTE: Unesco.]

Los objetivos del trabajo, realizado entre finales del 2021 y principios del 2022, fueron los siguientes:

a) Actualizar los datos del sector.
b) Hacer un análisis comparado de la situación del sector en diferentes países europeos.
c) Analizar la situación del sector en la ciudad de Valencia.
d) Proponer un plan de trabajo para la potenciación del sector.

Algunas conclusiones del trabajo analítico fueron:

— Sector emergente con un fuerte componente informal, tanto de las empresas como de las condiciones laborales, donde predomina la situación de precariedad, sobre todo en algunas actividades como las artísticas y culturales.

— Desconexión entre empresas y entre los diferentes sectores. Las acciones de colaboración entre empresas y personas del sector son muy limitadas, debido a dos cuestiones: la falta de espacios de referencia aglutinantes de actividades y la naturaleza de muchas de las actividades.

A partir de este primer diagnóstico se organizaron distintas reuniones de trabajo con las empresas más relevantes de algunos subsectores del modelo Unesco, y a partir de aquí se presentó un Plan de Acción a cuatro años para reforzar las acciones de colaboración entre empresas, crear los espacios y servicios necesarios y establecer un modelo de gobernanza público-privado que permita el liderazgo y la gestión del plan de acción, en sincronismo con el desarrollo del conjunto del distrito innovador.

En el caso del proyecto Ciudad TEC de San José de Costa Rica se siguió una metodología similar, que dio como resultado la identificación de cinco sectores o potenciales clústeres y un plan de acción para su consolidación y desarrollo. Los sectores identificados son los siguientes: ciencias de la vida, tecnologías digitales e industria 4.0, industrias culturales y creativas, servicios compartidos de alto valor añadido, y actividades en inteligencia artificial y ciberseguridad. En todos estos sectores de actividad Costa Rica tiene una base inicial suficiente para intentar su desarrollo en el marco del futuro distrito innovador.

En un taller *(workshop)* celebrado en San José en febrero de 2020 se reunieron personas representativas de estos sectores, con los que se generó un amplio debate. El resultado permitió confirmar la elección de estos cinco sectores emergentes, de manera que actualmente ya está en marcha un plan de acción para constituir el núcleo promotor de cada clúster y la puesta en marcha de un programa para su desarrollo en el marco del DI Ciudad TEC y T24.

En el caso más reciente de la ciudad chilena de Viña del Mar, con el Distrito V21, el plan estratégico está dirigido a los sectores de la logística y de los servicios a empresas, que son la base actual del sistema productivo de la región de Valparaíso. En los próximos meses se podrán considerar otros sectores emergentes que se están evaluando en la actualidad.

El segundo criterio hace referencia a la necesidad de orientar las especializaciones del DI, y por tanto de la ciudad, hacia actividades con una doble condición:

a) **Que correspondan a un reto o tendencia global.**
b) **Que tengan relación con una cierta capacidad o especialización local.**

Tanto en el caso de Valencia como en los de Palma, San José y Viña del Mar se verifican estas dos condiciones o requerimientos de partida. En primer lugar, responden a una capacidad y especialización del territorio considerado y, en segundo lugar, los distintos posibles clústeres emergentes corresponden a tendencias globales que permiten pensar en un futuro crecimiento en los respectivos mercados internacionales.

Ante un caso concreto de iniciativa de clúster o de DI, el hecho de que se sigan estos criterios no es garantía de nada, pero no tenerlos en cuenta es garantía de fracaso. Formular una estrategia económica para una ciudad o un distrito innovador basado en lo que Richard Rumelt (2011) llama una *Fluff strategy* ha sido habitual en muchos países y ciudades. Se apela a grandes palabras, a menudo en inglés, lo que Rumelt llama *Sunday words,* y conceptos esotéricos que no entendemos muy bien pero que suenan a alto nivel de pensamiento. Pero cuando vamos a las bases, resulta que no se han tenido en cuenta ni metodologías ni criterios como los expuestos, y esto nos lleva al fracaso.

Factores subjetivos

Otro elemento clave para la especialización de una ciudad mediante la identificación y la promoción de clústeres emergentes es la presencia de personas líderes y de organizaciones «tractoras».

Por muchas metodologías que apliquemos, por muchos gráficos o talleres que organicemos, como en toda obra humana subyace siempre el factor humano, en forma de personas implicadas y de organizaciones con suficiente capacidad de arrastre para implicar a otros agentes del ecosistema.

Hacen falta personas que lideren, desde los distintos elementos de la cuádruple hélice, que participen activamente en los distintos grupos *(boards)* de la gobernanza del DI y de sus componentes, para poder tirar adelante un proyecto de esta complejidad. En la administración local, en los distintos clústeres, en las entidades de conocimiento claves y en el ámbito de la sociedad civil, estas personas juegan un papel decisivo en el éxito del proyecto.

En el proyecto 22@ formamos un equipo humano implicado, inicialmente fuera del sistema y a partir del año 2000 en los distintos niveles en que se organizó el proyecto, lo que hizo posible llevar a la práctica con éxito una idea ambiciosa y utópica, aplicándola a proyectos concretos y realistas. Este equipo humano fue muy numeroso en el aspecto técnico, pero en el político es justo destacar el liderazgo que ejerció durante su mandato el alcalde de Barcelona, Joan Clos, sin cuya confianza e impulso no hubiera sido posible el éxito del proyecto. También quiero citar dos personas que fueron fundamentales y que se fueron prematuramente; me refiero a Vicente López, profesor de la UPF, que lideró el clúster Media, y a Rafael González Torno, gerente de la sociedad anónima 22@ durante toda su primera etapa.

En cada proyecto en el que he colaborado como consultor externo a las instituciones públicas, he tenido la complicidad entusiasta de personas implicadas, sin las cuales no hubiera sido posible el diseño y desarrollo del proyecto. Todos ellos representan el factor humano, elemento imprescindible para el impulso y la buena marcha de estos proyectos de transformación urbana.

El otro factor subjetivo es la participación activa de organizaciones o de empresas tractoras. En la fase inicial de diseño e implantación del DI no solamente necesitamos que cada clúster emergente disponga de la masa crítica necesaria que hemos comentado, sino que se debe contar con un elemento cualitativo importante, la presencia de organizaciones y de empresas que cumplen varias funciones. En primer lugar dan credibilidad al proyecto, en segundo lugar suman de forma decisiva en el concepto de masa crítica y finalmente arrastran (de ahí el termino de tractor) a otras organizaciones a participar también en el proyecto.

Una organización tractora es, por ejemplo, una universidad de prestigio, un centro de investigación o un centro tecnológico de nivel internacional en algunas tecnologías clave, o una empresa líder en su sector o área de conocimiento. Inicialmente estas organizaciones forman parte de la MMC que hemos descrito anteriormente; son elementos propios de lo que hemos llamado las condiciones de partida de un clúster o de un DI y, por tanto, están ya en el escenario urbano considerado. En una segunda etapa, con el proyecto ya en marcha, un objetivo fundamental será atraer a este tipo de organizaciones de nivel internacional.

Se parte de una etapa inicial, con lo que podríamos denominar los recursos propios, pero a medida que vamos ascendiendo hacia la cumbre vamos incorporando otros agentes tractores, que a su vez arrastran a otros agentes del ámbito internacional. Se trata de un proceso acumulativo que se inicia con las organizaciones tractoras que forman parte de la primera MMC.

En el caso del Distrito 22@ de Barcelona, fueron organizaciones tractoras del PBM la Universidad Pompeu Fabra (UPF) y las empresas Mediapro y RBA. Todas ellas aportaron los factores clave iniciales que hemos comentado. Otorgaron un prestigio inicial al proyecto, le dieron credibilidad ante otros agentes y ante la opinión pública, permitieron que el clúster Media tuviera una masa crítica inicial para poder impulsarlo y atrajeron a otras organizaciones del sector, que se incorporaron al proyecto.

A partir de esta masa crítica inicial se produce un proceso de realimentación positiva entre universidades y empresas, capacidad innovadora, clusterización y más innovación. Una ciudad determinada puede ser muy fuerte por ejemplo en universidades, pero no en investigación o en empresas tractoras. La puesta en funcionamiento de estos procesos iterativos va completando el sistema y reforzando aquellos factores más débiles, que se ven alimentados y atraídos por la presencia de condiciones de entorno propicias al desarrollo del clúster y, eventualmente, de un DI más o menos formalizado.

En el caso de Boston-Cambridge y el MIT, el núcleo tractor inicial fue una universidad tecnológica pequeña en tamaño (unos 11.000 estudiantes) pero poderosa en capacidad de I+D y de transferencia. A partir de este núcleo inicial se crean las condiciones de entorno, tanto por generación del propio talento que atrae y emerge de la universidad, como por la capacidad de atracción de otras organizaciones, empresas o emprendedores. Según un estudio citado por Katz, más del 38 % de las compañías de software, biotech y electrónica, fundadas por graduados del MIT, están localizadas en el estado de Massachusetts, mientras que menos del 10 % de los estudiantes que llegan al MIT son de este estado.

Vemos cómo una organización tractora, en este caso una universidad tecnológica, es capaz de atraer talento de todo el mundo, que genera iniciativas emprendedoras que se instalan en el entorno que enriquecen el conjunto del ecosistema innovador. A su vez, tanto la capacidad de atraer talento, y por tanto la disponibilidad de este factor estratégico, como la presencia de una gran dinámica emprendedora en algunos sectores, atrae a las grandes empresas tecnológicas globales que desean estar en estos DI.

Esta capacidad de retroalimentación positiva de algunos clústeres urbanos, que se van multiplicando de forma continuada en procesos iterativos que se realimentan a sí mismos, es la que explica por qué algunas metrópolis o ciudades como Nueva York, a partir de la crisis industrial de los 80, son hoy en día uno de los más potentes *innovation hubs* o nodos o núcleos de innovación. Un 82 % de los inventores que registraron patentes en los Estados Unidos entre 2005 y 2012 vivían en una de las cien mayores metrópolis del país.

El caso de la reinvención de la ciudad de NY es un caso interesante de liderazgo personal, en la figura de su alcalde Michael Bloomberg y el papel que ha jugado la NYCEDC («New York City Economic Development Corporation»). Con la crisis financiera de 2008, simbolizada con la implosión de la empresa Lehman Brothers, la ciudad de NY empezó a perder empleos cualificados del sector financiero, lo que se trasladó por contagio a otros sectores de la economía local. Entre agosto de 2008 y noviembre de 2009, poco más de un año, NY perdió 36.000 empleos solamente en el sector de los servicios financieros. Los ingresos fiscales de la ciudad se redujeron dramáticamente.

El gobierno de la ciudad reaccionó rápidamente promoviendo programas de formación, de apoyo a las empresas, creando nuevas incubadoras, un fondo de inversión para *start-ups* y una estrategia para reforzar el sistema de emprendeduría de la ciudad.

Diferentes grupos e instituciones de la ciudad, liderados por el alcalde Bloomberg, entendieron que el monocultivo financiero en el que había caído la ciudad era muy peligroso para el futuro y definieron una estrategia de diversificación productiva. No esperaron a que el sector financiero se recuperara, sino que activaron medidas de política hacia otros sectores relacionados con la tecnología y la innovación.

El liderazgo del alcalde y la capacidad de acción de la corporación *non-profit* NYCEDC fueron elementos fundamentales para la reinvención de la economía de la ciudad; esta reinvención se basó en la potenciación de distintas infraestructuras de conocimiento capaces de atraer talento y en la promoción de espacios urbanos como ecosistemas innovadores.

Liderazgo de algunas personas y participación activa de organizaciones tractoras son los dos factores complementarios a tener en cuenta para la promoción de un clúster emergente y de un DI en una ciudad. Sin estos elementos personales subjetivos no sirven de nada las metodologías o los modelos más o menos sofisticados.

Estrategia para la especialización inteligente

Para terminar este apartado, dedicado a aportar criterios complementarios a las metodologías para definir un nuevo modelo económico urbano, nos referiremos también a algunos elementos estratégicos a tener en cuenta.

En el terreno del urbanismo, la relación sistémica entre el urbanismo y la estrategia económica nos orienta sobre el tipo de espacio urbano y arquitectónico que es más apropiado para el desarrollo de estas actividades intensivas en conocimiento. En el capítulo tercero hemos planteado algunas de estas condiciones del entorno físico.

Otro factor a tener en cuenta, derivado de la relación existente entre la estrategia económica del presente capitulo y la presencia de bases de conocimiento para la configuración de un ecosistema innovador, nos indica la importancia de disponer de universidades, centros de I+D y centros tecnológicos como elementos de base para el desarrollo de clústeres urbanos.

El tercer factor estratégico a tener en cuenta es la capacidad del clúster y del DI de atraer y fijar talento en la ciudad, con orígenes y culturas diversas. Las grandes ciudades deben ser capaces de atraer talento de todo el mundo, y ello será más factible cuanto más desarrollados estén los ecosistemas innovadores locales. Como hemos explicado en capítulos anteriores, el talento se ve atraído hacia ciudades atractivas desde el punto de vista de la calidad de vida y de las oportunidades para el desarrollo de una carrera profesional. Este talento es el que a su vez puede atraer inversiones y empresas de todo el mundo, potenciando el ecosistema innovador local.

Otro factor importante es la capacidad del gobierno local de definir y aplicar políticas públicas, en colaboración con los otros agentes de la cuádruple hélice, con instrumentos de gobernanza eficientes y eficaces funcionando con criterios profesionales y estables en el tiempo.

Dichos factores determinarán la capacidad estratégica de la ciudad para actuar como nodo de la red global de ciudades, interactuando con ellas y reforzando su papel como ciudad global atractiva para la inversión y la atracción de talento. Las ciudades que no formen parte de estas redes globales entran en decadencia y en la marginalidad.

El factor fundamental de la estrategia de una ciudad para la especialización inteligente es la de crear las estructuras de gobernanza que tengan la agilidad de acción necesaria para el reto planteado, y la capacidad de integrar a los agentes de la cuádruple hélice, mediante modelos de gestión eficientes, eficaces y estables en el tiempo.

Algunas conclusiones

En el presente capítulo sobre el modelo económico hemos presentado dos metodologías para definir la estrategia económica de una ciudad o de un distrito innovador, como subsistema económico del ecosistema innovador que representa un DI, estrechamente relacionado con los otros subsistemas, urbanístico, social y de conocimiento. También hemos presentado la teoría de clústeres y algunos casos de su aplicación a la ciudad. Finamente hemos hecho referencia a otras aportaciones en forma de criterios y estrategias a tener en cuenta.

En una visión de conjunto, podemos observar que la definición de una estrategia económica para una ciudad o para un DI no representa una ciencia exacta que aplicamos sin más y ya tenemos el resultado. La podemos considerar más un proceso de aproximaciones sucesivas que un modelo cerrado; es una disciplina propia de las ciencias sociales, no de las ciencias exactas. La experiencia y el *coup-d'oeil* que nos recuerda Gaddis son fundamentales, y la flexibilidad y la capacidad de adaptación a entornos cambiantes también.

Hemos visto que la especialización, por inteligente que sea, tiene límites, y que la creatividad es necesariamente transversal a los distintos conocimientos especializados. Cuanto más plural y diverso sea un DI mayor capacidad creativa tendrá, y ello debe ser compatible con un proceso de especialización que permita focalizar las estrategias de conocimiento e innovación hacia determinadas áreas o retos de la sociedad y de la economía global.

La dinámica de los ecosistemas innovadores urbanos, a partir de la observación de experiencias concretas, nos informa que cuanto más interrelacionado esté un sistema complejo, mayor será su capacidad creativa mediante procesos permanentes de realimentación positiva de los elementos de cada sistema o subsistema. Y ello es válido a todos los niveles de un DI, a nivel del propio distrito, fomentando las relaciones entre todos los organismos y personas presentes en el distrito y abierto a la ciudad y más allá; y a nivel también de los clústeres de especialización que se promuevan en el distrito, así como de los diferentes componentes y agentes de los distintos clústeres y servicios presentes en el DI.

De la síntesis del método RIS3, más el uso de la matriz de masa crítica, más los procesos de aprendizaje del análisis de casos y otros criterios adicionales, debe resultar una especialización llamada «inteligente», que deberá ser debidamente gestionada mediante un permanente seguimiento y análisis de prueba y error, con la participación de los agentes y sectores implicados.

Además, deberá actualizarse permanentemente mediante el correspondiente comité de innovación, siguiendo métodos del tipo del ciclo de Deming PDCA.

La ciudad inteligente, o la ciudad escenario de actividades basadas en la especialización inteligente, será además, y principalmente, una ciudad inclusiva, segura, democrática, multicultural y tolerante. En definitiva, será una ciudad socialmente integrada. El urbanismo, la especialización económica y las bases de conocimiento estarán al servicio de este bien superior que debe ser la cohesión y la integración social.

Ideas clave

1. Un distrito innovador necesita estar especializado en algunas opciones estratégicas en aquellos sectores en los que la ciudad reúne ventajas competitivas. Para ello precisa de un sistema de actividades del conocimiento, que configuran un ecosistema innovador.
2. Para definir y diseñar la estrategia de especialización más apropiada de un DI se pueden aplicar metodologías contrastadas, como la especialización inteligente o RIS3 o la matriz de masa crítica, MMC.
3. La especialización aplicada mediante el modelo de clústeres urbanos se ha demostrado como un instrumento efectivo para la implantación de un DI.
4. Liderazgo internacional y concertación con los agentes públicos y privados, como empresas de referencia, universidades y centros de investigación, son algunas de las condiciones de partida para el impulso de un DI.
5. Cabe destacar también la importancia de los que se han llamado factores subjetivos, como el liderazgo y la participación activa de personas y de organizaciones tractoras.

8
CONOCIMIENTO E INNOVACIÓN

Hemos visto que un distrito innovador (DI) necesita estar organizado alrededor de algunas opciones estratégicas en las que el territorio considerado reúne ventajas competitivas. También que la especialización que requieren los clústeres urbanos propios del distrito considerado precisa de la presencia de todo un sistema complejo y diverso de actividades del conocimiento, como centros universitarios, unidades de I+D o centros tecnológicos y de diseño, que configuran el ecosistema innovador de este clúster.

Vimos también que no se trataba de atraer al distrito una determinada universidad, sino que lo importante era atraer y desarrollar las unidades de docencia y de investigación relacionadas con la especialización y las necesidades específicas del clúster considerado, en una estrategia de innovación abierta u *open innovation*. En este sentido hay que distinguir entre actividades económicas o de negocio, por un lado, y equipamientos del conocimiento, por otro.

En el presente capítulo nos centraremos en la importancia de la base de conocimiento y su relación con la estrategia económica y con el conjunto del distrito innovador.

8.1. Base de conocimiento y ecosistema innovador

Los ecosistemas innovadores son entornos capaces de transformar conocimiento en valor económico, a partir de las funciones que desarrolla cada uno de los organismos que lo conforman, entre los que destacan los organismos que llamamos base de conocimiento. Analizaremos pues estos organismos y sus relaciones con el ecosistema.

Los principales organismos del conocimiento son: universidades, centros de I+D, centros tecnológicos y una gran pluralidad de otros agentes que forman este sistema complejo que llamamos ecosistema innovador que vimos en el capítulo 4. Las relaciones a fomentar son de dos tipos, entre estos organismos y de ellos con las empresas, con mecanismos estables de relación y de colaboración.

Papel de las universidades

Un factor fundamental para la especialización inteligente de un DI es la participación activa de la llamada «cuádruple hélice» de la que forma parte la universidad y los centros de conocimiento. Asimismo, universidades, centros de I+D y centros tecnológicos son elementos básicos para conformar un clúster urbano. En ambos casos, las empresas y las administraciones no podrían configurar un ecosistema innovador sin estos centros de conocimiento. Por otra parte, ya sabemos que un parque empresarial y un distrito innovador son dos realidades completamente distintas.

Por tanto, debemos pensar de qué manera deberían participar las universidades en un DI para reforzar su potencial innovador. Distinguiremos esta participación en tres niveles: el grado de especialización, la actividad universitaria concreta y la proximidad física al distrito.

En el grado de especialización de la unidad universitaria no nos estamos refiriendo a la universidad en general, como institución compleja formada por muchas unidades, organismos y funciones, sino a aquellas actividades que pueden contribuir a mejorar el potencial innovador de un DI. Serán pues facultades, escuelas, grupos de investigación o unidades especializadas de transferencia, emprendeduría o formación continuada, que puedan colaborar activamente con el entorno empresarial y de conocimiento que representa un DI.

Un DI no es un espacio que acoge a la facultad de Derecho o a la de Biología de una universidad, sino el sistema urbano complejo en el que se incorpora una organización determinada de la universidad, con la finalidad de relacionarse con otros agentes del distrito, mediante la colaboración con estos agentes. Estas organizaciones universitarias lograrán contribuir a los objetivos del DI, pero también conseguirán transformarse a sí mismas para contribuir a la eficacia del conjunto, integrándose activamente en su cultura y en sus valores y contribuyendo a los objetivos del sistema.

La especialización de un DI está orientada a enriquecer un entorno urbano organizado para el fomento de la creatividad y la innovación del sistema, no para añadir especialización tecnológica a un entorno *high tech;* recordemos la crítica a las *smart cities,* que al final resultan poco *smarts,* al ser edificios aislados sin relación con el entorno. Se trata de incorporarse a un entorno plural y diverso, en donde la unidad universitaria especializada añade valor de conocimiento al ecosistema innovador.

En este sentido, la universidad puede aprovechar su participación en un DI para transformarse en unidades creativas con visión transversal y un concepto del conocimiento más propio del siglo XXI que del siglo XX, cuando se dividió este conocimiento por titulaciones universitarias desconectadas entre sí. Nos encontramos en un momento histórico caracterizado por la complejidad y por el funcionamiento sistémico, así como por el cambio cultural que comporta, que debe traducirse en formas de colaboración que rompan barreras entre distintas áreas de conocimiento.

Cuando queremos crear un espacio urbano propicio a la innovación como entorno natural para la creatividad, este solo puede ser posible si se basa en el fomento de la promiscuidad de los distintos saberes, de las distintas profesiones y áreas de conocimiento. **En este sentido, la universidad tradicional puede aprovechar su participación en un DI para transformarse en una institución que se organiza en organismos independientes, para devenir en agente promotor del cambio necesario.** Se trataría de crear espacios y centros como el Medialab del MIT o la Aalto University de Finlandia, como ejemplos del nuevo sistema urbano innovador.

Actualmente existe un consenso sobre la necesidad de transformación de la actual universidad, si no quiere verse superada por la realidad de iniciativas y formas de docencia más acordes con las necesidades actuales de todo tipo. En este sentido, recomiendo los informes anuales de la Fundación CYD y el reciente libro *La universitat a la cruïlla (La universidad en la encrucijada)* de Carles Ramió (2022).

A la mezcla de usos del nuevo urbanismo le debemos añadir la mezcla de conocimientos de las instituciones que formarán parte de un DI.

Por todo ello, proponemos definir las funciones y organismos de las universidades que podrían incorporarse al DI mediante los mismos instrumentos de especialización que hemos propuesto en el capítulo anterior: la estrategia de especialización inteligente RIS3 y la matriz de masa crítica. De esta forma, la universidad interesada en formar parte del DI podrá participar activamente en la definición de su especialización inteligente, en diálogo con los otros agentes de esta especialización, en particular con empresas, instituciones públicas y privadas, centros de I+D y otros centros tecnológicos, y servicios diversos.

En este sentido la universidad socia del DI no «se traslada al DI», sino que aporta unidades concretas de conocimiento, relacionadas con la docencia, la investigación, la transferencia y la emprendeduría, para aumentar la capacidad creativa e innovadora del sistema formado por un clúster o por un sector especializado, así como del ecosistema superior que conforma el conjunto del DI. Mediante esta participación activa, la universidad aumenta el potencial de ambos sistemas y se transforma a sí misma, aumentando el valor que aporta al sistema económico y social y al conjunto del país. Se transforma en una organización abierta a su entorno.

Al hablar de especialización de la universidad y de su incorporación a un entorno empresarial, queremos manifestar también que esta participación no debería significar una simple mercantilización de esta universidad. La creatividad y la innovación no dependen solamente de saberes y de conocimientos tecnológicos especializados, sino de la «colisión» de saberes diversos, del contraste entre distintas ramas del conocimiento.

Como afirma Nucio Ordine (2013), la utilidad de lo que llama irónicamente «los saberes inútiles» se contrapone con el utilitarismo dominante, en nombre de una visión puramente economicista. Las disciplinas humanísticas, la libre investigación, la fantasía y la creatividad, el arte y el diseño, el pensamiento crítico y las actividades que inspiran toda actividad humana deberían participar en la creación de un entorno innovador como es un DI.

Un tecnólogo, por brillante que sea, no puede ser creativo si no tiene una visión cultural amplia e integradora. La literatura, el estudio de la historia, la visión y comprensión de los procesos sociales y económicos, son corrientes humanistas que se están incorporando en las universidades más avanzadas; estas nuevas tendencias deberían formar parte del sistema educativo en general, y de las unidades específicas que se desarrollen y se integren en un DI. En caso contrario formaremos especialistas analfabetos funcionales. Ya se sabe que la sublimación de un especialista sería que cada vez supiera más de menos cosas, hasta que al final lo sepa todo de nada.

El cambio acelerado en el que estamos inmersos, y el aumento de la complejidad de los sistemas de los que, queramos o no, formamos parte, nos obliga a organizar nuevas estrategias e instrumentos formativos, que integren conocimientos y que sean accesibles a lo largo de la vida de una persona. La sociedad industrial distinguió entre un período de tiempo en el que íbamos a la escuela y posiblemente a la universidad, pero al acabar la etapa de formación ya cerrábamos esta etapa, ya disponíamos de un título que nos otorgaba una profesión que íbamos a ejercer a lo largo de toda nuestra vida. Este modelo se ha terminado con la sociedad del conocimiento, donde la educación y la formación permanente deben adaptarse a nuevas necesidades, y en este sentido la integración de unidades y de funciones de la universidad deben adaptarse positivamente, y como agentes activos, a este ecosistema innovador.

No se debería crear una contraposición entre saberes humanísticos y saberes científicos, puesto que ello acaba en una polémica estéril. Se trata de compartir las distintas áreas del conocimiento, de manera que el resultado sea el enriquecimiento del pensamiento y la potenciación de la creatividad y la innovación; en este caso de la propia universidad y, a partir de su participación en un DI, del conjunto de este sistema urbano complejo.

Esta revolución de las universidades, y de las unidades que pueden participar en un DI, seguirá un proceso progresivo en sincronismo con la conformación del sistema clúster y del sistema DI, que irá evolucionando en el tiempo, mediante un proceso de cambio cultural que implicará a todos los agentes del DI. La gobernanza de cada agente se situará en un triple nivel, la del propio agente, la del clúster o sistema especializado y la del sistema DI. Todos ellos serán fundamentales para la buena marcha del proceso, que irá aumentando progresivamente su complejidad y su potencial creativo e innovador. Los cambios culturales siempre son progresivos en el tiempo, pero deben promoverse y gestionarse adecuadamente.

En relación con la gobernanza de los distintos niveles sistémicos del DI, y en sincronismo con ella, elementos como la actitud del profesorado orientada al emprendimiento y la valorización de la investigación serán fundamentales para el éxito de cada nivel sistémico del DI. El cambio cultural y la atracción de talento con estas actitudes y capacidades, serán elementos a tener también en cuenta.

¿Cuál es la actividad universitaria concreta a relacionar con el DI? Dentro de las distintas funciones de la universidad actual (docencia, investigación y desarrollo, emprendeduría y servicios) y de su estructura orgánica en facultades y escuelas, departamentos, unidades de I+D, empresas y entidades y servicios diversos, deberán identificarse aquellas funciones y aquellas unidades orgánicas más apropiadas para integrarse total o parcialmente en un DI.

Este proceso de identificación, selección, participación y negociación debería ser por una parte paralela con los procesos de especialización que hemos comentado en el capítulo anterior, y por otra seguir un criterio de participación activa en los mismos. No debería ser el DI quien le propone a una universidad ocupar un determinado espacio, sino que ambas entidades conjuntamente comparten la misión y la visión del DI, convirtiéndose la universidad en un agente activo del mismo.

La universidad puede participar tanto en el conjunto del sistema DI, mediante las formas de gobernanza que veremos en el capítulo 10, como en la identificación, diseño y gestión de los procesos de especialización que hemos visto en la estrategia económica del capítulo anterior.

Mediante estos procesos participativos la universidad se integraría de forma activa en el conjunto del DI, mediante las funciones y unidades que se definen a nivel de DI y a nivel de especialización, así como en la definición de los clústeres que formaran parte del distrito.

En este sentido, se irán definiendo las estructuras orgánicas y funcionales susceptibles de trasladarse físicamente al DI. Trasladarse para transformarse, en el sentido que hemos ido apuntando a lo largo de este capítulo.

Veamos un ejemplo práctico que suele ponerse de manifiesto en el proceso de diseño de un DI. Al entrar en la definición de las especializaciones del distrito, mediante los criterios y herramientas definidos, se ponen de manifiesto las «necesidades tecnológicas» de un clúster emergente o de un sector de actividad que consideramos prioritario. Los agentes empresariales del clúster definen sus necesidades para la innovación tecnológica. Conjuntamente se valoran las capacidades actuales y se define un proyecto, por ejemplo de un futuro centro tecnológico que se considera que debería ser un agente clave del futuro clúster.

Imaginemos que, mediante este proceso creativo y participativo, se considera que una unidad determinada de la universidad podría aportar sus conocimientos y recursos (oferta) al conjunto del clúster. Por su parte, los agentes más relacionados con las empresas manifiestan sus necesidades presentes y futuras (demanda). De este trabajo conjunto, identificando oferta y demanda existentes y futuras, podrá surgir la generación de un proyecto de Centro de I+D o de centro tecnológico, que partirá de la base existente en el presente y se proyectará hacia un futuro necesario. En el caso de que en la ciudad o región considerada ya existiera un centro tecnológico relacionado con el sector de especialización, como ocurre por ejemplo en la ciudad de Valencia, este deberá ser tenido en cuenta en el proceso de especialización correspondiente.

La universidad participaría en los procesos de especialización mediante la concentración en grandes retos y en áreas de conocimiento multidisciplinares, a partir de los recursos existentes en un entorno urbano determinado. Algunas unidades concretas, a su vez, podrían potenciarse mediante esta participación, lo que podría representar una gran oportunidad para la universidad y un recurso imprescindible como agente activo del DI.

En el proceso de identificación de las actividades universitarias concretas a implicarse en un proyecto de DI, el fomento de la cultura emprendedora en actitudes y valores debería ser uno de los aspectos a tener en cuenta, tanto para la identificación de la situación en el presente como para la definición de los objetivos de mejora en el futuro. En este sentido, se deberá fomentar el cambio cultural y el funcionamiento y participación de las instituciones y programas que lo favorezcan.

Respecto a la proximidad física al distrito, hemos definido un DI como un sistema abierto, y a la ciudad que lo acoge como un nodo de la red global de ciudades. Este carácter abierto significa que un DI no establece fronteras ni con el resto de la ciudad, ni del país, ni a nivel internacional. Es un sistema abierto que teje complicidades y redes de colaboración a todos los niveles.

En este sentido, dado que estamos tratando el papel de la universidad, la participación de unidades y de funciones de esta en el DI no debería limitarse a su ámbito territorial estricto. No debería ser imprescindible estar físicamente en el DI para colaborar con el mismo. Habría que distinguir entre aquellas unidades y funciones que por su naturaleza es conveniente que se sitúen en los espacios del distrito de aquellas que podrían colaborar con agentes del sistema DI desde ubicaciones más o menos alejadas del mismo.

No existen reglas fijas para decidir qué organismos o unidades universitarias deberían estar dentro y cuáles podrían estar fuera de los límites físicos del DI; esto deberían decidirlo los agentes del sistema, en función de un conjunto de variables difícilmente determinables a priori. A partir del conocimiento y la experiencia en proyectos y procesos concretos, y mediante mecanismos iterativos de prueba y error, se podrá ir avanzando en la mejor comprensión de estos sistemas complejos que llamamos DI.

Por otra parte, determinadas situaciones de partida, de tipo patrimonial, funcional o institucional, pueden dificultar un traslado que podría ser deseable, pero que por un conjunto de razones no resulta posible. En estos casos, deberían arbitrarse los mecanismos de trabajo en red y de encuentros periódicos a lo largo del tiempo, que minimicen los aspectos negativos de una falta de relación directa *face to face*, que ya vimos que presenta ventajas para la capacidad innovadora de un entorno urbano.

Las relaciones del ecosistema innovador que representa el DI, con unidades universitarias situadas físicamente fuera del ámbito estricto del distrito, no solamente deben referirse a las de la propia ciudad o incluso del propio país. La participación de los agentes del DI en redes nacionales e internacionales de su ámbito de actuación refuerza el carácter del DI y de la ciudad como nodos de una red global de ciudades. La perspectiva global es una de las características de todo DI.

Las universidades, en general, tienen en la creación de un distrito innovador la gran oportunidad para participar activamente en su génesis y en su funcionamiento, transformando la ciudad y transformándose ellas mismas de acuerdo con los requerimientos de la economía y de la sociedad del siglo XXI.

8.2. Innovación y Centros de I+D

Según Curtis Carlson: «La innovación es el proceso que transforma una idea en valor para el cliente y que, además, tiene como resultado beneficios sostenibles para la empresa». Entiendo que en esta frase está la esencia del concepto innovación. La innovación es un proceso complejo liderado por la empresa, con la posible —o incluso conveniente— participación de otros agentes externos, siguiendo el modelo llamado *open innovation* (Henry Chesbrough, 2003).

En el marco del MBI (Master in Business Innovation) que dirijo en la Universidad de Barcelona, hemos ampliado la definición anterior con otras aportaciones:

> La innovación es un proceso sistemático, transversal y abierto, que transforma un flujo continuo de ideas en valor para el cliente, y que tiene como resultado beneficios sostenibles para la empresa.

Este proceso complejo y sistemático, transversal a la organización y abierto a la colaboración con otros agentes, se inicia con un flujo continuo de ideas y termina en valor para el cliente. Esto significa que hay que gestionar la innovación siguiendo dos pasos diferenciados: activando primero la generación de ideas y gestionando después la transformación de algunas de ellas en productos o servicios que los clientes quieran comprar porque les aportan valor. El resultado es que la empresa que ha innovado obtiene beneficios sostenibles de su proceso de innovación.

Es un proceso extraordinario, una especie de milagro que hacen algunas organizaciones gracias a la creatividad y al talento de las personas, de la propia organización y de fuera, que participan en este proceso, gracias al cual la economía de un país puede funcionar.

A menudo se habla de innovación como sinónimo de I+D, ignorando el sentido de esta definición. En realidad, existe una relación compleja entre innovación y actividades de I+D, y para ello nos referiremos a dos estudios de referencia que tratan este tema, realizados por la consultora en innovación estadounidense Booz Allen Hamilton (http://www.boozallen.com/).

El primero es el informe publicado en los años 2005 y 2006, basado en el estudio de las 1.000 empresas del mundo que dedican más presupuesto a I+D, y que concluye que: «No hay una correlación estadística significativa entre gasto en I+D y prácticamente ninguno de los indicadores de éxito empresarial, incluyendo aumento de ventas, margen bruto, margen operativo, beneficios, capitalización de mercado o remuneración del capital». El informe termina con la siguiente conclusión: «... gastar más en I + D no ayuda necesariamente, aunque gastar poco es peligroso. Es más importante cómo se gasta que cuánto se gasta».

Posteriormente, en el año 2013, en un informe llamado *Who-Says-Big-CompaniesCant-Innovate*, se afirma que mientras que algunas grandes empresas pueden generar fuentes de ideas e innovaciones en una variedad de formas, los factores que en última instancia impulsan la innovación sostenible son, entre otros: los procesos culturales de trabajar hacia una agenda enfocada, la capacidad de colaborar confrontando ideas con empleados brillantes, o la de conectarse con socios del ecosistema de innovación global.

Con estos dos estudios se refuerza la idea de que **las actividades de I+D**, a diferencia de lo que nos hemos acostumbrado a pensar, **no son el elemento fundamental de la capacidad innovadora de las organizaciones.** Los factores que deciden su capacidad innovadora se encuentran entre sus componentes culturales y otros aspectos de carácter organizativo, en la forma en que las organizaciones de todo tipo, empresas o no, gestionan la innovación. Actualmente gestionar una organización es, fundamentalmente, gestionar la innovación.

Las actividades de investigación y desarrollo, sean internas o externas, **serían un factor de acompañamiento en aquellos casos en que se hagan necesarias.** Por otra parte, debemos saber que en los casos donde sea necesario el acceso a capacidades de I+D podemos y debemos acceder al ecosistema de innovación global, además de utilizar las capacidades internas propias.

Las empresas globales más competitivas han dado el salto hacia estrategias de innovación abierta, pasando del ecosistema interno al global, lo que significa que van a buscar el apoyo innovador necesario en todo el mundo, allí donde este se encuentre, no importa dónde; en este sentido, el mundo es plano.

Innovación y modelos de negocio

En el mundo empresarial, las oportunidades de negocio se generan cuando se identifica el momento de convergencia entre los siguientes tres ámbitos relacionados con la evolución de la empresa:

a) Sociedad y cultura: es el factor de demanda, aquello que quiere una sociedad determinada en un momento concreto. Los factores culturales son esenciales y distintos en función del espacio y del tiempo. No es lo mismo en una ciudad o en una región que en otra, ni es lo mismo ayer que hoy o que mañana. Hay que entender qué es lo que demanda una sociedad determinada en un momento concreto.

b) Economía y sociedad: son los factores económicos tanto de demanda como de financiación. ¿Es posible que el mercado pueda pagar por esta innovación?, ¿se podrá financiar el desarrollo de este proyecto?, ¿generará un cash-flow suficiente?, ¿tendremos acceso al capital?, etc.

c) Tecnología y ciencia: es la viabilidad tecnológica, la solución posible que el mercado necesita y que está dispuesta a pagar por ello y a financiar su desarrollo. ¿Es viable técnicamente esta idea? ¿Podremos aplicar la solución científica y tecnológica necesaria?

Solamente cuando los tres ámbitos se solapan se produce una oportunidad y podremos desarrollar un modelo de negocio viable. Si falla alguno de los tres ámbitos, no será posible la innovación y no habrá nuevo modelo de negocio.

Para que un proyecto de I+D sea posible y pueda transformarse en innovación deberá tener en cuenta estos condicionantes en el desarrollo de unidades de I+D de un distrito innovador. Este entorno urbano es un espacio para la innovación y el desarrollo económico, no un parque científico, que tiene otra lógica y otros modelos y criterios de actuación. El DI podrá estar relacionado con parques científicos y con centros de I+D externos al distrito, pero deberá priorizar aquellas actividades y centros de I+D directamente relacionados con los clústeres y con el desarrollo económico del distrito y de la ciudad.

Para detectar la oportunidad y poder desarrollarla en forma de un nuevo modelo de negocio se utilizan unas metodologías concretas, contrastadas en numerosos casos de éxito, que consisten en la definición de mapas de enfoque y de escenarios, abriendo y cerrando el campo de visión, para acabar llegando a un plan de implementación del nuevo producto, servicio o modelo de negocio. Metodologías de innovación como el *Design Thinking, Systems Design* o *Service Design* se aplican en las empresas en este sentido.

Otra forma de presentar la misma idea, que se aplica en la definición e implantación con éxito de un nuevo modelo de negocio, es que se necesitan tres grupos de condiciones que deben reunirse simultáneamente, de manera que se podría hablar del triángulo mágico de la innovación o de los nuevos modelos de negocio.

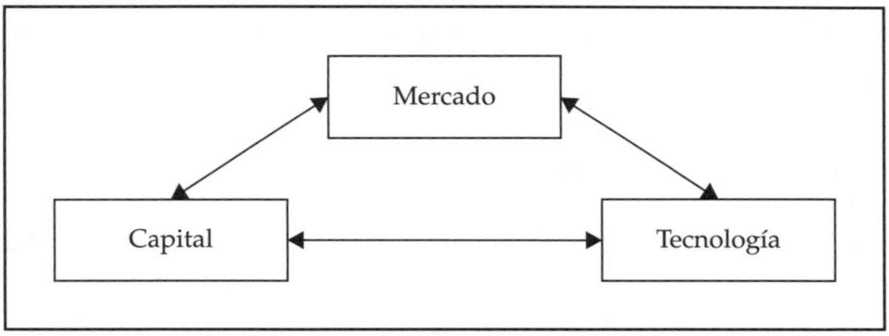

Figura 8.1. El triángulo mágico de la innovación.

El primer vértice está formado por el mercado, por la demanda. Si nadie compra nuestra innovación esta no existirá, fracasará. ¿Nuestra idea va a satisfacer una necesidad real del mercado al que nos dirigimos o no? El problema es ¿cómo detectamos esta necesidad potencial cuando no existe? Hay que dar la palabra a las personas o las empresas que puedan tener esta necesidad, para que la definan. Las oportunidades pueden surgir de un problema o de un reto que tiene un grupo determinado de personas o de empresas, debiendo trabajar ordenadamente para saber detectarlas.

El segundo vértice lo forma el dinero, el capital, la capacidad de compra. Sin recursos económicos no habrá demanda solvente real ni financiación. También el capital necesario para invertir en el desarrollo de la innovación. Según la naturaleza de la innovación o del modelo de negocio, estos recursos económicos tendrán una u otra naturaleza y un volumen distinto, pero siempre deberá haber unos recursos que permitan financiar las actividades correspondientes.

El tercer vértice es la tecnología, los conocimientos necesarios para dar una solución técnica viable a las necesidades del mercado. En entornos académicos suele ser el vértice dominante, con el riesgo de no tener suficientemente en cuenta los dos anteriores.

Este triángulo mágico es válido para definir nuevos modelos de negocio, pero también para desarrollar estrategias de promoción de la emprendeduría en un territorio. Desde las estrategias empresariales, y desde las propias de un DI, se deberían reunir un conjunto de condiciones que hagan viable una oportunidad. Si no se dieran estas condiciones, no se trataría de una oportunidad real y la iniciativa probablemente fracasaría.

Los centros de I+D a incorporar, y a desarrollar, en un DI serían aquellos que puedan favorecer la innovación de los sectores de especialización definidos en el distrito y contribuyan a la promoción de nuevos modelos de negocio basados en dicho triángulo: cultura, economía y tecnología.

8.3. Los centros tecnológicos

En un ecosistema innovador, como en todo ecosistema, coexisten una gran pluralidad de especies que se relacionan entre sí, no siempre de forma amigable. Hay especies que crecen y otras que desaparecen, devoradas por las que les disputan el espacio vital.

En un ecosistema innovador urbano puede haber universidades, centros de I+D y una especie que llamamos centros tecnológicos. Son centros orientados al desarrollo tecnológico directamente aplicado a una necesidad empresarial o a una oportunidad de mercado.

Los centros tecnológicos, a diferencia de los centros de I+D, no se orientan preferentemente al descubrimiento científico financiado por recursos públicos. Su finalidad primordial es actuar de recurso externo de empresas que necesitan una tecnología determinada para innovar en proceso, en producto o en servicio al cliente. Son pues los socios tecnológicos de las empresas más o menos próximas al centro o al DI del que forman parte.

La aparición y desarrollo, relativamente recientes en algunos países, de la figura del Centro Tecnológico, sigue un proceso paralelo con el aumento de la complejidad del ecosistema innovador, sea de un país o de una ciudad o DI. Es la respuesta natural a la necesidad de innovar que tienen las empresas para poder ser competitivas a nivel global. En este sentido, la disponibilidad de estas economías externas puede ser fundamental para la supervivencia de un sector industrial determinado en un territorio concreto. Con la aparición y el desarrollo de los clústeres de distinto tipo, esta figura del centro tecnológico se ha convertido en una pieza fundamental de la estrategia industrial de un territorio.

Los centros tecnológicos no responden a un modelo único y son estructuras muy diversas que se adaptan de forma dinámica a cada ecosistema innovador, en la medida que su supervivencia depende fundamentalmente de los proyectos que son capaces de desarrollar con las empresas del entorno más o menos cercano. En este sentido, el estudio de casos de centros tecnológicos es un factor importante para poder responder a casos concretos de DI y de nuevos clústeres.

Algunos casos de centros tecnológicos europeos

Seguidamente presentamos algunos casos relevantes de centros tecnológicos de países europeos que son agentes fundamentales en sus respectivos ecosistemas innovadores. Trataremos de identificar criterios y conclusiones que nos permitan conocer mejor este tipo de agentes, identificar los instrumentos innovadores que los caracterizan y poder valorar su posible papel en un nuevo DI.

Se han seleccionado y resumido una lista de centros tecnológicos internacionales considerados relevantes en sus respectivos territorios, para poder reforzar la base de conocimiento de un nuevo DI. Ello servirá para poder sacar algunas conclusiones y aprendizajes a tener en cuenta al diseñar y desarrollar un proyecto de clúster o de DI.

Fraunhofer, http://www.fraunhofer.de/en.html (Alemania)

Fraunhofer es la principal red pública de centros tecnológicos de Alemania, líder mundial, con personalidad jurídica única.

Tiene una personalidad jurídica propia y unos servicios estratégicos centrales, pero los centros individuales (con fuerte arraigo territorial, sectorial y de especialización tecnológica) tienen autonomía operativa y de actuaciones y una identidad claramente diferenciada. Fraunhofer es conocido por su modelo 1/3-1/3-1/3 de financiación basal, competitiva y privada, que ha sido adoptado en muchos otros centros y redes tecnológicas de referencia mundial.

Según el modelo, la Sociedad Fraunhofer obtiene alrededor de un 70 % de sus ingresos a través de contratos con la industria o los proyectos competitivos de programas públicos. El otro 30 % del presupuesto proviene de las subvenciones del gobierno federal y estatal, y se utiliza para apoyar la investigación de base.

La sociedad Fraunhofer Gesellschaft comprende 67 institutos unidos por una única estructura de gobernanza global. Los institutos Fraunhofer se gestionan en un modelo «federal», que proporciona la estabilidad y el perfil nacional, así como la flexibilidad local. Un solo consejo independiente acuerda los principales elementos de la estrategia y da forma a los siete temas clave de investigación que se extienden a través de las 67 instituciones individuales. Sin embargo, las instituciones individuales tienen amplios poderes para negociar contratos individuales de proyectos de investigación y para establecer vínculos interinstitucionales para sí mismos.

Steinbeis Foundation, http://www.steinbeis.de/en/ (Alemania)

Steinbeis Foundation es una amplia red de unidades semiautónomas de investigación y transferencia tecnológica, orientadas a las empresas.

Se trata de una institución de transferencia tecnológica con sede en Stuttgart (Baden-Württemberg) y estructurada en forma de red de centros autónomos especializados (típicamente grupos de investigación universitarios), con una potente estructura corporativa central.

La Fundación Steinbeis original fue creada con objetivos de formación y transferencia industrial en 1868, pero desapareció en 1923 por razones financieras. Renacida en 1973 en su forma actual, de iniciativa pública, ha crecido significativamente hasta aglutinar 978 centros (Steinbeis enterprises) con una facturación agregada de 145 millones de euros en 2012.

Los centros están liderados por directores (típicamente científicos y tecnólogos universitarios expertos), que de hecho son el punto de contacto principal con la estructura central, responsables de la fase comercial y de ejecución de los proyectos (los llaman *transfer entrepreneurs*).

Los proyectos gestionados por los directores de los centros implicaron 1.410 empleados (de los que 689 son profesores universitarios) y

3.301 trabajadores externos en 2010. Además, recuperando su vocación inicial, en 1998 se funda la Steinbeis University Berlin (Steinbeis-Hochsule Berlin), que ofrece formación profesional, universitaria y de posgrado.

Está formado por centros autónomos situados en la universidad o en instituciones independientes. Sin embargo, las Stenbeis Enterprises están bajo el paraguas de la «corporación» Steinbeis, que ofrece la protección y estructura legal, funciones centralizadas de apoyo, las sinergias de red y el valor inherente de la marca Steinbeis. Su número de trabajadores en 2020 era de 1.708.

TNO, www.tno.nl (Países Bajos)

TNO es la organización independiente de investigación aplicada y tecnología más importante de los Países Bajos y una de las cuatro más importantes en Europa. TNO desarrolla conocimiento orientado a la demanda de mercado y parte de la premisa de la aplicabilidad: que los productos y procesos innovadores y recomendaciones solo tienen valor si alguno de los clientes lo puede aplicar para mejorar su competitividad o si el gobierno puede crear políticas más eficientes.

Es una organización establecida en forma de red, caracterizada por su contacto con la industria, el gobierno y la investigación. El gobierno juega un papel clave en el TNO, no solo como desarrollador de políticas y cliente, sino también como organismo que financia el mantenimiento basal de las infraestructuras de investigación del TNO e impulsa y financia programas periódicos de innovación, así como la creación de consorcios con empresas industriales, universidades y centros desarrolladores de investigación aplicada. Sus ingresos son 1.926 millones de euros, un 30 % del sector público y un 70 % de contratos de I+D. El número de trabajadores es de 22.093.

Catapult, https://www.catapult.org.uk (Reino Unido)

Catapult es el nombre de una red de centros de innovación y tecnológicos de élite de nueva creación, diseñados para transformar la investigación en éxitos comerciales.

La red de Catapult ha sido creada por el Consejo de la Estrategia Tecnológica del Reino Unido y es una de las formas en que su gobierno está impulsando la innovación en el país. Cada centro Catapult se enfoca en un área que ha sido identificada como estratégicamente importante en términos globales y donde hay un potencial genuino para que el Reino Unido obtenga una ventaja competitiva.

Cada centro Catapult está establecido como una empresa limitada con garantía (CLG), una entidad legal separada del Consejo de Estrategia Tecnológica (Technology Strategy Board). El responsable del control y la gestión diaria de cada centro Catapult es su propio consejo y equipo de gestión ejecutiva. Igualmente, cada centro tiene objetivos presupuestarios y de atracción de financiación privada independientes.

Instituto Carnot, http://www.instituts-carnot.eu/en (Francia)

La red de Institutos Carnot, puesta en marcha en 2006, después de cuatro años de diseño y planificación, reúne a un gran número de profesionales de la ciencia y la tecnología de sectores tan variados como la salud, las TIC, el sector mecánico, materiales y procesos, energía y química.

Combina excelencia científica con profesionalismo, usando sus habilidades para apoyar y estimular la innovación y competitividad de empresas de todos los tamaños y de actores socioeconómicos. Uno de los objetivos principales de la red es ser una fuente de creación de riqueza y empleo en Francia y Europa.

Con compromiso en el desarrollo de la investigación con *partners* y como uno de los grandes actores en el campo de la investigación, los Institutos Carnot pueden movilizar todas las habilidades de la red para cumplir con las necesidades de investigación e innovación de las empresas.

La etiqueta de Carnot pretende desarrollar asociaciones de investigación y la realización de investigación llevada a cabo por laboratorios públicos en colaboración con agentes socioeconómicos, principalmente empresas (desde PYME hasta grandes grupos), en respuesta a sus necesidades. Los centros son seleccionados por el Ministerio de Investigación. Los Institutos están federados dentro de la red Carnot, dirigida por la Asociación de Institutos Carnot.

Cada centro tiene autonomía casi total. Además, legalmente cada centro puede depender de organismos diferentes (varios ministerios, universidades, autoridades regionales, etc.).

VTT, http://www.vtt.fi/ (Finlandia)

El Centro de Investigación Técnica de Finlandia, VTT, es la organización de investigación aplicada multitecnológica más grande del norte de

Europa. VTT ofrece soluciones de alta tecnología y servicios de innovación.

Desde su amplia base de conocimiento, VTT puede combinar diferentes tecnologías, crear nuevas innovaciones y una gama sustancial de tecnologías de clase mundial y servicios de investigación aplicada, mejorando así la competitividad y competencia de sus clientes. A través de su red internacional científica y tecnológica, VTT puede generar información, mejorar el conocimiento tecnológico, crear inteligencia de negocio y valor agregado a sus *stakeholders*.

VTT es una organización sin fines de lucro, que forma parte del sistema de innovación finlandés bajo el dominio del Ministerio de Empleo y Economía.

El Grupo VTT es un conjunto de organizaciones que forman una entidad, la cual incluye la institución central VTT, y las empresas públicas VTT Experto Services Ltd., VTT International Ltd, VTT Memsfab Ltd. y VTT Ventures Ltd., todas ellas gestionadas por VTT. Estas empresas subsidiarias de VTT pueden tener sus propias empresas asociadas.

También tiene empresas afiliadas (con un 20-50 % de participación) y otras empresas de interés (con participación menor al 20 % definido en la Ley de Contabilidad de Finlandia). El centro tecnológico en sí es de arquitectura unitaria, no distinguiéndose centros ni localizaciones. Su estructuración es puramente por disciplinas tecnológicas o de aplicación.

Centros tecnológicos en España

El modelo de centros tecnológicos se desarrolló en España, sobre todo a partir de la incorporación a la Unión Europea en enero de 1986, principalmente en tres regiones: País Vasco, Valencia y Cataluña. En el País Vasco destacan Tecnalia e IK4, En Valencia la Red de Institutos Tecnológicos REDIT y en Cataluña los Centros Eurecat y Leitat. Presentamos un breve resumen de estos centros.

Tecnalia, http://www.tecnalia.com/es/

Centro tecnológico vasco resultado de la fusión de ocho centros tecnológicos previos. Tecnalia corresponde a un modelo unitario de integración, que ha resultado en una personalidad jurídica única, tras un largo proceso gradual de más de once años. El proceso se inició con la integración y coordinación de capacidades tecnológicas de acuerdo con los objetivos sectoriales de mercado, así como en la definición de un posicionamiento estratégico conjunto.

La corporación Tecnalia es una corporación tecnológica que tiene como objetivo principal contribuir al desarrollo del entorno económico y social a través del uso y fomento de la innovación tecnológica, mediante el desarrollo y la difusión de la investigación dentro de un contexto internacional.

Tecnalia concentra sus actividades de investigación en siete áreas principales. Una de ellas se enfoca en los servicios tecnológicos. Estos incluyen: ensayos (tanto en terreno como laboratorios), calibración, inspecciones, certificaciones, auditorías, consultoría en el ámbito de la evaluación de la conformidad y homologación de proveedores.

Estos servicios los ofrece tanto a las Administraciones como a empresas de distintos ámbitos como construcción, energía, transporte, farmacia y salud o seguros, entre otros.

IK4, www.ik4.es

Centro tecnológico vasco resultado de la integración estratégica de nueve centros. IK4 es una alianza privada e independiente de centros tecnológicos que se ha convertido en referente a nivel internacional. Su meta es la generación, captación y transferencia de conocimiento científico-tecnológico con el fin de contribuir a la mejora de la competitividad de las empresas y llevar progreso a la sociedad. Fue constituida en 2005 y actualmente está integrada por nueve entidades del País Vasco: Azterlan, CEIT, CIDETEC, GAIKER, Ideko, Ikerlan, LORTEK, Tekniker y Vicomtech.

La suma de las capacidades de los nueve centros a través de una estrategia común proporciona a la alianza la flexibilidad precisa para adaptarse a las características de las empresas. Es decir, las capacita tecnológicamente para dar una respuesta global a las necesidades de la gran empresa, a la vez que potencia su capacidad para mantener una relación de proximidad, cercanía y compromiso con las pymes.

Red REDIT, https://www.redit.es/

La Red de Institutos Tecnológicos de la Comunidad Valenciana (REDIT) es una asociación privada sin ánimo de lucro que integra y representa a los once centros tecnológicos de la región.

El objetivo de REDIT es ofrecer una amplia gama de herramientas de innovación para las empresas, especialmente pymes y micropymes, con una gran diversificación sectorial. Un centro para el desarrollo tecnológico industrial que brinda ayuda a los negocios para mejorar su competitividad innovadora.

REDIT suma casi 200 laboratorios y 15 observatorios tecnológicos, de mercado y de tendencias, y su objetivo es adelantarse a las necesidades tecnológicas planteadas por las empresas.

Eurecat, https://eurecat.org/es/eurecat/

Es el primer centro tecnológico de Cataluña, resultado de un proceso de fusión, inicialmente de cinco centros tecnológicos, impulsado en el año 2014 por el gobierno catalán. Se autodefine como «*Puente natural entre el mundo de la investigación aplicada y el tejido económico*».

Cuenta con un patronato mayoritariamente privado, compuesto por representantes de empresas e instituciones de referencia en diferentes sectores estratégicos de la economía catalana. Algunos indicadores son: 600 profesionales, 160 proyectos de I+D, 1.000 empresas clientes, 81 patentes y 7 *spin-offs*.

Ofrece servicios de consultoría tecnológica, I+D aplicado, servicios tecnológicos, innovación turística, formación y eventos, a prácticamente todos los sectores de la economía catalana.

Leitat Technological Center, https://www.leitat.org/

Leitat colabora en la generación de conocimiento tecnológico y su aplicación para el desarrollo y refuerzo de la capacidad competitiva de las empresas en el ámbito de la tecnología y la innovación.

Gestiona tecnologías para crear y transferir valor social, medioambiental, económico e industrial sostenible a las empresas y entidades, a través de la investigación y los procesos tecnológicos.

Los dos principales centros tecnológicos de Cataluña son multisectoriales y tienen una amplia oferta de tecnologías aplicables a la mayoría de las empresas.

Papel de los centros tecnológicos en un distrito innovador

A la vista de algunos centros tecnológicos europeos presentados, podemos empezar a obtener algunas conclusiones.

En primer lugar, su importancia para la competitividad de las empresas; son recursos externos fundamentales a los que las empresas del entorno acuden para solucionar sus problemas tecnológicos o para desarrollar innovaciones de acuerdo con nuevas tendencias del mercado.

En segundo lugar, observamos también una gran pluralidad de fórmulas y de tipos de organizaciones y servicios, resultado de la historia y de las estructuras productivas de cada país o región.

Finalmente, también se observa un desarrollo relativamente reciente, bien por nueva creación de estructuras de tipo federativo, bien por procesos de fusión de centros existentes o bien por la creación de centros nuevos en áreas tecnológicas y para sectores emergentes.

Para el diseño y el desarrollo de clústeres de distinto tipo o de distritos innovadores será muy importante decidir el formato y el desarrollo de este tipo de centros como apoyo tecnológico al sector empresarial correspondiente. Las soluciones serán muy diversas y adaptadas a cada caso, sobre todo en función de las condiciones de partida que nos ponen de manifiesto metodologías como las de la MMC que hemos visto en el capítulo anterior.

Seguidamente veremos distintos casos de estrategias para el desarrollo de una base tecnológica para potenciar la innovación de un sector o de un ámbito de conocimiento o tecnología determinados. Cada caso responde a condiciones distintas, de manera que no se pueden imitar las condiciones de unos a otros, al menos sin conocerlas en profundidad. El conocimiento de casos permite reflexionar para un nuevo proyecto de DI.

Distritos innovadores y centros tecnológicos

El caso del Distrito 22@Barcelona

Al diseñar y promover el Parque Barcelona Media como uno de los espacios del distrito 22@ se planteó la necesidad de dotarlo de un centro tecnológico especializado. En el proceso de negociación con la universidad UPF, y a partir del liderazgo del profesor Vicente López, que dirigía un laboratorio de estas tecnologías, se decidió constituir la Fundación Barcelona Media (FBM), que se externalizó de la universidad. Fue lo que hoy llamamos un *spin-off* de la universidad. A partir de la creación de esta fundación el centro tecnológico empezó a desarrollarse, y finalmente en 2014 se incorporó al nuevo centro Eurecat que antes se ha presentado.

Es por tanto un caso de externalización de un laboratorio inicial de la universidad, para transformarlo en un centro tecnológico referente a nivel internacional.

La clave urbanística 7@, prevista en el distrito 22@ para usos de equipamientos del conocimiento, permitió un desarrollo de estas bases de conocimiento por cesión de este suelo a entidades sin fines lucrativos como universidades o fundaciones sin ánimo de lucro.

Caso de entorno industrial sin base tecnológica

Badalona o Palma de Mallorca serían, entre otros, casos de entornos industriales con una débil base tecnológica.

Ya nos hemos referido anteriormente al proceso en curso de transformación de dos polígonos industriales en la ciudad de Badalona, en el área metropolitana de Barcelona, y a su especialización en el sector metal-mecánico. En este caso no hay en el territorio ninguna base tecnológica del sector que no sea la propia capacidad técnica de cada una de las empresas; si se desea potenciar la capacidad tecnológica del sector, se puede hacer creando un nuevo centro tecnológico o bien llegando a un acuerdo con uno existente.

Teniendo en cuenta que esta transformación está en fase de propuesta, y por razones de eficacia y de tiempo de respuesta, se ha optado por la segunda opción, de manera que se ha establecido un acuerdo de colaboración por el cual el Centro Tecnológico Eurecat puede ofrecer, de acuerdo con la agencia local, servicios de desarrollo tecnológico a las empresas del sector.

Es una solución pragmática y de rápida implementación. El tiempo y la evolución del sector dirán si es necesario pasar a una segunda fase con infraestructura propia en el distrito o si la solución inicial es suficiente.

Sería el mismo caso del distrito Llevant de Palma de Mallorca.

Caso de San José de Costa Rica

En el caso del proyecto Ciudad TEC y T24 de San José de Costa Rica, se han definido cinco posibles clústeres a desarrollar en un próximo futuro y se plantea el tema de cómo reforzar su capacidad tecnológica.

La propuesta que hizo el equipo promotor en su momento, y que actualmente se halla en proceso de estudio y decisión, es una solución híbrida de las dos anteriores. Se propone identificar algún grupo de la universidad o de una empresa que pueda ser el embrión de un futuro centro tecnológico del clúster, pero además se plantea la necesidad de llegar a un acuerdo de transición con un centro internacional que, por una parte, pueda ofrecer servicios a las empresas desde el primer momento y, por otra, pueda acelerar el proceso de desarrollo del propio centro.

Para generar nuevas iniciativas de centros tecnológicos en clústeres o en proyectos de DI se deberá considerar en primer lugar su importancia para la competitividad de las empresas, como un elemento fundamental del ecosistema; esto debería ser diseñado por un equipo cualificado y propuesto a los miembros iniciales del clúster.

Asimismo, dada la gran pluralidad de fórmulas y de tipos de organizaciones posibles, se deberá tener presente que no hay modelos a copiar, pero sí que hay casos a tener en cuenta, que es distinto. Finalmente, propongo que la solución que se adopte permita, a medio o a largo plazo, contar con una infraestructura tecnológica propia en el país, en la ciudad o en el DI considerado, evitando la dependencia tecnológica que soluciones adoptadas en otros países pudieran representar.

La experiencia de los Centros de Excelencia Internacional (CEI) de Chile

En el año 2009 el Gobierno de Chile, mediante su agencia de promoción económica CORFO, aplicó una estrategia de potenciación de su base tecnológica mediante el programa de Centros de Excelencia Internacional. Este programa ha consistido en la atracción de centros internacionales con capacidades tecnológicas en distintos campos y sectores de interés para la economía chilena.

Pasados los años, y después de varias convocatorias, un estudio de la Universidad de Chile (2017) ha analizado el estado de los CEI en Chile y su potencial impacto para la economía chilena.

Los CEI fueron implementados dentro del programa para la «Atracción de Centros de Excelencia Internacional» (CEI) de CORFO, con el propósito de incorporar en Chile procesos de innovación que permitan generar una transformación productiva en la economía chilena.

Se analizaron las características, objetivos y procesos de implementación de los centros bajo un modelo cualitativo de entrevistas con los directores de los centros de investigación. Según estos estudios, los resultados obtenidos permitirían las siguientes conclusiones:

a) Existe una positiva evaluación de la labor desarrollada por estos centros.
b) Los principales problemas identificados están relacionados con un alto nivel de burocracia, una elevada carga administrativa de

rendiciones de gastos e indicadores requeridos y, finalmente, la falta de cultura de innovación en el país.

Basándose en estas conclusiones, parece conveniente extender el plazo de financiación del programa e implementar mecanismos que promuevan una mayor coordinación entre los centros, entre otras medidas.

Actualmente, el programa se encuentra conformado por doce centros de excelencia, los cuales se han establecido a partir de cuatro convocatorias diferentes. La primera fue en el año 2009 con el Programa de Atracción de Centros de Excelencia Internacional para la Competitividad. A esta la siguieron tres convocatorias más, dos en 2012 y una en 2014.

Dado que los doce centros comenzaron a operar en diferentes fechas, se encuentran en distintas etapas de ejecución: mientras unos están en el inicio de su instalación, otros se encuentran prontos a dar pie a su tercera y última fase. El programa podrá ejecutarse hasta 2023, en su conjunto, con un financiamiento público-privado de 222.345 millones de pesos chilenos (unos 264 millones de dólares), de los cuales un 37 % será aportado por CORFO. Hasta agosto del año 2016 esta entidad había aportado 37.932 millones de dólares, equivalentes al 46 % del monto total comprometido.

La procedencia de los centros es diversa: Estados Unidos, Australia, Alemania, España, Bélgica, Francia e Italia, y abordan sectores estratégicos para Chile, como la Tecnologías de Información y Comunicación (TIC), minería, alimentos, biotecnología y energía.

La pregunta que podemos formularnos a raíz de la experiencia chilena es si este modelo es el más apropiado para reforzar la base tecnológica en proyectos de distritos innovadores, sobre todo para el caso de países de América Latina.

Pendiente de un mayor conocimiento de esta interesante experiencia, así como de una evaluación del modelo y de su impacto en la economía del país, propongo dos cuestiones a modo de reflexión.

La primera es si este modelo resuelve adecuadamente la relación y la sinergia de estos CEI con la base universitaria y de I+D existente en el país considerado.

La segunda se refiere a si la posible ventaja de la velocidad de creación de una base tecnológica al servicio de las empresas del país, no supone por el contrario una dependencia respecto a estos centros internacionales, que tienen sus centros de decisión y sus intereses en otros países.

A partir de esta reflexión pienso que procede experimentar con los modelos citados, mediante su adaptación a las condiciones de cada ciudad y país.

8.4. Conocimiento y estrategia económica

El modelo económico urbano, basado en la especialización, y la base de conocimiento necesaria, deben estar en sintonía. No hay una posible especialización competitiva sin una sólida base de conocimiento y, a su vez, los elementos clave de esta base de conocimiento deben sintonizar con la especialización acordada. Uno y otro subsistema forman parte esencial del ecosistema innovador que conforma el DI, y de su interrelación depende en buena medida el éxito del conjunto.

Las relaciones a fomentar entre los agentes de ambos subsistemas son de dos tipos: entre estos organismos del conocimiento y de ellos con las empresas, con mecanismos estables de relación y de colaboración. También entre las empresas del subsistema empresarial especializado, mediante fórmulas de cooperación dentro de una misma cadena de valor, como la relación cliente-proveedor. En el mundo *high-tech* también se han aplicado fórmulas llamadas de *coo-petition*, para hacer frente a determinadas situaciones que permiten que empresas competidoras colaboren entre ellas para un reto tecnológico importante, para el que se necesita una masa crítica que requiere de fórmulas de cooperación, compatible con la competición.

En el seno del subsistema económico o clúster las colaboraciones dominantes serán del tipo propio de los distritos industriales tradicionales. Se tratará de una relación cliente-proveedor, para aprovechar las externalidades positivas del territorio y así poder beneficiarse de la presencia de personal cualificado, de servicios transversales a muchas empresas y, en general, de un entorno favorable al desarrollo de este sector de actividad.

A su vez, dentro del subsistema de conocimiento también existen incentivos a la colaboración, basados en el conocimiento personal y en la confianza que otorga la proximidad. Es cierto que a veces esta proximidad genera problemas de relación e incluso odios cainitas, sobre todo en países latinos, pero en general **existen incentivos a la cooperación entre organizaciones universitarias, centros de I+D y centros tecnológicos, existiendo numerosos ejemplos en este sentido.**

Las relaciones entre agentes de los dos subsistemas, los miembros de los clústeres y las organizaciones empresariales y profesionales de una parte, con las organizaciones de conocimiento por otra, son las relaciones críticas para el buen funcionamiento sistémico de un clúster o de un distrito innovador. Este funcionamiento sistémico con una pluralidad e intensidad de relaciones entre miembros del sistema depende en muchos casos de la cultura y de la historia de un país o de una ciudad.

Por ejemplo, en países de Centroeuropa, como Alemania o Países Bajos, o del norte de Europa, como Suecia o Finlandia, entre otros, estas relaciones de colaboración se producen de forma más natural e intensa que en países del sur de Europa, como España o Italia. Se trata de factores culturales que podrían cambiar con el tiempo, a partir de casos de éxito y de acciones de comunicación apropiadas y persistentes en el tiempo.

La intensidad creciente de estas relaciones sistémicas favorece la capacidad de innovación y aumenta la entropía del sistema. Un ecosistema innovador, como el que estamos tratando, puede aumentar progresivamente su complejidad si se diseña y se gestiona de forma apropiada, en el sentido que estamos apuntando en el presente libro. A partir de un cierto momento, el ecosistema innovador aumenta autónomamente su complejidad, aparecen nuevas especies en el sistema, como formas diversas de espacios de *coworking* y de *coliving*, distintos *fab-labs* y *living-labs*, innovaciones en el campo de la formación como las *Code-Academies*, etc. Todo ello es un claro síntoma de que el propio sistema se está autoorganizando y adquiere su propia autonomía.

Llegados a este punto, seguramente la gobernanza inicial del clúster y del DI tienen que ir adaptándose al proceso de cambio progresivo del ecosistema. Al final del proceso se habrá constituido un nodo innovador o un *hub* de innovación al servicio de la ciudad.

Conclusiones sobre el papel de la base de conocimiento en un distrito innovador

Un distrito innovador, y sus correspondientes clústeres, deben ser capaces de saber incorporar a su sistema innovador diversas organizaciones que hemos llamado elementos de la base de conocimiento. En caso contrario será un agregado de empresas, como los actuales parques empresariales; son fórmulas válidas desde el punto de vista inversor y de ocupación del territorio, pero no responden a los requerimientos del siglo XXI que veíamos en los primeros capítulos del presente libro.

En un primer estadio del proyecto de DI, este debe llegar a acuerdos con universidades, centros de I+D y centros tecnológicos, en interés mutuo y con las formas y los contenidos más adecuados en cada caso; en anteriores apartados del presente capítulo hemos presentado algunos ejemplos que nos sirven de referencia para reflexionar sobre las formas más apropiadas. El objetivo será que la unidad de la institución de conocimiento considerada se integre en el ecosistema como un miembro fundamental, formando parte de los niveles de gobernanza más apropiados. No se trata de plantear un acuerdo de colaboración, sino de ir más allá y acordar una alianza en forma de partenariado, para lo cual es necesario compartir el modelo, la visión y los contenidos del proyecto.

Sin este tipo de partenariados no se tratará de un proyecto de ciudad sino, en todo caso, de un proyecto del ayuntamiento de la ciudad, cuando es este el promotor del proyecto. En un estadio inicial de preparación del proyecto se debe invitar a participar a los agentes clave del conocimiento en la conformación y en el impulso del ecosistema. Esta fórmula es válida también para los agentes clave del sector privado y de la sociedad civil, conformando una auténtica cuádruple hélice como núcleo duro del nuevo sistema. En el capítulo anterior ya destacamos la importancia que tiene en la fase inicial la participación activa de las empresas y de otras organizaciones llamadas tractoras, como socios de toda la operación.

El caso del Distrito 22@, con el acuerdo ya citado del ayuntamiento con la UPF y, posteriormente, con la constitución de la asociación de empresas y entidades del distrito, 22@ Network, representan un buen ejemplo de partenariado con ambos agentes del sistema, los del conocimiento y los del mundo empresarial. Actualmente la Asociación 22@ Network es la máxima representante de la realidad del distrito.

En el caso del nuevo distrito de Valencia, la presencia de los centros de la Red REDIT y su conexión con distintos sectores industriales, así como una sólida base de Centros de I+D en algunos ámbitos de conocimiento, permiten pensar que la conexión de la base tecnológica con los sectores correspondientes puede ser real y efectiva.

Para otros territorios con una menor base tecnológica y de conocimiento habrá que trabajar en fórmulas diversas, a partir de las experiencias que se van desarrollando actualmente en el mundo.

Ideas clave

1. Las universidades tienen en la creación de un distrito innovador una gran oportunidad para participar activamente en su génesis y en su funcionamiento, transformando la ciudad y transformándose ellas mismas de acuerdo con los requerimientos de la economía y de la sociedad del siglo XXI.

2. Los centros de I+D a desarrollar en un DI serán aquellos que puedan favorecer la innovación de los sectores de especialización definidos del distrito, y que ayuden a crear nuevos productos, procesos y modelos de negocio basados en el triángulo formado por la cultura, la economía y la tecnología.
3. Los centros tecnológicos son organismos que se adaptan de forma dinámica a cada ecosistema innovador, ya que su supervivencia depende de los proyectos que desarrollan con las empresas del entorno más o menos cercano.
4. En cada nuevo proyecto de DI habrá que adoptar la estrategia más apropiada para la creación de la base tecnológica necesaria para la especialización productiva del DI, teniendo en cuenta experiencias internacionales y las condiciones locales de partida.
5. Las relaciones entre agentes de los dos subsistemas, los miembros empresariales de los clusters con las organizaciones de conocimiento, son relaciones críticas para el buen funcionamiento sistémico de un clúster o de un distrito innovador.

9
INTEGRACIÓN SOCIAL

El cuarto subsistema del modelo de distrito innovador que estamos desarrollando es en realidad el más importante. El bienestar de las personas, la cohesión y la integración social de los barrios y la reducción de las desigualdades son los objetivos principales de un proyecto de distrito innovador y del conjunto de la ciudad. Los otros subsistemas se diseñan, se desarrollan y se gestionan pensando que el resultado debe ser una ciudad equilibrada socialmente, transformando no solo las áreas estrictas del distrito sino también los barrios del entorno.

La experiencia directa de algunos casos nos ha demostrado que si este aspecto no se tiene en cuenta desde el inicio del proyecto en su fase de diseño, cuando se manifiesten los primeros síntomas de un proceso de gentrificación, seguramente ya será demasiado tarde para reaccionar. Ha sido el caso del distrito 22@ Barcelona y el barrio del Poblenou.

En este capítulo vamos a reflexionar sobre la problemática de los barrios deprimidos de una ciudad; trataremos el tema de la gentrificación como fenómeno resultante del éxito de los otros subsistemas del distrito innovador. Sería lo que algunos llaman «morir de éxito». Un tema directamente vinculado con la gentrificación, y más exactamente con las medidas a tomar para evitarla, nace del análisis de la relación entre subsistemas y, más concretamente, entre el subsistema de integración social y los otros tres que veremos en este mismo capítulo. Finalmente, haremos referencia al tema de la innovación social como derecho de ciudadanía, haciendo énfasis en su relación con el mundo digital.

9.1. Barrios deprimidos

La ciudad actual, en mayor o menor medida, genera barrios en los que viven personas y familias pobres. Parece evidente que es un hecho consustancial al sistema capitalista la creación de desigualdades entre países, pero también dentro de cada país y en cada ciudad, dividiéndola según las distintas clases sociales. El economista francés Thomas Piketty (2019) ha demostrado con gran profusión de datos que las desigualdades han aumentado de una forma muy importante, sobre todo desde la crisis de 2008, que tuvo su origen en el sistema financiero pero que se extendió por toda la economía. En aras a la ortodoxia de las instituciones financieras supranacionales, los Estados y otras administraciones recortaron sus presupuestos dedicados a las políticas propias del estado del bienestar, educación y sanidad, y a otras partidas sociales, lo que ha agudizado la marginación de estos barrios deprimidos y el aumento de la conflictividad social.

El urbanismo tradicional del siglo xx, que hemos caracterizado en páginas anteriores, al especializar una parte del territorio urbano según usos residenciales, ha creado enormes barriadas en las grandes metrópolis que actualmente están padeciendo una situación de marginación todavía más grave si cabe que durante las últimas décadas del siglo xx y la primera del siglo xxi. Algunos autores, rememorando a Italo Calvino, las denominan ciudades invisibles (Marc Andreu, 2016).

En estos barrios metropolitanos se produce un círculo vicioso que realimenta los problemas de manera que, a pesar de los recursos crecientes que dedican muchas administraciones locales, estos problemas están tan enquistados en la realidad económica y social de estos barrios que la práctica demuestra la dificultad de romper el círculo vicioso en el que están instalados. La situación de paro crónico, el fracaso escolar, a veces las drogas y el alcohol, el paro juvenil y distintas formas de violencia doméstica a menudo superan la capacidad de las administraciones, que se ven impotentes para hacer frente a tantos problemas concentrados en un determinado barrio.

Estos círculos viciosos en los que se instalan algunos barrios son difíciles de rastrear, ya que causas y efectos se confunden porque se interrelacionan y alimentan entre sí. El paro juvenil y el paro de larga duración, con la precariedad de ingresos familiares que ello supone, se alimenta con el fracaso escolar, y este refuerza el problema de la delincuencia y el tráfico de drogas. ¿Cómo se puede tratar este sistema complejo, con gran pluralidad de causas y efectos interrelacionados?

Las administraciones, sobre todo las locales, dedican muchos recursos a intentar resolver problemas sociales de barrios marginales, pero a menudo estas políticas no obtienen los resultados previstos. Las razones de estos fracasos, como hemos visto en el capítulo primero, serían muy diversas. Desde acciones más dirigidas a paliar los síntomas que a resolver las causas reales, hasta una cierta inercia en mantener unos programas habituales sin aplicar innovaciones significativas adaptadas a nuevas realidades sociales cambiantes.

Barrios deprimidos, una realidad global

La existencia de barrios deprimidos en las ciudades es una realidad global presente en todos los continentes como una consecuencia de la lógica del actual sistema económico. Las favelas de Rio de Janeiro o de Sao Paulo, los barrios de chabolas o de viviendas informales de Perú, Ecuador, Colombia o Venezuela, entre otros, o las barriadas *slums* de Bombay o Bangladesh, responden a una misma lógica de desplazamiento de millones de familias del campo a la ciudad, con la esperanza de mejorar sus condiciones de vida y para que sus hijos puedan esperar un futuro mejor.

Es la esperanza de disponer de un salario y de unas condiciones de vida mucho mejores que el hambre y la miseria, consecuencia de la explotación de una propiedad agraria mal distribuida en las zonas rurales del país. El efecto llamada de la ciudad, que tradicionalmente funcionaba por relaciones familiares o de vecindad, se ha visto reforzado por los programas de televisión que ofrecen una imagen idílica e irreal de algunas ciudades. Este fenómeno activa la emigración hacia la capital regional o del país y también la emigración hacia los países económicamente más avanzados, como los de Europa o Norteamérica. Los medios de comunicación y los nuevos medios de transporte han activado esta emigración global hacia las ciudades del propio país y de las metrópolis. El resultado son los barrios deprimidos presentes en las mayores metrópolis del mundo.

Esta situación representa, de hecho, un grave problema para muchas ciudades del mundo, y a la vez un gran reto para favorecer positivamente la integración social de estos barrios y con el resto de la ciudad. Un factor clave de este reto es la oferta de trabajo digno existente en una ciudad, y en este sentido el papel que pueden jugar los distritos innovadores, conectados con el sistema educativo del barrio, puede ser importante.

En el año 2008 el 36 % de los neoyorquinos había nacido fuera de Estados Unidos, y el 48 % hablaba en casa una lengua distinta del idioma inglés (Glaeser, 2011). En la ciudad de Barcelona actualmente casi la mitad de los residentes ha nacido fuera de la ciudad y ya tiene vecinos de 180 nacionalidades distintas de la española (333.516 personas, más de un 20 % del total). Y los inmigrantes crecen en 69 de los 73 barrios, según datos del padrón municipal a 1 de enero de 2019.

De un análisis comparado entre ciudades del mundo que prosperan y otras que no, se pueden extraer algunas conclusiones con respecto al papel de la emigración y de los barrios deprimidos. Está demostrado (Glaeser, Moretti) que las ciudades prósperas son aquellas capaces de atraer y de integrar a personas formadas y favorecer la colaboración entre las mismas. Estas personas con talento pueden salir del propio sistema educativo o por atracción directa del talento internacional, siendo necesario, para favorecer la colaboración y la integración, disponer de un entorno creativo y emprendedor, que es el distrito innovador.

La transformación social de los barrios deprimidos, que cuentan con la riqueza cultural y la capacidad de iniciativa de muchos jóvenes, debería estar directamente relacionada con las políticas para la creación de entornos innovadores, física y funcionalmente conectados con estos barrios. Está demostrado que las políticas sociales paliativas no sacan a estos barrios de su círculo vicioso de depresión y de marginalidad.

Otra de las lecciones aprendidas del análisis de casos en todo el mundo es que no existen fórmulas únicas para llegar a la integración social de las ciudades y a la transformación de los barrios degradados. Las condiciones culturales, históricas y sociales de cada país y de cada ciudad establecen las condiciones para esta integración. Tokio y Singapur son ciudades prósperas, con una buena integración social y un elevado nivel de vida, que seguramente tienen poco en común con ciudades mediterráneas o de América Latina. En cambio, de los casos de Boston, Londres o Barcelona podremos sacar conclusiones aplicables en parte a realidades de estas últimas ciudades. En estos tres casos ejemplares, la capacidad de atraer e integrar talento internacional ha sido fundamental para su transformación y desarrollo como nodos de la red global de ciudades.

A medida que se vayan desarrollando proyectos de transformaciones urbanas, siguiendo el modelo de los distritos innovadores, que incorporen desde el origen el tema de la integración social, podremos ir avanzando en la mejor comprensión de las políticas públicas que favorezcan la transformación de los barrios degradados de las ciudades, en relación directa con la creación de estos distritos.

El desarrollo de proyectos como el del polígono sur de Badalona, en relación con el barrio de Sant Roc, o el del polígono Llevant de Palma y el barrio de La Soledad, o el del polígono Vara de Quart en Valencia y el Distrito V21 de Viña del Mar, entre otros, permitirán diseñar y desarrollar políticas de integración social, y avanzar tanto en el marco conceptual como en la aplicación de políticas concretas para la integración social de las ciudades.

Los barrios como sistemas urbanos

Como afirmaba Lewis Thomas (1979): «si quieres arreglar algo estás primero obligado a entender... el conjunto del sistema», el conjunto del sistema social, con todos sus componentes e instituciones implicadas.

Las políticas sociales deberían ser *políticas transversales* que impliquen al conjunto de las administraciones públicas y de las entidades vinculadas. Es necesario tener una visión sistémica de la ciudad y de las acciones sociales a aplicar a sus barrios más degradados, puesto que se considera que, hasta ahora, las políticas tradicionales han funcionado mal, de forma poco eficaz y poco eficiente.

En esta situación de extrema complejidad, **Jacobs destaca lo que llama un «eslabón crucial», un elemento del círculo vicioso que si se logra romper «un barrio bajo se rehabilita espontáneamente»; el eslabón crucial es el fenómeno según el cual las familias que esperan progresar sueñan con marchar de este barrio, para huir del estigma que representa vivir en el mismo.** Es lo que ocurre en Barcelona desde hace mucho tiempo con el barrio de La Mina, entre otros.

Por cada familia que supera la situación de pobreza y consigue desplazarse a otro barrio de mayor nivel socioeconómico, llega otra familia que seguramente no tiene otras opciones, y el saldo resultante agudiza el estigma del barrio. Según Sebastià Jornet, conocido urbanista de Barcelona, lo que había que hacer con el barrio de La Mina y su entorno era «llenarlo de pijos» para cambiar su composición social y su autoestima, y añade: «en La Mina no sobra nadie, y el problema no es de la densidad sino de la diversidad de la composición social de barrio». Esta propuesta, formulada desde una cierta distancia irónica no exenta de provocación, recogía en el fondo la idea de invertir la tendencia de la huida del barrio, intentando provocar un círculo virtuoso para romper el citado eslabón.

Cuando en un barrio degradado un número significativo de personas deciden quedarse en él, mejorando sus viviendas y actuando asociativamente como interlocutores del gobierno municipal para la mejora de las condiciones del barrio, se puede invertir la tendencia del «efecto barrio» o del círculo vicioso; de esta manera, se va creando un sentido de comunidad, de orgullo de pertenencia, crece la confianza de esta comunidad y se va superando el estigma originario.

La forma de salir del círculo vicioso no es fácil, pero podemos destacar al menos cuatros experiencias y referencias conocidas.

En primer lugar, la experiencia de los planes de barrios, iniciada por el gobierno catalán en el año 2004, que en general se aplicó con éxito en distintos barrios de poblaciones catalanas. Posiblemente faltó continuidad, puesto que fueron acciones muy concretas, normalmente relacionadas con la mejora de la urbanización y de la movilidad de estos barrios, pero que no entró en el enfoque de problemas de fondo, que requerían actuaciones de carácter sistémico y a medio y largo plazo. Posteriormente, durante los últimos cuatro años, estas acciones se han visto ampliadas en la ciudad de Barcelona, con un enfoque similar al de la etapa inicial, pero con un intento de implicación del sistema educativo y de aplicación de políticas de promoción económica, que creo que han resultado claramente insuficientes.

En segundo lugar, la idea de evitar el llamado «efecto barrio» o el estigma de un determinado barrio, como La Mina o Sant Roc en Barcelona, promoviendo y potenciando entidades y asociaciones de todo tipo que estructuren socialmente al barrio. Un rico tejido asociativo de carácter cultural, deportivo o educativo crea sentido y orgullo de barrio, contribuyendo a romper el círculo vicioso que hemos comentado antes. En el caso del barrio de Sant Roc de Badalona, el papel que está jugando desde hace años el «Ateneu de Sant Roc», con un equipo entusiasta al frente liderado por su presidente Juan Jesús Guerrero, es un buen ejemplo de estas entidades de barrio (véase figura 9.1).

Muchos de estos barrios se crearon con la primera oleada de inmigración de los años 60 y 70 del siglo pasado, proveniente en su mayoría del sur de España. Posteriormente, ya en el siglo XXI, una segunda ola se superpuso a la primera, reforzando el «eslabón de Jacobs» que estimula la huida de descendientes de la primera emigración hacia otros barrios de la metrópoli. Se trata de una emigración global proveniente de Asia (China y Pakistán), África magrebí y subsahariana y América Latina (Perú, Ecuador, Bolivia, Colombia y Honduras principalmente).

Esta amalgama de culturas y lenguas configura unos barrios con una gran riqueza y variedad cultural, pero también a menudo con una difícil relación de convivencia que puede llevar regularmente al conflicto o al

Figura 9.1. Ateneu de Sant Roc, un espacio para la integración social del barrio.

aislamiento de comunidades cerradas o a ambas cosas a la vez. El resultado es una situación de una enorme complejidad, de difícil gestión por los poderes públicos y cuya evolución futura es difícil de prever.

Algunas de estas comunidades tienen un fuerte sentido de cohesión familiar y de grupo, y de la necesidad de invertir en la educación de los hijos, mientras que otras no se preocupan de que los hijos vayan a las escuelas del barrio. En este segundo grupo, no ya el fracaso escolar, sino el absentismo total, son habituales, con el desespero de algunos líderes sociales o políticos que intentan cambiar esta situación.

Un ejemplo gráfico de esta extraordinaria amalgama de culturas y lenguas lo ilustra la foto del «Bar San Loc» regentado por una familia china en el barrio de «Sant Roc» (véase figura 9.2).

En este mismo sentido, la creación de *lugares y de elementos arquitectónicos o escultóricos* apropiados pueden dotar al barrio de unas señas de identidad que elevan el prestigio social del barrio y el sentido de pertenencia. Durante la etapa de Oriol Bohigas al frente del urbanismo de la ciudad de Barcelona, en tiempos de Pasqual Maragall como alcalde, se realizaron numerosas intervenciones de este tipo en muchos barrios de Barcelona (véase figura 9.3).

Figura 9.2. El Bar Loc o la capacidad de integración de la comunidad China.

Figura 9.3. Obra *El Gato de Botero* en la Rambla del Raval de Barcelona.

En tercer lugar, es necesario actuar sobre el sistema educativo del barrio, a todos los niveles, como agentes de promoción cultural y económica de la juventud del mismo. Si estas actuaciones se pueden conectar con políticas de desarrollo económico, sobre todo si estas son del tipo clúster emergente o sistema de innovación, según el modelo del DI, **la transición entre escuela y trabajo puede tener resultados importantes, sobre todo mediante programas de formación dual como los que se están aplicando actualmente en algunos países.**

Finalmente, se trata de partir de una visión del sistema social en su conjunto, para definir las políticas sociales referidas en el capítulo 1 que tienen resultados a largo plazo. El pensamiento sistémico aplicado al cambio social se basa en la capacidad para tener en cuenta las interconexiones de los elementos del sistema, mediante algunos retos sociales, entre los que se pueden destacar los siguientes:

a) Cada persona o entidad implicada debe entender su papel en el sistema y cómo entre todos pueden solucionar los problemas.
b) Se trata de clarificar la colaboración entre los elementos del sistema, porque cada componente del sistema entiende por qué colectivamente no se conseguían los resultados deseados.
c) El pensamiento sistémico focaliza a la gente a concentrarse en unos pocos cambios coordinados, para conseguir impactos significativos y sostenibles a largo plazo.
d) Dicho pensamiento también estimula el aprendizaje continuo y la innovación, condiciones indispensables para la gestión de cualquier sistema complejo.

Solo es posible hacer frente a estos cuatro retos si se parte de una clara formulación del sistema considerado, participada y compartida por todos los agentes del sistema. Los agentes que participan deberán ser agentes activos del proceso de diseño del sistema y se deberán aplicar las herramientas más apropiadas en cada caso, que nos ayuden a pasar de procesos participativos retóricos a participaciones activas y reales de todos los agentes implicados en el sistema.

La experiencia del Ateneu del barrio de Sant Roc en Badalona

La promoción de entidades y asociaciones de todo tipo que estructuren socialmente al barrio puede ser un factor importante para romper el círculo vicioso de la marginación. Veamos el caso de la Fundación Ateneu de Sant Roc (https://www.fundacioateneusantroc.org/es/).

A mediados del siglo pasado, en la ciudad de Badalona, situada al norte de la ciudad de Barcelona, se produjo un importante resurgir económico de la industria local, que provocó una gran demanda de mano de obra de la industria, lo que ocasionó la llegada masiva de inmigrantes procedentes de otras provincias del estado español. Este crecimiento se produjo de forma descontrolada y sin ninguna planificación, lo que comportó graves problemas urbanísticos y de infraestructuras, la falta de servicios básicos y una difícil integración de las familias emigrantes.

Debido a ello, en toda el área metropolitana de Barcelona se fueron creando barrios periféricos y una fuerte demanda para construir nuevas viviendas, la mayoría de iniciativa privada, que permitieran alojar a los recién llegados. La falta de regulación de las administraciones públicas, así como una situación de connivencia del poder político franquista con las empresas inmobiliarias, provocó la construcción de miles de viviendas sin prever un mínimo de equipamientos y servicios.

Sant Roc es uno de estos barrios periféricos, pero en este caso construido por iniciativa pública para eliminar zonas de barraquismo de Barcelona y Badalona, acoger a los damnificados por las riadas del año 1962 y compensar las expropiaciones que se hicieron para construir una autopista. De este triple origen nació el barrio de Sant Roc.

El caso del barrio de barracas llamado del Somorrostro es uno de los orígenes de muchas familias que han vivido en este barrio, desde que en 1966 el Caudillo Franco decidió hacer unas maniobras militares en las actuales playas de la Barceloneta, que estaban ocupadas por este barrio de barracas, que llegó a alojar a más de 10.000 personas. Las autoridades de la época consideraron que el desembarco en las barracas representaba una mala imagen para el ejército español, y de la noche a la mañana, y según cuentan personas que vivieron en sus propias carnes esta situación, en 24 horas fueron desalojadas y obligadas a ir unos kilómetros más al norte, en el que sería el barrio de Sant Roc, donde el patronato de la Vivienda estaba construyendo los primeros bloques de pisos.

La falta de equipamientos mínimos (alumbrado, pavimentación...) y servicios (escuelas, centros de salud...) motivó la aparición de las reivindicaciones vecinales y la creación del Centre Social Cultural Sant Roc. Fundado en 1969 a iniciativa de la parroquia, contó con las vocalías de Juventud, Infantil, Colonias, Grupo de Mujeres, Cultura, Vivienda y dos consultores, uno médico y uno jurídico.

Para poder proseguir el trabajo de promoción sociocultural y educativa de una manera independiente, en 1987 se decide formar una entidad autónoma. Nace el Ateneu Popular Sant Roc, que tomó el relevo de la labor sociocultural del Centre Social en el barrio, intentando dar una respuesta más actualizada a los nuevos problemas del momento. El Ateneu promueve actividades relacionadas con la cultura, el deporte, el ocio, la sanidad, la educación, el pacifismo, la ecología y el medio ambiente, y todas aquellas que sean de actividad pública o interés social hacia la labor educativa y sociocultural de los ciudadanos.

Actualmente sigue vigente esta inquietud por parte de la gente del barrio para desarrollar proyectos que mejoren y dignifiquen la vida de sus habitantes. La actual Fundació Ateneu Sant Roc es una entidad que está al lado de los vecinos y vecinas y que trabaja por la cohesión social, fomentando la participación e incidiendo, especialmente, en los colectivos en riesgo de exclusión social. Trabaja a través de diferentes proyectos, dirigidos a todas las edades:

— Con los niños y jóvenes del barrio lleva a cabo un trabajo compensatorio y preventivo que evite, en lo posible, el deterioro de las situaciones de riesgo.
— Últimamente, con el cambio de población, se fomenta la relación intercultural entre los diferentes colectivos, trabajando desde el conocimiento mutuo y el respeto.
— Respecto a las familias y el resto de adultos, resulta fundamental crear espacios de encuentro para aumentar la formación y la participación social.

Otra de las entidades importantes del barrio es el Instituto Eugeni D'Ors, de educación secundaria, en el que se manifiestan todas las tensiones y los déficits sociales de este barrio, en forma de absentismo y de fracaso escolar, que intenta ser compensado con la dedicación vocacional de un profesorado fuertemente implicado en la solución de los problemas sociales del barrio. La conexión del sistema educativo con los subsistemas económico y tecnológico de un futuro distrito innovador podría ser uno de los elementos de cambio social que se debería producir durante los próximos años.

La gran divergencia entre ciudades

Entre distintas ciudades, e incluso entre barrios de una misma área metropolitana, se produce un fenómeno acelerado de divergencia creciente entre las que son capaces de generar, atraer y fijar talento y las que no. Este fenómeno consiste en el hecho constatado que entre estas dos realidades urbanas va aumentando la distancia, en términos de bienestar y de riqueza material. Las primeras cada vez atraen más talento e inversión, que crea nuevos puestos de trabajo cualificado, mientras que en las segundas (ciudades y barrios) cada vez más personas o familias desean salir para vivir mejor en otros barrios o en otras ciudades.

Cuantos más graduados universitarios residen y trabajan en una ciudad, más graduados deciden trasladarse a esta ciudad. Esto ocurre también entre barrios de un área metropolitana, y provoca que los barrios que se quedan atrás cada vez estén peor, a pesar de las buenas intenciones y de los programas sociales de las administraciones públicas.

La divergencia en las titulaciones universitarias tiene su correspondencia en el nivel de salarios de estas personas, y por tanto en el nivel de demanda del comercio y los servicios de la ciudad.

El proceso de divergencia progresiva entre ciudades y entre barrios de un área metropolitana se visualiza claramente mediante la situación de estos territorios en un mapa. Cada vez más las zonas urbanas que han entrado en un proceso de círculo virtuoso se van alejando más de las que siguen en su círculo vicioso, de forma que se va agudizando la idea de un país o de una metrópoli dual, cada vez más difícil de corregir.

La permanencia en el tiempo de este proceso de divergencia puede llevar a una situación de conflicto social, con consecuencias difíciles de prever en la actualidad. La historia nos dice que, tarde o temprano, ante estas situaciones sociales dramáticas que se mantienen en el tiempo, el conflicto social se va a poner de manifiesto, con resultados poco deseables para el conjunto de la población.

Esta situación social dual tiene profundos efectos negativos de todo tipo en las personas que habitan en los barrios o en las ciudades que han entrado en el bucle negativo. Por ejemplo, se ponen de manifiesto diferencias importantes en la esperanza de vida; en 2017 la diferencia en la esperanza de vida de un barrio de clase baja de Barcelona con uno de clase media-alta era de unos cinco años. En el caso de ciudades americanas se han observado diferencias significativas en variables como la tasa de divorcios, la tendencia de voto observado con la elección de Trump, la participación comunitaria, recursos para entidades del tercer sector, el nivel de criminalidad y otras variables socioeconómicas.

Cuando un barrio entra en este bucle de marginación, solamente una acción sistémica contundente puede revertir el proceso de reali-

mentación negativa. Y este sistema puede ser el desarrollo de un nuevo distrito innovador. Solamente el acceso a la educación y posterior entrada en el mercado laboral cualificado permitirá que una parte de los jóvenes del barrio puedan salir del círculo de pobreza en el que muchos vecinos están instalados.

Este fenómeno de superación personal, si no es marginal, es decir, si tiene cierta dimensión, provoca el efecto mimético positivo y transmite la idea del «vencedor» y del efecto imagen, que abre la idea de que ello es posible, sobre todo si la dinámica urbanística del distrito innovador vecino incorpora la idea de la mezcla de usos y de un sector residencial significativo que permite que un porcentaje notable de estos nuevos graduados pueda seguir residiendo en el barrio y trabajando en los nuevos empleos cualificados que se ofrecen.

A su vez, el funcionamiento del círculo virtuoso permite otro efecto importante en un aumento de la demanda de servicios y de la creación de puestos de trabajo de este sector, lo que favorece el acceso al trabajo estable por parte de personas que no han podido acceder a una titulación universitaria o de grado medio. Por cada nuevo *high-tech job* (empleo en sectores de alto nivel tecnológico) en un área metropolitana, a largo plazo son creados cinco empleos locales adicionales fuera del sector *high tech*.

Por tanto, en el caso del desarrollo de un nuevo DI, en relación con barrios cercanos degradados, la clave estará en la conexión activa entre el subsistema económico del DI y el sistema educativo del barrio. Esta conexión activa deberá concretarse en forma de programas y de condiciones de gobernanza del conjunto que permitan asegurar la eficacia y la eficiencia de estos programas, en colaboración con entidades del barrio como las que hemos visto en el caso del barrio de Sant Roc de la ciudad de Badalona.

¿Cómo podemos contribuir a la transformación de un barrio mediante el desarrollo de un DI, evitando los efectos negativos de la gentrificación? Este es el tema principal que vamos a desarrollar en el apartado siguiente.

9.2. Gentrificación

El gran reto del diseño de un distrito innovador es cómo hacemos compatible la promoción del nuevo distrito con la integración social de los barrios implicados. Estos barrios, tarde o temprano, suelen sufrir efectos negativos del éxito del DI, manifestándose el fenómeno de la gentrificación.

Algunas experiencias nos indican que ya en la fase inicial de diseño del DI se debería tener en cuenta este fenómeno. Los distintos subsistemas que forman parte del sistema DI, y que hemos visto en capítulos anteriores, deberán incorporar esta variable. Es decir, el planeamiento urbanístico, mediante la definición de usos como la vivienda pública, la estrategia económica, incorporando personas de estos barrios a la dinámica laboral del distrito, y las instituciones de conocimiento, mediante sus conexiones con todos los niveles del sistema educativo y con la previsión de instituciones culturales dirigidas a la integración social.

El fenómeno de la gentrificación no sucede necesariamente en un barrio degradado. El barrio de Poblenou de Barcelona es un barrio de clase media trabajadora y comerciante, con un nivel de vida medio y con un fuerte tejido asociativo y cultural.

La gentrificación es el fenómeno por el cual una cierta clase media acomodada decide residir en barrios anteriormente ocupados por familias pobres. Por distintas causas, se produce una fuerte demanda de vivienda en los barrios afectados, lo que provoca aumentos de precio que obligan a que familias que residen en estos barrios se vean obligadas a desplazarse a otros barrios de precios más bajos. Este fenómeno puede afectar a toda una familia, o a jóvenes que desean emanciparse pero no pueden mantener su residencia en el barrio en que vivieron su infancia y su juventud y en el que tienen sus referentes y amigos.

En el caso de un DI como el barrio del Poblenou de Barcelona, los afectados son personas y familias que no pueden participar de la nueva dinámica económica del DI. La casuística es muy diversa: familias con personas mayores que pagaban un alquiler «de toda la vida» ven aumentados estos alquileres por parte de las empresas inversoras, las cuales, ante la expectativa de incremento de los precios, van adquiriendo edificios enteros del barrio (véase figura 9.4).

Personas jóvenes con formación universitaria, pero sin salidas en el mercado laboral, se ven afectadas también por este fenómeno; jóvenes formados en disciplinas académicas no tecnológicas no encuentran el lugar de trabajo que las empresas tecnológicas o de servicios cualificados demandan. El predominio de las profesiones relacionadas con las TIC deja fuera del mercado laboral de un DI, o de cualquier ciudad, a jóvenes que no tienen otra salida que el subempleo en actividades de servicios de bajo valor añadido. Licenciados en filosofía, comunicación o medio ambiente, o muchos otros, no tienen otra salida laboral que la que les ofrecen en el sector servicios en grandes superficies comerciales o en trabajos de distribución en la ciudad.

Figura 9.4. Rambla del barrio del Poblenou de Barcelona, eje del Distrito 22@ y centro del proceso de gentrificación del barrio.

El resultado de este fenómeno es la modificación de la composición social de estos barrios, afectando a las actividades asociativas y culturales del mismo, con el riesgo de caer en una uniformidad cosmopolita que se debería tratar de evitar en un distrito innovador. Mediante el proceso de gentrificación, gente cualificada profesionalmente y con un determinado nivel de ingresos ocupa un nuevo barrio en el que antes vivían otras personas.

Para los habitantes de un barrio en transformación lo importante es el «valor de uso» de sus viviendas y espacio público, mientras que el mercado solo tiene en cuenta el «valor de cambio» de un espacio urbano determinado. El primero genera un sentimiento que otorga un determinado lugar que hemos convertido en el escenario de nuestra vida; es el espacio que satisface nuestras necesidades de todo tipo, la identidad de formar parte de un colectivo y la seguridad que ello comporta.

En sentido contrario, el «valor de cambio» comporta la mercantilización de este territorio, obviando los otros valores que son importantes para la vida de las personas. El sentimiento de pertenencia y de seguridad se ve desplazado por la visión mercantil de un espacio urbano, subordinando los valores de uso a los valores de cambio.

Todo este proceso genera frustración en las personas afectadas, y comporta situaciones de conflicto social que los poderes públicos deberían saber gestionar, anticipándose a determinadas situaciones que, cuando se producen, ya resultan de difícil solución.

Medidas de política pública que han activado algunas ciudades son, por ejemplo, la promoción de la vivienda pública y la protección de los inquilinos, ejerciendo las herramientas y las capacidades más adecuadas de que dispone la administración local. Otra posible medida es el acceso de la población de origen a puestos de trabajo que se crean en el DI, por vía directa mediante la gestión eficiente del mercado laboral, o a través de la conexión del mundo empresarial con el sistema educativo de la ciudad.

Movilidad y coste de vida

En el tema de la gentrificación y la cohesión social de los barrios interviene un factor cultural relacionado con la movilidad, con la mayor o menor facilidad y costumbre de cambiar de vivienda y de ciudad o país. En general, los europeos estamos muchos más anclados en nuestra propia ciudad o en el país que los norteamericanos.

Es posible que esto esté cambiando con las generaciones jóvenes, sobre todo las mejor formadas, que para ejercer su profesión están dispuestos a ir a cualquier país europeo. El dominio del inglés entre estas generaciones está facilitando este cambio cultural. Sin embargo, una buena parte de la población de las ciudades desea seguir viviendo en el barrio donde nació o donde decidió vivir a una edad todavía joven.

Una vez las generaciones de jóvenes personas o familias emigraron del campo a la ciudad, con las dos primeras revoluciones industriales, una gran mayoría se instalaron en la ciudad y decidieron residir allí, a menudo en el mismo barrio, para el resto de su vida. El núcleo familiar extenso de varias generaciones ha actuado de aglutinante de proximidad, y la vida social de los barrios ha reducido la movilidad residencial al mínimo, cuando es imprescindible por razón de cambio de lugar de trabajo, y aun así si es posible desplazarse en coche o en tren a una distancia máxima de una hora.

En cambio, las familias norteamericanas están desperdigadas por todo el país e incluso en otros países. Se considera que actualmente la mitad de las familias americanas cambian su dirección de residencia cada cinco años, una cifra impensable en los países europeos. Actualmente un 33 por ciento de los americanos residen en un estado distinto del que nacieron y casi el 50 % de los graduados universitarios se desplazan de su estado de nacimiento cuando tienen 30 años.

Este enraizamiento en la ciudad y en el barrio de las poblaciones europeas, con relación a las americanas, tiene ventajas e inconvenientes. Por un lado, la gran movilidad americana suele tener costes personales y sociales. Las relaciones personales que se habían establecido, sobre todo por parte de los jóvenes, se rompen porque los padres tienen que ir a vivir a otro estado. El sentido de pertenencia a una comunidad, común en las ciudades europeas, se pierde con la extraordinaria movilidad americana. Relaciones familiares entre padres e hijos cambian de contexto; por ejemplo, el tradicional cuidado de los abuelos propio de comunidades rurales se está debilitando con el aumento de la movilidad.

Por otra parte, la cultura de la movilidad americana tiene algunas ventajas, como el mayor aprovechamiento de oportunidades profesionales, que en el contexto europeo no se manifiestan; a menudo renunciamos a un mejor empleo porque deberíamos ir a otra ciudad o a otro país con una nueva lengua y cultura, y esto muchas veces es un freno que programas de la UE con el Erasmus creo que no han reducido de forma muy significativa. Los estudiantes van seis meses a otro país, pero vuelven a casa de sus padres o a la misma ciudad de la que se fueron por una temporada. En Estados Unidos se mueven y se quedan donde han estudiado, o se van de una costa a otra como algo normal en un país sin barreras de idiomas.

Otro factor diferencial en el caso español es el bajo porcentaje de viviendas en alquiler y de parque de vivienda pública en relación con otros países europeos. Durante muchos años, el acceso a la propiedad de la vivienda ha sido una aspiración sinónimo de ascenso social, que ha dado como resultado un parque de viviendas de alquiler muy reducido y rígido que ha desincentivado la movilidad.

Según un estudio del Ministerio de Fomento del gobierno español, los hogares que residen en una vivienda en alquiler en España representaron en 2017 el 23,3 %, alcanzando los valores máximos de las últimas décadas. No obstante, se trata de tasas mucho más bajas que en el conjunto de la Unión Europea, donde existe una media de 30,8 % según los últimos datos de Eurostat.

Por otra parte, la propensión a la movilidad es en general superior entre los graduados universitarios que entre las personas con niveles educativos inferiores, como resultado del fracaso escolar que en algunos barrios tiene niveles muy elevados.

Todas estas situaciones agudizan el problema de la gentrificación en los barrios tradicionales de clases medias que, como en el caso del Poblenou de Barcelona, se manifiestan en un rápido proceso de atracción de profesionales de toda Europa, movidos por un distrito innovador y por la calidad de vida de esta zona de la ciudad.

Esta movilidad creciente y el efecto de atracción hacia un distrito innovador o hacia un barrio colindante generan un importante aumento del coste de la vida y, sobre todo, del coste de la vivienda ,tanto en régimen de propiedad como de alquiler. Y esto afecta sobre todo a dos colectivos. Primero a las personas de todas las edades que residen en pisos de alquiler, en un mercado de oferta reducido, donde un incremento notable de la demanda tiene como consecuencia inmediata a corto plazo un gran incremento de los precios de alquiler que las familias residentes no pueden asumir. La única salida es el traslado a otros barrios o a otras ciudades de la región metropolitana.

Por otra parte, muchos jóvenes que deseaban emanciparse no pueden hacerlo y solo tienen dos alternativas, seguir con sus padres o salir del barrio. Para poder desarrollar su proyecto vital no tienen otra solución que cambiar de domicilio hacia otros barrios de la ciudad. En ambos casos se produce el fenómeno de la gentrificación, donde una nueva *gentry* de mayor poder adquisitivo desplaza a la población original.

La vivienda pública, con distintas variantes de la VPO (vivienda de protección oficial), actualmente tiene un peso muy limitado en la oferta de vivienda, y cambiar esta situación no es fácil y, en el mejor de los casos, sus efectos significativos serian a medio y a largo plazo. Con todo, la oportunidad de generar suelo público para VPO, resultado de la transformación urbanística de suelo industrial en declive, es una de las pocas posibilidades que hay actualmente para mejorar de forma significativa este problema de la gentrificación.

En el área metropolitana de Barcelona hay actualmente unas 10.000 hectáreas de suelo industrial, con una baja densidad de construcción y de ocupación, en muchos casos en proceso de degradación progresiva, que representan una oportunidad para transformarse en zonas urbanas con mezcla de usos. Se estima que aproximadamente una tercera parte del suelo industrial actual, el más integrado en la trama urbana de las ciudades, se podría transformar en el sentido apuntado. De esta forma, durante los próximos 30 años se podría lograr un aumento significativo de la oferta de vivienda tanto pública como privada, en un modelo de ciudad compacta con creación de nuevos puestos de trabajo en la propia ciudad.

9.3. Conexiones del subsistema social con los otros tres subsistemas

Para la integración social de las ciudades, el pensamiento sistémico aplicado a un DI y a las políticas sociales de la ciudad nos lleva a poner en valor la relación entre subsistemas. Valoraremos el papel de estas relaciones y de sus conclusiones operativas para la integración social.

La nueva ciudad del conocimiento, basada en la promoción y desarrollo de distritos innovadores, será una ciudad inclusiva, segura, democrática, multicultural y tolerante; en definitiva, será una ciudad socialmente integrada. El urbanismo, la especialización económica y las bases de conocimiento estarán al servicio de este bien superior.

El subsistema urbanístico

La relación entre el urbanismo que reclama la nueva ciudad del siglo XXI y lo que llamamos el subsistema social, es evidente. **La creación de un nuevo espacio urbano, formado por edificios de distintos usos y espacio público, debe estar al servicio del bienestar de la comunidad que acoja y de la de su zona de influencia.**

Mediante el planeamiento urbanístico que hemos visto en capítulos anteriores, se definen unos usos del suelo y unas intensidades edificatorias que luego se llevan a la práctica mediante la urbanización posterior y la construcción de nuevas edificaciones. Durante este proceso, y siguiendo las directrices de la Ley del Suelo, las administraciones públicas están obligadas a aplicar unas cargas urbanísticas en relación directa con las futuras plusvalías obtenidas por los propietarios del suelo.

Las cargas urbanísticas se aplican básicamente para financiar la urbanización general del suelo, que incluye las infraestructuras básicas, el espacio público y los equipamientos necesarios, también para dotar de suelo público a la comunidad y, de otro modo, como participación porcentual sobre el aprovechamiento de la construcción que se deriva.

Todo ello se traduce en la generación de recursos públicos en interés de la comunidad, que pueden aplicarse de una forma u otra en función de las políticas públicas, pero que legalmente deben aplicarse en interés público. Se abren así varias posibilidades en beneficio de la integración y de la cohesión social.

En primer lugar, la urbanización del espacio público, mediante el diseño orientado a favorecer el intercambio y la creación de sentido de comunidad y pertenencia de sus habitantes, integrándolos plenamente al nuevo barrio y a las zonas fronteras que hemos referido y a los vecindarios más o menos colindantes, que compartirán el uso de estos nuevos espacios públicos. También se podrá considerar la creación de espacios simbólicos y elementos arquitectónicos y escultóricos que den personalidad y doten de sentido de pertenencia al nuevo barrio.

En segundo lugar, es de suma importancia pensar que mediante el proceso urbanístico se genera suelo de titularidad pública, que debe ser destinado por ley a infraestructuras básicas (redes de agua, desagüe, suministro energético, espacios para la movilidad, calles, aceras, ciclovías, etc.); equipamientos (que variarán en función del grado de necesidad del barrio); el ya mencionado espacio público (parques, plazas, jardines….) y también a vivienda pública de orden social, habitualmente vinculada a diversos tipos y grados de protección. En algunos países y regiones se establecen unos mínimos obligatorios de vivienda subsidiada, para facilitar el acceso a la vivienda de las personas más necesitadas.

Otro aspecto importante a tener en cuenta es el concepto de la participación pública en el «aprovechamiento» de una parte del techo construido; esto significa que la administración actuante dispone de un activo en forma de viviendas o de oficinas según los usos del inmueble, que debe destinarse en beneficio de la comunidad. En el caso de viviendas permite el incremento del parque de vivienda pública para determinados colectivos. Si son oficinas, se puede monetizar su valor patrimonial para destinarlo a financiar actuaciones de interés comunitario en el propio ámbito territorial.

El subsistema económico

En el capítulo 7, al tratar el modelo económico del DI, nos hemos referido a distintas metodologías para definir y aplicar procesos de especialización del ecosistema innovador, para la promoción y el desarrollo de clústeres urbanos.

Este proceso, que también hemos llamado de especialización inteligente del DI, permite varias externalidades positivas para el conjunto de la sociedad, tanto del propio distrito como de los barrios próximos al mismo, todas ellas relacionadas con la capacidad de generar puestos de trabajo para personas que ya residen en la propia ciudad.

En primer lugar, destacaríamos que una parte de los puestos de trabajo directos, más o menos cualificados, que serán demandados por las empresas del DI pueden ser ocupados por personas residentes en la propia ciudad. Este aspecto es de interés de todos, tanto de las propias empresas, que disponen de una parte de la mano de obra necesaria, como de la población en general, que aumenta su perspectiva y su nivel de ocupación. Todo ello aparte de los puestos de trabajo necesarios para la construcción del distrito, la cual puede durar más de veinte años.

En segundo lugar, los puestos de trabajo indirectos, derivados de la demanda de productos y servicios de los ocupantes del distrito. El sector servicios puede tener un fuerte desarrollo en la ciudad, a partir de la demanda interna que comporta el nuevo distrito. Recordemos que la relación entre un puesto de trabajo *high-tech* y los derivados en servicios de la ciudad se estimaría de 1 a 5.

En tercer lugar, un fuerte tejido empresarial e institucional, como el propio de un DI, puede generar complicidades y acuerdos de patrocinio y mecenazgo con entidades sociales del tercer sector, en beneficio de la cohesión y de la integración social de la ciudad.

El subsistema de conocimiento

En el capítulo anterior hemos tratado el sistema de conocimiento del DI, sobre todo analizando el papel de las universidades, los centros de I+D y los centros tecnológicos, elementos clave del ecosistema innovador en relación con la estrategia económica. La relación de estos elementos con el subsistema social puede plantearse desde distintos aspectos y permite oportunidades diversas.

Está demostrado que existe una relación positiva entre nivel educativo y nivel de ingresos salariales, y que las diferencias en los niveles de renta están aumentando, tanto entre personas de distinto nivel de formación como entre las ciudades que acogen a estas personas. Las diferencias salariales se dan entre graduados y no graduados, pero en los países más avanzados estas diferencias están aumentando todavía más con algunos cursos Masters. De ahí que la conexión de un DI con el sistema educativo de un distrito es muy importante.

Cabe destacar la relación de las universidades con el sistema educativo primario y secundario. Esta colaboración puede favorecer el desarrollo de nuevas vocaciones para la ciencia o para la tecnología mediante programas conjuntos entre instituciones, favoreciendo el puente de conexión entre los distintos niveles de la enseñanza. Estos programas de colaboración deberían tener una incidencia especial en dos colectivos. Por un lado, los alumnos de la enseñanza primaria y los de secundaria, que podrían ver cortado su posible tránsito de la secundaria a la universidad. Por otro lado el colectivo femenino, que está claramente poco representado en las carreras universitarias de carácter técnico y científico. Asimismo, los jóvenes de familias con pocos recursos económicos podrían beneficiarse de un sistemas de becas, a financiar mediante la creación de fondos público-privados destinados a este fin.

Otro aspecto de la colaboración entre la universidad y el sistema educativo del barrio seria mediante el intercambio de profesorado en uno y en otro sentido, y con la participación de profesores de la universidad en materias críticas como por ejemplo la digitalización y el cambio tecnológico, la transición de modelo energético y el cambio climático o algunos temas relacionados con las ciencias sociales y la ciudad.

Los centros de I+D y centros tecnológicos, en relación con el subsistema social, podrán reforzar las capacidades tecnológicas del sistema educativo primario y secundario, aportando expertos a la formación y facilitando la posibilidad de visitas y de trabajos en prácticas en sus centros.

El conjunto del sistema de conocimiento del distrito, formado por universidades, centros de I+D y centros tecnológicos, deberá actuar en el sentido de orientar sus actividades educativas, de investigación y desarrollo y de innovación hacia la especialización productiva del territorio, desarrollando programas formativos a todos los niveles alineados con esta especialización. **La relación entre la especialización productiva y el subsistema de conocimiento tiene fuertes implicaciones sociales, en el sentido de generar oportunidades a la población estudiantil de todos los niveles para participar en la dinámica económica del distrito.**

Finalmente, la participación del subsistema de conocimiento en los procesos de innovación social del apartado 9.4, socializando los procesos de innovación y extendiéndolos al conjunto de la sociedad.

Algunas conclusiones provisionales

De las ideas y propuestas desarrolladas en el presente apartado, sobre la relación sistémica del subsistema social con los restantes elementos del ecosistema innovador, podemos resumir las posibles acciones a desarrollar en este sentido. Son las siguientes:

a) La urbanización del espacio público mediante el diseño orientado a favorecer el intercambio y la creación de sentido de comunidad, creando espacios simbólicos de referencia para los barrios.

b) La creación de suelo de titularidad pública, que puede ser destinado a vivienda pública y a equipamientos diversos para la comunidad.

c) La utilización del mecanismo de la aplicación de cargas urbanísticas de «aprovechamiento», que significa que la administración actuante dispone de mecanismos para financiar actuaciones de interés público.

d) La puesta en marcha de programas educativos de adaptación para que una parte de los puestos de trabajo directos, que serán demandados por las empresas del DI, puedan ser ocupados por personas residentes en la propia ciudad.

e) El desarrollo de programas para ocupar los puestos de trabajo indirectos, derivados de la demanda de productos y servicios de los ocupantes del distrito.

f) La generación de complicidades y acuerdos de patrocinio y mecenazgo con entidades sociales del tercer sector, en beneficio de la cohesión y de la integración social de la ciudad.

g) Los centros de I+D y centros tecnológicos podrán reforzar las capacidades tecnológicas del sistema educativo primario y secundario del distrito, aportando expertos a la formación y facilitando la posibilidad de visitas y de trabajos en prácticas en sus centros.

h) Finalmente, el conjunto del sistema de conocimiento del distrito deberá actuar en el sentido de orientar sus actividades educativas, de investigación y desarrollo y de innovación hacia la especialización productiva del territorio.

En cada proyecto de distrito innovador se deberán establecer las prioridades, la intensidad y el programa temporal de cada una de estas ocho posibles acciones dirigidas a reforzar la integración social del entorno urbano que forma el DI.

9.4. Innovación social

Al tratar la innovación social no podemos dejar de hacer referencia al fenómeno de los «*living labs*» que, bajo formas distintas, han proliferado en algunas ciudades de Europa y en algunos países de América Latina. Se trata de organizaciones que tratan de extender la práctica de la innovación al conjunto de los ciudadanos, creando ecosistemas urbanos en los que se relacionan distintos actores sociales y del conocimiento, promoviendo proyectos de innovación de interés de la sociedad mediante la práctica del codiseño y la cocreación por parte de todos los actores. El fenómeno de los *living labs* representa un cambio cultural que intenta romper las fronteras tradicionales de las instituciones del conocimiento, socializando los procesos de innovación como procesos de y para la sociedad.

Se tratará primero de analizar los elementos de este subsistema social, en el marco del sistema superior del DI, por ejemplo, cuáles son sus actores y participantes y los procesos a tener en cuenta para su creación. Posteriormente veremos el caso del *citilab* de Cornellà (Barcelona) para conocer la forma de crear y difundir una cultura de innovación mediante la realización de proyectos innovadores en una ciudad de la periferia industrial de la ciudad de Barcelona.

Uno de los agentes propios de un ecosistema como un distrito innovador, directamente relacionado con su subsistema de integración social, es un *living-lab* o *citilab*. Cabe destacar un aspecto importante que siempre manifiesta uno de los líderes intelectuales y fácticos de la innovación social que es el profesor de la Universidad Politécnica de Cataluña, Artur Serra, y es que la segunda «i» de *citilab* es una «i» latina y no griega. No es la «y» de *city* sino la «i» de ciudadanos, como un espacio y una organización orientada a la innovación de la ciudadanía.

El propio Artur Serra (2013), en un artículo publicado en el número 23 de la Revista Iberoamericana de Ciencia, Tecnología y Sociedad, propone la necesidad de plantearse tres problemas para los laboratorios ciudadanos, que el autor resume a partir de tres preguntas.

Primero, ¿qué papel pueden jugar los *living labs* en relación con la perspectiva de la sociedad del conocimiento y qué cambios pueden producir en los actuales sistemas de innovación? ¿Cómo se puede visualizar su escalabilidad y universalización? ¿Cómo serán adaptados por diferentes países y culturas?

Un segundo problema es qué papel juegan en relación con el nuevo rol de las ciudades como nuevos actores de dichos sistemas.

Y por último, ¿podrían los *living labs* considerarse la base de una nueva ciencia del diseño y construcción de sistemas de innovación abiertos? ¿Qué nuevos campos de investigación e innovación abren? ¿Qué nuevo tipo de profesionales implican?

Se trata de tres preguntas relevantes que nosotros situamos en el marco de un ecosistema más amplio que llamamos distrito innovador; **los *living labs* o *citilab*s o laboratorios ciudadanos pensamos que deben ser elementos de un concepto más amplio que llamamos *hub* in-**

novador, como pieza esencial para la innovación social de un DI. En este sentido, un *citilab*, como órgano de un DI, podría formar parte de un subsistema más amplio, el *hub* innovador, que incluiría otros espacios y funciones como los llamados *coworkings* y *colivings*, *fab-labs* y otros espacios que en conjunto tienen el objetivo de implicar a la ciudadanía en procesos de codiseño y la cocreación, como hemos presentado en el capítulo 4 dedicado a los ecosistemas innovadores.

Asimismo, y para el conjunto de la ciudad, planteamos la posibilidad de crear redes ciudadanas de innovación social, que aproximen el *hub* a los barrios de la ciudad, como centro de esta red ciudadana. Esto permitiría a los ciudadanos implicados tener un acceso fácil, y lo más próximo posible, a un lugar de encuentro, para desarrollar este tipo de actividades como las herramientas para aprender a diseñar y a desarrollar innovaciones de interés para la sociedad.

Los agentes directos de promoción y de participación en estas iniciativas son los siguientes:

a) La administración pública como parte interesada en mantener un modelo de innovación que permita el crecimiento y el desarrollo económico del territorio, al mismo tiempo que se acerca a la sociedad.
b) Las universidades y los centros de generación de conocimiento (fundaciones, institutos de I+D, centros tecnológicos), que pueden aportar conocimientos para buscar nuevos usos y funcionalidades, al mismo tiempo que los ponen en valor.
c) Las empresas privadas, que pueden manejar modelos de innovación exógenos que busquen nuevos mercados o nuevas líneas de negocio.
d) Los ciudadanos, que pueden satisfacer sus inquietudes personales y laborales desarrollando proyectos de innovación adecuados a sus necesidades.

En este modelo, el ciudadano juega un papel importante en el proceso innovador, papel cada vez más necesario en un concepto amplio de innovación, pasando de los laboratorios especializados de universidades y centros de I+D públicos y privados, al conjunto de la sociedad. Se trata de una verdadera democratización del proceso innovador, como derecho de ciudadanía que implica e interpela al conjunto de la sociedad, de forma similar a lo que representó la invención de la imprenta en el siglo XV. El acceso a la información que representa internet, y la creación de redes globales de conocimiento, permiten este cambio de paradigma del modelo de innovación.

El *citilab* de Cornellà

Con esta premisa, el *citilab* de la ciudad de Cornellà, situada en el área metropolitana de Barcelona, abrió sus puertas en noviembre de 2007 en una antigua fábrica industrial, Can Surís, situada en un barrio obrero de la ciudad. Se trataba de poner en marcha con carácter experimental, en un espacio concreto, un modelo de *living lab*, en donde distintos actores pudieran desarrollar actividades de innovación relacionadas con la sociedad, para intentar diseñar una nueva metodología de trabajo que identifique este tipo de instituciones al servicio de la ciudadanía.

Seguidamente se presenta el proceso de trabajo que actualmente se aplica en los proyectos del CitiLab de Cornellà, fruto de la experiencia desarrollada durante estos años de trabajo.

Figura 9.5. Edificio de la antigua fábrica de Can Surís, actual sede del *citilab* de Cornellà. [Fuente: Web Citilab de Cornellà.]

Las tres capas del modelo

Se distinguen tres capas de actuación:

a) *La capa de aportación metodológica* es la que da al sistema los elementos necesarios para que se genere un ecosistema de convivencia que permita a los cuatro actores mencionados satisfacer sus necesidades de una manera equitativa.
b) *El desarrollo de proyectos* que terminan en la generación de soluciones transformadoras de realidades y que tienen como actores principales a los ciudadanos en colaboración con los citados centros de conocimiento.
c) *La aportación de necesidades*, que se origina tanto por parte de la administración pública como de la empresa privada, que buscan en los ciudadanos la ideación y desarrollo de conceptos que puedan dar soluciones concretas a las mismas.

Estas tres capas trabajan en paralelo para la creación de elementos del ecosistema y la generación de relaciones entre ellos. Estos elementos que se crean pueden sobrevivir o no; es el propio ecosistema el que se encarga de seleccionarlos. Las distintas capas se interrelacionan entre sí, de forma permanente mediante distintos formatos, siguiendo la metodología utilizada.

En la primera capa es el *living lab* el que aporta la metodología, apoyado por otras entidades de generación de conocimiento e investigación. En la segunda capa se pone de manifiesto la capacidad de iniciativa del ciudadano. Por último, la tercera capa está dominada por agentes externos, administración pública y empresas, que al mismo tiempo son clientes de los *living labs*, aportan sus necesidades para ser resueltas y promueven proyectos de innovación para resolver estas necesidades.

El papel de un *living lab* es definir el modelo de este ecosistema abierto y hacer que el equilibrio entre actores y capas funcione, introduciendo los conocimientos, las metodologías y las técnicas para asegurar la coordinación entre agentes de manera que se consigan los resultados satisfactorios esperados, en beneficio de todas las partes.

Este ecosistema requiere la participación de todos los actores de una manera voluntaria y constructiva, siguiendo un proceso que puede llevar varios años, dependiendo de factores como la madurez para el cambio, la capacidad de conexión de los agentes implicados y la capacidad de planificación y de gestión del propio centro.

El resultado del proceso es un proyecto, objeto o servicio que se pone a disposición de la comunidad, y es en el proceso de creación de este objeto cuando se producen el aprendizaje, el diseño y la innovación.

Otras dos funciones básicas del *living lab* en este punto son la conexión con las otras dos capas del modelo, en la que predominan los otros actores del ecosistema. Por un lado, conectar estos proyectos con entidades que generan conocimiento especializado en algunas materias. Por el otro, las empresas y entidades sociales y públicas que tienen la necesidad de transformar realidades creando nuevos productos o servicios para sus usuarios.

El conocimiento conceptual y práctico de las personas que participan en una experiencia como la del *citilab* de Cornellà, y la capacidad de integración de este modelo en un *hub* de innovación de un DI, son aspectos importantes a tener en cuenta en el subsistema de integración social que hemos tratado en el presente capitulo.

Ideas clave

1. El círculo vicioso o estigma de los barrios degradados, del que las familias que esperan progresar sueñan con marchar, puede intentar superarse con políticas sistémicas integradoras, entre las que destaca la conexión del sistema educativo con las empresas de un distrito innovador.
2. El acceso a la educación y posterior entrada en el mercado laboral cualificado puede permitir que una parte de los jóvenes del barrio puedan salir del círculo de pobreza en la que muchos vecinos están instalados.
3. En la fase inicial de diseño del distrito innovador se debería tener en cuenta el fenómeno de la gentrificación, activando los distintos subsistemas del DI, y mediante políticas como la promoción de la vivienda pública.
4. El planeamiento urbanístico permite que las administraciones públicas apliquen cargas urbanísticas a las plusvalías obtenidas por los propietarios, que se aplican a la urbanización del suelo, y doten de suelo público a la comunidad. Este es uno de los instrumentos más importantes para la integración social en el caso del desarrollo de un DI.

5. El fenómeno de los *living labs* representa un cambio cultural que intenta romper las fronteras tradicionales de las instituciones del conocimiento, socializando los procesos de innovación como procesos de y para la sociedad.

10
GOBERNANZA DEL DISTRITO INNOVADOR

En el capítulo 2 nos preguntábamos por qué fracasan tantos proyectos en el ámbito de la innovación y la tecnología, y veíamos que, como resultado de un proceso de análisis sobre casos concretos, las causas principales tienen que ver con el modelo de gobernanza del proyecto. Es por tanto la gobernanza el factor clave para el éxito del proyecto de un distrito innovador. Pero, ¿qué es la gobernanza de un proyecto?

10.1. Gobernanza y gestión de un distrito innovador

La *gobernanza* es un concepto amplio que incluye la gestión pero que, en general, va mucho más allá, incorporando conceptos como el liderazgo en el impulso estratégico, la cultura y la gestión del proyecto, la definición de objetivos claros y compartidos o las alianzas y el partenariado público y privado. En el presente apartado iremos repasando estos temas y los aplicaremos al caso de un distrito innovador.

¿Qué es la gobernanza?

El término «gobernanza» es un neologismo que viene del inglés *governance*. Con frecuencia se utiliza como sinónimo de gobernabilidad, pero este más bien sería la traducción de *governability*, el cual se aplicaría de forma más restringida al ámbito de la gobernabilidad de las instituciones públicas.

La necesidad y la expansión del uso de estas palabras durante los últimos años demuestran el cambio profundo que se está produciendo en las relaciones de poder en todo el mundo. La globalización y el acelerado desarrollo de las Tecnologías de la Información y la Comunicación han provocado la eclosión de un complejo entramado de corporaciones públicas y privadas, globales y fuertemente interrelacionadas, que han pasado por encima de los estados nacionales modernos, desmoronando el concepto clásico de «gobierno».

Por otro lado, la complejidad organizativa e institucional ha aumentado enormemente con el fuerte crecimiento de un tercer sector situado entre lo público y lo privado, que realiza funciones que antes estaban reservadas al dominio público y que hoy requieren de fórmulas público-privadas con modelos de gobernanza distintos a los de la clásica gobernabilidad de los estados nacionales.

La gobernanza es un concepto que pretende describir y ayudar a gestionar un sistema complejo, en rápido proceso de transformación, que se produce a distintos niveles, de lo local a lo mundial, y en distintos sectores, público y privado.

En un mundo globalizado y competitivo como el actual, los poderes públicos y las corporaciones privadas necesitan adoptar nuevas estrategias de actuación mediante la incorporación de innovaciones organizativas y de gestión. Estas innovaciones dependen de la actuación conjunta y coordinada de las organizaciones públicas con actores privados y con los ciudadanos. En gran medida, pues, **la nueva gobernanza consiste sobre todo en la confluencia y difícil equilibrio entre la eficiencia y la participación democrática, entre organizaciones eficientes y la creación del consenso social necesario.**

La gobernanza de un distrito innovador

Los proyectos complejos, como es el caso de un DI, se deben gestionar de forma apropiada para conseguir los objetivos propuestos. Para proyectos con un elevado grado de complejidad, la gobernanza, es decir, la capacidad de gobernar o dirigir una determinada organización, pasa a ser el elemento fundamental para el éxito del mismo. Si falla este factor, el proyecto sencillamente no funciona o no alcanza los objetivos previstos. Las condiciones estructurales para la gobernanza aplicada a un proyecto complejo serían las siguientes:

a) Liderazgo.
b) Órgano de representación.
c) Órgano de gestión.

Al definir un modelo de gobernanza para la gestión de proyectos complejos (Barceló y Guillot, 2013) se debe tener en cuenta el liderazgo del proyecto, que suele concentrarse en una persona que tiene la visión del proyecto, que la comunica dentro y fuera de la organización, y que orienta las acciones necesarias para alcanzar los objetivos propuestos.

Al mismo tiempo, se debe tener en cuenta la estructura de poder y de capacidad de decisión, y la estructura profesional o de gestión, así como la interrelación entre un ámbito y el otro. El órgano de representación donde se reúne el poder político debe ser representativo de las distintas partes implicadas y debe responder a criterios de eficacia y de capacidad de liderazgo estratégico. Este órgano de representación, que se concreta en la figura de un consejo, es donde se produce el necesario consenso entre los agentes implicados.

Por otra parte, el órgano de gestión debe responder a criterios profesionales y de estabilidad en el tiempo, por encima de los sucesivos cambios en el órgano de representación.

Desde un punto de vista funcional, los tres niveles de gobernanza deben ejercer sus funciones de forma correcta. Si es así, si las decisiones son acertadas y la gestión es apropiada, el proyecto tiene posibilidades de avanzar. Vemos, pues, con un simple cálculo estadístico, que la probabilidad de que un proyecto complejo llegue a buen fin es bastante baja, en la medida en que la probabilidad total es el producto de las probabilidades parciales.

En el caso de proyectos que requieren de un liderazgo público o con fuerte presencia de este sector, como es el caso de un proyecto de DI, la práctica nos dice que la cosa se complica aún más, puesto que se suelen presentar problemas en los tres niveles: falta de liderazgo, falta de representación y consenso, y bajo nivel de profesionalidad, a menudo fruto de criterios partidistas y amiguismos, faltos de visión estratégica de ciudad o de país.

Una parte significativa de la capacidad de gobernanza consiste en la capacidad de gestión, en cómo se gestiona el sistema complejo, que además es probable que aumente su complejidad a lo largo del tiempo y por tanto la dificultad de gestión.

A nivel empresarial, estos modelos de gobernanza plantean nuevos retos tanto a las grandes empresas como a las pequeñas o medianas, sobre todo las de carácter familiar. La aplicación del principio de Peter, la no separación de la propiedad de la gestión profesional, la tendencia a la jerarquización de las organizaciones o la incapacidad para promover organizaciones innovadoras nos lleva a fórmulas de gobernanza inoperantes que están lastrando gravemente a muchas empresas.

Así pues, sin la capacidad de traducir los objetivos y principios más ambiciosos y loables en instrumentos de gestión concretos, tangibles e intangibles, no será posible conseguir dichos objetivos. Por ejemplo, la gestión de la innovación en una organización requiere de instrumentos como las promociones, los incentivos económicos o la formación, para fomentar las mejores prácticas que logren éxitos y sirvan de ejemplo, envíen señales a la organización y alineen intereses. Su repetición convertirá las mejores prácticas en cultura corporativa. La cultura organizativa, un elemento intangible, no se crea con buenas intenciones y palmadas en la espalda.

La gobernanza de un distrito innovador se debe situar correctamente a tres niveles:

a) *Nivel de la organización del distrito innovador:* a este nivel se deben concretar desde el principio, en la fase de definición de un proyecto, lo que hemos llamado las tres condiciones estructurales para la gobernanza, que son el liderazgo, los órganos de representación y el órgano de gestión. Liderazgo público con partenariado público-privado, participación real de los principales agentes de la cuádruple hélice y capacidad de gestión ejecutiva, estable en el tiempo y con un elevado nivel profesional. Es el caso de la entidad pública o privada responsable del proyecto de distrito.
b) *Nivel de los clústeres y de otros organismos del conocimiento:* cada órgano participante en el modelo debe poder participar activamente en la definición de sus estrategias y sus planes de trabajo. El necesario liderazgo de cada uno de estos organismos debe equilibrarse con mecanismos participativos reales y efectivos. Organismos como un clúster o un centro tecnológico están participados por muchos agentes, que deben tener iniciativa en la toma de decisiones y en sus actividades. Son los organismos que hemos definido en los capítulos 7 y 8.
c) *Nivel de los agentes del distrito:* sería el nivel de los agentes y organismos individuales, como empresas, universidades y otros agentes públicos y privados, que deben poder participar en los órganos de gobierno y de representación de los dos niveles anteriores.

Además, la gobernanza de un distrito innovador no debe ser algo estático, sino que debe evolucionar, a sus distintos niveles, de acuerdo con los cambios y con el aumento de la complejidad del ecosistema.

Gobernanza y aliados estratégicos

Un proyecto complejo solamente tendrá éxito si es capaz de tejer las alianzas necesarias entre el mundo empresarial y el entorno público. La tentación de hacer lo que uno quiere o de hacerlo solo es elevada, pero, sin embargo, en el contexto de la complejidad actual eso no es posible, y uno debe ser consciente de la necesidad de compartir incluso aquellos elementos más estratégicos y propios, como la toma de decisiones, entre otros. Las alianzas requieren participación, responsabilidad y compromiso mutuo.

Como afirmaba Séneca en sus *Cartas a Lucilio*, en la vida es muy importante estar bien acompañado. Decía el gran filósofo romano: «Si pudiera elegir la sabiduría con la condición de mantenerla oculta y no revelarla a nadie, la rechazaría. La posesión del bien no te hace feliz si no hay compañero». Además, es más divertido que andar solo por la vida.

El primer paso a la hora de establecer una alianza es definir la naturaleza del aliado que se necesita. Un análisis de la estrategia del proyecto permite entender el tipo de aliado apropiado. Implicarle desde el principio es un elemento crítico para el buen desarrollo de la alianza, porque se pueden compartir elementos fundamentales que aún están por decidir. Uno puede definir la estrategia inicial y tomar la iniciativa de forma individual, pero si no implica a los aliados desde el primer momento corre el riesgo de plantear erróneamente el proyecto y excluir implícitamente a los posibles socios. Por otro lado, cabe decir que compartir el proyecto desde el primer momento no debe suponer la pérdida del control.

En el caso de una ciudad que se plantea promover un nuevo distrito innovador, la alianza con los gobiernos de nivel superior, el regional, si existe, y el nacional, así como alianzas con las principales universidades y las empresas tractoras de los sectores que se consideren prioritarios, será crítica para el éxito del nuevo distrito.

Una alianza no conlleva la renuncia al liderazgo ni la sumisión de ninguna de las partes. El equilibrio de responsabilidades del acuerdo no debe tampoco bloquear el conjunto o las decisiones. No todo debe ser compartido; debemos poner por delante el buen funcionamiento del proyecto. Para establecer este diálogo, uno debe tener la convicción de disponer de un proyecto sólido inicial, que dé fuerza en el establecimiento del equilibrio necesario en la alianza. A medida que el proyecto evoluciona y la construcción de nuevas alianzas se hace necesaria, el proyecto y la gestión de la posible tensión entre las partes se hacen cada vez más complejos.

Como decíamos, el primer paso consiste en determinar el perfil de los aliados que requerimos. Podemos también estructurarlos por categorías según su naturaleza, de forma que para cada categoría se pueda pensar en diferentes alternativas. Volviendo al caso del desarrollo urbanístico, y más específicamente al proyecto 22@Barcelona, las categorías de aliados más relevantes en el momento inicial del proyecto eran la Administración Pública, las universidades y los promotores inmobiliarios. Cada uno de estos potenciales aliados tenían intereses distintos y la propuesta de valor debía adaptarse a cada uno de ellos. La Administración Pública estaba interesada en los resultados para el crecimiento económico, las universidades en los objetivos de los grupos de investigación, y los promotores inmobiliarios en sus ingresos y en la tasa de retorno de la inversión.

Es pues fundamental, ante todo, entender los intereses y conocer a nuestro potencial aliado; ponernos en su lugar, saber qué le preocupa, qué elementos personales y profesionales valora la persona e institución con la que queremos tejer una alianza. Nunca debemos olvidar que las alianzas entre compañías e instituciones las hacen las personas, y comprender, conocer y ganarnos su confianza es un elemento imprescindible. No comprender al potencial aliado es una fuente de fracaso muy común.

Las alianzas no se tejen solamente basándose en el mero interés de las organizaciones por un proyecto o negocio concreto y tangible, sino que las relaciones personales juegan un papel fundamental. El factor humano, la confianza y los valores compartidos son los elementos que aseguran una alianza estable y cohesionada. Pero eso no significa que deba ser incondicional, sino que incorpora ciertas restricciones a la libertad de acción de cada una de las partes.

Para un proyecto de desarrollo urbanístico, por ejemplo, es fundamental aliarse con los mejores promotores inmobiliarios. En un contexto de recursos limitados y de proyectos a largo plazo, asegurar fuertes alianzas con *partners* clave puede determinar el éxito de un proyecto.

Partenariado público-privado: un ejemplo de alianza

Los partenariados público-privados, también llamados PPP, son un caso específico de alianzas cada vez más importante, que puede ilustrar muy bien los distintos intereses entre las partes y la necesidad de tejer acuerdos y alianzas con *partners*. El papel del sector privado en la gestión de los servicios públicos es cada vez más importante. Las limitaciones de financiación, los altos déficits y las ventajas tecnológicas y de gestión hicieron que en los años ochenta se plantearan nuevas fórmulas de gestión de los servicios públicos. Si bien el Estado era el responsable de suministrar estos servicios, este no tenía por qué gestionar todos los activos.

Es el caso de una determinada organización del sector privado que se convierte en un proveedor de servicios públicos, como es el caso de centros educativos concertados o de hospitales concertados; en algunos países serían ejemplos de éxito de estas formas de colaboración.

Existen varios posibles conflictos de intereses inherentes a un PPP. El inversor privado está interesado básicamente en el beneficio económico, mientras que la principal preocupación del Gobierno es la satisfacción del ciudadano, es decir, dar un servicio de calidad a precios asequibles. En este caso, la clave para resolver el posible conflicto y evitar un problema de falta de calidad o de precios abusivos consiste en regular apropiadamente los incentivos contractuales. Así, el inversor no querrá perder la concesión y la entidad pública no querrá ser acusada de proporcionar a los ciudadanos un servicio inadecuado.

Gobernanza del 22@

En el caso del 22@, la gobernanza se basó en la creación de una sociedad anónima municipal, la sociedad 22@Barcelona, para conseguir una buena organización y ejecución del proyecto. Esta sociedad debía ejercer funciones de agencia de desarrollo y debía tener la capacidad de influir en la toma de decisiones de importantes organizaciones públicas y privadas (grandes empresas nacionales e internacionales, universidades, gobierno local y nacional, agencias públicas, etc.) para conseguir unos resultados de acuerdo con los objetivos antes referidos.

Esta sociedad municipal funcionó correctamente durante el primer período de funcionamiento de proyecto, pero distintas circunstancias relacionadas con cambios políticos y personales llevaron a la disolución de la sociedad y a la correspondiente pérdida de gobernanza del distrito 22@; ello afectó a los tres factores estructurales de la gobernanza: falta de liderazgo y déficits de representación y de gestión.

Innovación en la gestión y cultura del proyecto

Las bases de la gestión moderna se establecieron a comienzos del siglo XX. Durante el último cuarto del mismo y los primeros años del presente siglo la tecnología ha cambiado muchísimo, pero, en general, no se habría avanzado en las técnicas de gestión y seguiríamos viviendo de los avances del primer cuarto del siglo XX, de Taylor, de Max Webber, que establecieron las bases de lo que sería la sociedad industrial tal y como la conocemos hoy en día.

Gracias a Frederick Winslow Taylor, y a su innovación en la manera de organizar la producción industrial, se produjo en su momento un gran incremento de la productividad del trabajo, de modo que aproximadamente cada ocho años se doblaba la productividad. Pero ¿cuánto aumenta actualmente la productividad por trabajador en Europa cada año? Según Eurostat, desde 2012 España tiene incrementos de productividad negativos o inferiores al 1 %, y la mayoría de los países europeos siguen una trayectoria similar. Estamos pues en una situación de estancamiento de la productividad, cuando sin embargo las tecnologías actuales permitirían una nueva explosión de la misma.

Peter Drucker es uno de los fundadores de la gestión moderna. Nacido en Austria a comienzos del siglo XX, trabajó en Alemania, y en los años treinta tuvo que emigrar a Estados Unidos. Durante sesenta años estuvo dando clases y escribió gran cantidad de libros. Drucker reflexionó el cambio de la sociedad industrial a una nueva sociedad. En su libro *The essential Drucker* dice que la gestión consiste en transformar la información en conocimiento, y el conocimiento en una acción efectiva. Tanto el conocimiento como la experiencia deben servir para iniciar una acción efectiva hacia el cumplimiento de los objetivos.

En este contexto actual, parece indispensable impregnar a las organizaciones y a las personas de la cultura del proyecto, y proponerlo como una herramienta metodológica básica de reflexión y planificación para la acción ordenada en el tiempo. Hoy en día tenemos un déficit en la gestión de proyectos, pues por lo general la gente no está acostumbrada a trabajar por proyectos.

Hay que tener en cuenta distintos aspectos de esta nueva cultura que necesitamos imbuir y que resumimos en los siguientes términos:

— Debemos considerar el *management* como elemento central de los proyectos y la gestión de las organizaciones como marco conceptual y práctico.
— Los problemas se pueden enfocar partiendo de una cultura del proyecto como paradigma propio de la cultura industrial que se puede aplicar a otros ámbitos, como el económico o el social, donde no está suficientemente extendido.

— La capacidad de gestión es un intangible que se adquiere con la experiencia pero que se puede sistematizar.
— Parece que estaríamos formando buenos técnicos pero malos gestores de proyectos.

Pero, ¿qué es un proyecto? Según varios autores, podríamos definir un proyecto como: «una feliz invención tecnocientífica que encaja pensamiento con acción». Un proyecto comporta una acción, y gestionar un proyecto es gestionar esta acción en todas sus fases de acuerdo con las metodologías propias del *project management.*

En general, cuando trabajamos, lo hacemos con diferentes proyectos. Si somos capaces de organizar el trabajo a partir de la definición de proyectos concretos, nuestra gestión será más eficiente. Pensamos que toda actividad profesional, e incluso personal, puede plantearse como un proyecto, con sus objetivos, acciones a realizar, calendario, responsables, presupuesto, etc.

Un proyecto complejo se distingue esencialmente por el gran número de variables interrelacionadas que deben gestionarse: personas, intereses, entidades... Y para hacerlo debemos organizar las acciones hacia un objetivo, organizar científicamente el trabajo tal y como proponía Taylor.

Gestionar un proyecto consiste en organizar unos recursos para obtener un resultado de manera eficiente y efectiva. Es la manera más efectiva de agregar el esfuerzo humano. En un proyecto intervienen personas, debiendo agregar sus esfuerzos de la manera más efectiva posible. La eficiencia y la efectividad son muy importantes en la gestión de proyectos.

La definición del modelo

Para gestionar correctamente un proyecto complejo es necesario modelizar. Es imprescindible entender, tener referentes, establecer una estructura, un proceso, definir los elementos en juego y su relación a partir de los cuales plantear el proyecto complejo. En el caso de un distrito innovador hemos seguido un modelo de cuatro subsistemas interrelacionados y de algunas funciones transversales, como la gobernanza que estamos tratando.

El modelo es la base conceptual, los cimientos en los que se sustenta nuestro proyecto. Da sentido y solidez a aquello que hacemos y estructura nuestras acciones futuras. El modelo se construye intentando representar la realidad y definiendo los elementos que nos permiten actuar sobre ella, basándose en lo que queremos conseguir. Esta base nos ayudará a desarrollar y hacer crecer el proyecto en la dirección correcta. No nos referimos al modelo de negocio, sino a nuestro referente, a aquello que nos ayuda a entender, organizar y situar el proyecto en un contexto determinado.

Un modelo debería poder explicarse gráficamente con cierta sencillez, pero no es una fotografía fija. El modelo se va construyendo. A medida que el proyecto avanza, todo se vuelve más complejo. Durante el proceso de desarrollo del proyecto aparecen elementos que no se habían considerado, y eso nos hará cambiar o perfilar el modelo. Pero es gracias a esta base inicial que se identifican los nuevos elementos a tener en cuenta.

El modelo aporta la visión, la misión y los valores para cohesionar el proyecto y la organización. Nos ayuda a definir la estrategia, el terreno de juego, a identificar los recursos, las herramientas de gestión y a crear una buena organización. Un modelo no es un plan, es una visión. Se sostiene basándose en una estrategia y ayuda a cohesionar la organización interna y externa, a comunicar, a situarnos, da sentido al proyecto. La estrategia y la definición del modelo se realizan al mismo tiempo. El modelo es la representación de la estrategia. Un modelo sin estrategia no tiene sentido. Existen elementos del modelo que son complementarios de la definición estricta de la estrategia. Si cambia la estrategia, cambia el modelo, pero no necesariamente un cambio en el modelo produce un cambio en la estrategia. Ante un reto, intentamos buscar un modelo para entender lo que pretendemos hacer, para simplificar el procedimiento.

Muchas organizaciones fracasan porque persiguen demasiados objetivos al mismo tiempo, sin concentrar los recursos necesarios para conseguir ninguno de ellos. El modelo sirve para explicar la estrategia y concentrarse en sus puntos más relevantes.

Una vez definido el modelo que vamos a utilizar hay que definir los objetivos del proyecto, que deberán ser coherentes con el modelo utilizado. Son las metas que nos ayudan a focalizar los esfuerzos para el logro de nuestro proyecto. Los objetivos no tienen sentido en sí mismos, solo se sustentan en la medida en que, a partir de ellos, generamos un plan de acciones para hacer frente al desafío y unos indicadores que nos permiten evaluar los resultados de esas acciones.

Para definir los objetivos de un proyecto complejo existen diversas herramientas, clásicas y modernas, que nos pueden ayudar a sistematizar el proceso, y que podemos encontrar en la literatura de la gestión de organizaciones y del *management*.

El DAFO (debilidades, amenazas, fortalezas y oportunidades), en inglés SWOT, es una herramienta útil que ofrece una sistemática de reflexión de la que pueden salir conclusiones aplicables a la definición de objetivos. Se trata de realizar un análisis del proyecto, centrado en la organización. Es bueno que el equipo de gestión o el líder de un proyecto complejo dediquen un tiempo a esta tarea, que a menudo se delega a un consultor externo.

El análisis comparado *(benchmarking)* es otra herramienta que conviene aplicar. Se trata de conocer bien a nuestros competidores, proyectos parecidos, bucear en las claves de sus éxitos y fracasos, en su organización, etc. En este sentido, viajar, para conocer los proyectos *in situ*, es una forma práctica de internalizar ese conocimiento. No se trata de copiar lo que hacen los demás, sino de ver cosas parecidas como una fuente de inspiración para ayudar a dar un salto cualitativo a nuestro proyecto.

Para gestionar el seguimiento de los objetivos proponemos un instrumento desarrollado por William Edwards Deming, un estadístico y profesor universitario norteamericano que ayudó de forma decisiva a modernizar la industria japonesa, sobre todo a partir del caso de Toyota, referente del *boom* de la industria de ese país en los años setenta y ochenta del siglo XX. Los japoneses se refieren a él como «el padre de la tercera revolución industrial». De hecho, el premio a la excelencia empresarial más importante de Japón es el Premio Deming.

Una de las herramientas metodológicas de gestión de la calidad que Deming promovió es el ciclo PDCA *(plan, do, check, act)*, lo que hoy se conoce como ciclo de Deming. Es una herramienta sencilla, pero muy útil, que consiste en la aplicación de cuatro fases elementales:

— *Plan:* identificar el proceso que se quiere mejorar, analizarlo y establecer objetivos de mejora.
— *Do:* ejecutar el plan definido anteriormente.
— *Check:* pasado un período de tiempo previsto de antemano, comparar la evolución del proyecto o resultados parciales con los objetivos planteados inicialmente. Documentar las conclusiones.
— *Act:* basándose en las conclusiones del paso anterior, aplicar mejoras y redefinir el plan, ya sea para potenciar sus objetivos iniciales o para cambiarlos total o parcialmente.

En la raíz del modelo presentado en este libro está el hecho de que vivimos en la sociedad del conocimiento, y ello requiere que adecuemos los modelos o herramientas a un estilo de gestión, de acuerdo a los requerimientos de un proyecto complejo y la cualificación de las personas de hoy en día.

Las bases de la gestión actual

Se ha avanzado mucho en la reflexión sobre el *management* o gestión de las organizaciones y empresas. Existe una tradición y una cultura de conocimiento sobre la gestión estratégica, la gestión de las áreas funcionales; en definitiva, sobre cómo conseguir la eficiencia al gestionar a personas que interactúan en una organización.

Sin embargo, autores como Gary Hamel (2009) constatan el hecho de que, debido a la aceleración del cambio tecnológico, se está generando un desfase entre la realidad económica y la capacidad de innovar en el *management* de las organizaciones. Según este autor, estaríamos gestionando los proyectos y las organizaciones como si en los últimos años no se hubiera producido una gran revolución tecnológica y económica. En este contexto, parece evidente que se requieren nuevas herramientas de gestión, lo que llamamos la gestión de la innovación, que se han desarrollado durante los últimos años.

Un cambio radical en la gestión de la innovación

En las páginas anteriores hemos destacado la importancia de la gobernanza de un proyecto complejo, como es el caso de un distrito innovador, y hemos comentado algunos aspectos a tener en cuenta, como la definición de un modelo, la importancia de las alianzas, entre las que destaca la alianza entre el sector público-privado, o la necesidad de la cultura del proyecto.

Autores como Taylor, Deming o Drucker, entre otros, han sido fundamentales en la comprensión y el desarrollo de la gestión de organizaciones durante toda la etapa histórica de las economías industriales nacidas de las dos primeras revoluciones industriales de los siglos XIX y XX.

Pero también hemos compartido con Hamel el desfase existente entre el actual cambio tecnológico y los sistemas de gestión que nos legó el siglo XX; decíamos que parece evidente que **se requieren nuevas herramientas de gestión, lo que llamamos la gestión de la innovación, que ha tenido un gran desarrollo durante los últimos años pero que no se**

habría aplicado suficientemente en el conjunto de la economía, sobre todo en algunos países.

Destacaremos tres aportaciones recientes al actual proceso de cambio radical en la gestión de los proyectos complejos y de las organizaciones.

La primera se simboliza en la propuesta de la entidad británica NESTA sobre «The Innovation Landscape».

Nesta es una organización británica sin fines de lucro orientada a la investigación y el fomento de la innovación en el Reino Unido. El «Nesta Innovation Landscape» es un mapa de las áreas clave y las tecnologías emergentes en los campos de la tecnología, la cultura innovadora y la sociedad. El objetivo de esta propuesta es ofrecer una visión general de la innovación, identificar tendencias y ayudar a las organizaciones a tomar decisiones informadas sobre cómo hacer frente a los retos y oportunidades que plantea actualmente la gestión de la innovación.

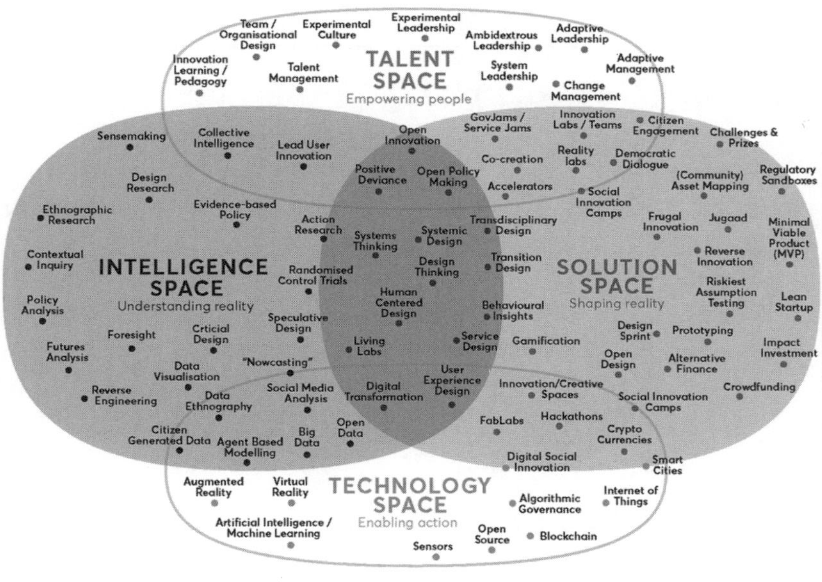

Figura 10.1. Paisaje de la innovación. [Fuente: https://www.nesta.org.uk]

Otra aportación interesante en este mismo sentido es la de Vijay Kumar, *101 Design Methods* (2013). Este libro presenta 101 métodos prácticos para fomentar la innovación en las organizaciones y poder así abordar problemas complejos y generar soluciones creativas. Estos métodos abarcan una amplia gama de técnicas, desde la investigación y el análisis hasta la ideación y el diseño de prototipos. Asimismo, se proponen criterios para la aplicación de estos métodos en diferentes etapas del proceso de innovación y cómo adaptarlos a la cultura y las prácticas de la organización. Se trata pues de una guía práctica para fomentar la innovación en las organizaciones.

La tercera aportación sería el desarrollo que comporta el concepto y las técnicas que se conocen con el nombre de *design thinking* (Lewrick, Link y Leifer, 2020). Esta obra se centra en la comprensión del diseño de soluciones creativas a problemas complejos para desarrollar nuevas ideas en productos o servicios. Mediante distintas variantes de la aplicación del proceso de *design thinking*, basado en el modelo del doble diamante del British Design Council, se presentan aplicaciones prácticas en la investigación, la generación de ideas, el prototipaje y la evaluación, aplicado a la tecnología, la cultura y la sociedad.

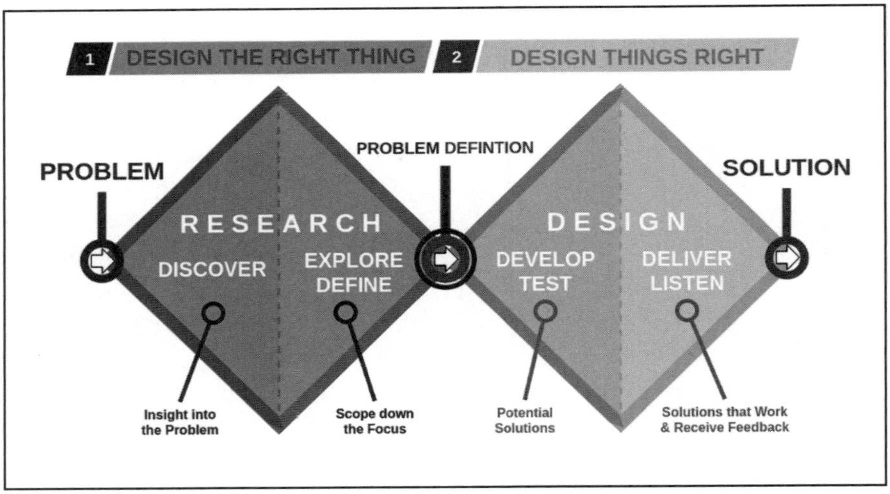

Figura 10.2. Modelo del doble diamante del método *Design Thinking*.

Con estas tres valiosas aportaciones se ponen de manifiesto tres constataciones importantes:

a) La necesidad de cubrir el *gab* que existía entre el cambio tecnológico y las técnicas de gestión de proyectos y de organizaciones.

b) El gran esfuerzo y los grandes cambios que ha tenido la gestión de la innovación en los últimos años.
c) La disponibilidad de nuevas herramientas y métodos para gestionar la innovación, que están utilizando las empresas multinacionales y que, al igual que pasó a finales del siglo XX con la gestión de la calidad total, es urgente su difusión al conjunto de las empresas y de los proyectos de países y ciudades.

La regla 6/1/4/20

Para terminar estos criterios relativos a la gobernanza y la gestión de un DI, introduciremos la variable temporal. En un reciente congreso celebrado en Polonia se planteó el tema del tiempo de desarrollo de un proyecto de DI y propuse la regla 6/1/4/20.

A partir de mi experiencia práctica en distintos distritos innovadores, desde el diseño del mismo hasta su ejecución y desarrollo, los tiempos estimados son los siguientes:

— 6 meses para su diseño.
— 1 año para su puesta en marcha.
— 4 años para alcanzar la velocidad de crucero.
— 20 años para completar el desarrollo del proyecto.

Este es el horizonte temporal a tener en cuenta cuando se decide desarrollar un DI en una ciudad. Sin embargo, desde mi perspectiva actual también os puedo afirmar que a menudo la puesta en marcha toma más tiempo, debido a las dificultades prácticas de resolver positivamente el tema de la gobernanza.

10.2. Marketing estratégico y atracción de inversiones

Algunos proyectos complejos, como el que representa la promoción de un nuevo distrito innovador, no han internalizado suficientemente las funciones de marketing y comunicación. Al definir el modelo se definen la estrategia y los contenidos básicos del proyecto, así como los agentes principales y sus relaciones. Por su parte, con el marketing y la comunicación del proyecto se determina el *cómo*, la estrategia para vender el proyecto y conseguir los objetivos propuestos.

A menudo pensamos que nuestro nivel de conocimiento y percepción del proyecto es el mismo que para cualquier persona externa, pero nada más alejado de la realidad. Nuestro trabajo del día a día impide que veamos el proyecto con el prisma con el que lo ven los demás, y debemos ser conscientes de que, desde el exterior, la imagen y la percepción del proyecto es distinta, y muy a menudo dista de la realidad.

El hecho de que en este tipo de proyectos complejos no se hable explícitamente de clientes (compradores de un servicio o producto) o mercado, no significa que no existan personas u organizaciones que cumplan la misma función. **Es necesario vender el proyecto a los usuarios, los afectados, los participantes, pero también al conjunto de los llamados *stakeholders*, que son las personas y grupos interesados, y al entorno del proyecto.** El argumento de venta, momento de contacto y forma de comunicación será distinto, pero para todos ellos es necesario definir una estrategia de marketing y comunicación.

En el caso del proyecto 22@Barcelona, por ejemplo, se identificaron dos tipos de *stakeholders*, clientes y *partners* a la vez: los promotores inmobiliarios y las empresas que decidían ubicarse en el distrito. Parte del marketing que se realizaba estaba dirigido a que los promotores inmobiliarios pudieran tener la máxima ocupación en sus edificios, y por tanto rentabilizaran sus inversiones, para que su éxito atrajera nuevos inversores. Para hacerlo, se diseñaron acciones conjuntas de marketing y se compartieron recursos e ideas para la promoción.

El 22@ contribuía con el contenido y los beneficios del entorno, y ellos tenían un enfoque más tradicional en la venta y alquiler de espacios. Se organizaban desayunos y sesiones de trabajo con prescriptores del mercado inmobiliario, consultores, promotores, etc., para compartir la evolución del proyecto y la información sobre el mercado, y ello aportaba mayor solidez y coherencia al conjunto. Por lo que respecta a las empresas ya ubicadas en el distrito 22@, se desplegaron estrategias de *clúster*, más enfocadas al desarrollo de su negocio, o promociones de sus productos para el mercado exterior. Todas esas acciones formaban parte de la estrategia de marketing, en la que la marca 22@Barcelona aglutinaba intereses al servicio del conjunto.

Para convencer a empresas tecnológicas de trasladarse al distrito se utilizaban técnicas y programas diversos de promoción de la marca, participación en ferias internacionales del sector y, en general, acciones de difusión de las ventajas del entorno que representaba este ecosistema innovador.

Atracción de inversiones

Para preparar y aplicar un plan de atracción de inversiones hacia un DI, se deberán tener en cuenta los siguientes criterios:

a) Las ciudades compiten en el mundo para ser nodos de la red global de ciudades creativas, capaces de atraer talento e inversiones de alto valor añadido.
b) El modelo de atracción de inversiones de las grandes ciudades, nodos de la red global, ha variado sustancialmente durante los últimos años, a la vez que variaba el modelo productivo y la misma lógica de la competencia internacional. En las economías industriales, ciudades y países competían para atraer inversiones mediante los factores clásicos de precios relativos, ayudas públicas, disponibilidad de servicios y de infraestructuras, situación geográfica, disponibilidad de mano de obra en cantidad y calidad y coste, sistema de proveedores en el entorno geográfico, etc. Actualmente las inversiones de alto valor añadido se dirigen hacia donde va el talento.
c) Hoy en día el talento internacional desea vivir y trabajar en ciudades que reúnan las tres T formuladas por Richard Florida: tecnología, talento y tolerancia, es decir, en ciudades donde haya distritos innovadores como los que hemos caracterizado en el presente libro.

Todo ello representa un cambio radical en la forma en que las ciudades han planteado sus estrategias de atracción de inversiones, mediante proyectos clásicos basados en un conjunto de acciones de marketing o de *branding* de la ciudad. Actualmente se trata de plantear un proyecto que genere atracción de inversiones de forma sólida y sostenible en el tiempo, basado en un cambio radical en el modelo de ciudad. No solo hay que cambiar las acciones, siendo también preciso modificar el escenario urbano de acogida.

¿Qué nuevo modelo de ciudad necesitamos que favorezca los procesos de intercambio de conocimiento que llevan a la innovación y al desarrollo económico?, ¿cómo podemos generar y atraer talento de todo el mundo para poder atraer las nuevas inversiones que aportarán puestos de trabajo de calidad y de alto valor añadido? Modelo de ciudad y capacidad de atracción de inversiones son dos conceptos totalmente ligados, de manera que no se puede hablar de uno sin el otro. Al plantear pues qué modelo de atracción de inversiones podemos diseñar y aplicar a una ciudad, en realidad lo que nos estamos planteando es qué modelo deseamos para el futuro de esta ciudad y, por tanto, para las personas que actualmente viven en la ciudad y para las que desearán vivir en un futuro.

A modo de sumario, algunas primeras conclusiones provisionales serían:

a) Primero: si las personas con talento son las que permiten el desarrollo económico y social de los países. Generar, atraer y fijar talento será la tarea fundamental de las políticas públicas.
b) Segundo: para atraer y fijar talento necesitamos ecosistemas innovadores urbanos donde este talento desarrolle su creatividad.
c) Tercero: si la economía se desarrolla a escala global, la conexión con el talento existente a nivel global requerirá de mecanismos de comunicación y de estructuras organizativas en red, que seguramente romperán la lógica organizativa de las actuales instituciones públicas y privadas.
d) Cuarto: si el talento atrae inversiones, una política de atracción de inversiones deberá basarse en la promoción de ecosistemas urbanos innovadores que atraigan y fijen talento en la ciudad. Una vez asegurada esta premisa, la creación de ecosistemas urbanos innovadores, podremos desplegar plenamente otras medidas de promoción y atracción de la inversión productiva, que a su vez realimenta la atracción de talento, al hacer más atractiva la ciudad.

Para la captación de inversiones de forma continuada y sostenible en el tiempo, se trata de ser capaces de dar respuesta a la siguiente pregunta: ¿cómo pueden las ciudades promover nuevas actividades económicas intensivas en conocimiento? Ya que las ciudades, como hemos visto, son actualmente el escenario de la nueva economía, ¿cómo pueden promover nuevas actividades económicas?, ¿qué tienen que hacer para atraer personas de talento e inversiones productivas de todo el mundo?

Actualmente, las ciudades y las áreas metropolitanas de todo el mundo están trabajando en la integración del desarrollo cultural y social, del desarrollo económico y del desarrollo urbano, propios del modelo de distrito innovador que hemos ido desarrollando. La adecuada coordinación de estos tres ámbitos es un proceso complejo, a menudo poco entendido por los líderes urbanos, que suelen actuar sin una visión integrada y un enfoque sistémico. Su comprensión y su aplicación para el desarrollo integral de la ciudad requieren tener visión a largo plazo y capacidad de planeamiento y de gestión.

La ciudad creativa es el entorno apropiado donde la interrelación entre la innovación social y la innovación productiva puede tener lugar. Los clústeres urbanos basados en el conocimiento se ven favorecidos por el conocimiento y la creatividad que se genera mediante la interacción social. En definitiva, la estrategia de atracción de inversiones intensivas en conocimiento empezará por la capacidad de conseguir las condiciones ambientales apropiadas para la calidad de vida y para la atracción de talento.

Pero, ¿cómo podemos conseguir estas condiciones ambientales?, ¿cuáles son los espacios y prácticas necesarias para promover una ciudad creativa? Los factores más importantes relacionados con la creación de un entorno personal creativo propio de un DI son los siguientes:

— *Identidad:* el poder de la identidad local conectada con el mundo, en el sentido apuntado por Manuel Castells en su famosa trilogía sobre la sociedad en red.
— *Talento:* jóvenes talentos, salidos del propio sistema educativo o atraídos por la ciudad creativa.
— *Cultura:* la ciudad rica en actividades culturales como forma de conexión de personas y lugares.
— *Cultura innovadora:* la ciudad promotora de valores de la nueva sociedad como la capacidad emprendedora, la cultura del esfuerzo o la asunción del riesgo.
— *Espacios específicos:* diseñados en la primera fase del entorno físico, pero utilizados y gestionados en el entorno personal o tercera fase.

En resumen, el entorno personal tiene como misión dotar al proyecto de distrito innovador de una identidad que supera el entorno físico y el corporativo. El entorno personal pretende, en definitiva, crear un cierto estilo de vida en el que se puede identificar este distrito.

10.3. Estrategia de comunicación

En el ámbito de la comunicación, y en sintonía con el proceso de gestión de *stakeholders*, debemos concebir una estrategia de comunicación de un distrito innovador. Los gabinetes de prensa tienen una tendencia natural a monopolizar la comunicación con notas de prensa, pero la estrategia de comunicación es algo que va mucho más allá, que impregna todas las áreas del proyecto y que consiste básicamente en conseguir un posicionamiento de la marca y en prestigiar el proyecto en la opinión pública y en los líderes de opinión o grupos de interés.

Por ejemplo, en un proyecto como el 22@Barcelona, que implicaba una intervención urbanística y de infraestructuras de gran calado en un entorno de viviendas, fue muy importante la comunicación con los ciudadanos del entorno del barrio del Poblenou, ya que podían surgir conflictos, a menudo por falta de información.

La comunicación de un proyecto es algo nuclear y estratégico. Muchas organizaciones externalizan esta función, considerándola una actividad despegada del conjunto de la compañía y basada en acciones puntuales de difusión mediática o venta del producto. Sin embargo, la comunicación debe ser liderada al máximo nivel, porque es la herramienta a través de la que ganamos credibilidad, que a su vez nos da la opción de establecer alianzas y de ser respetados por el entorno, todo lo cual favorece un mejor desarrollo del proyecto.

Además, todos los departamentos de una organización o participantes de un proyecto deben ser agentes portadores y responsables del ADN del proyecto, para que así tengan una influencia en la reputación del mismo. Es necesario, pues, que la comunicación sea interna y externa, y que se considere como una actividad intrínseca a todas las áreas de actividad del proyecto del distrito innovador.

Las organizaciones han otorgado hasta el día de hoy un mayor peso a la función del marketing, por su relación más evidente con las ventas del producto o servicio. No obstante, hay dos factores que están cambiando esto: por un lado, el momento histórico de crisis; y por el otro, la revolución que internet y las redes sociales han provocado en la forma en que nos comunicamos. La reputación, el prestigio y la credibilidad de una marca son valores fundamentales para los que la comunicación corporativa siempre ha tenido un papel muy relevante. Las dinámicas de boca-oreja, las relaciones con los *stakeholders*, la influencia de la información no pagada, etc., forman parte del vocabulario habitual de la comunicación, que ahora el marketing está entendiendo y abrazando.

Ambas funciones deben formar parte de una misma unidad porque persiguen objetivos inseparables. Por el momento el marketing está ganando la batalla del presupuesto y la asignación de recursos, porque tradicionalmente ha estado más profesionalizado y ha sido capaz de justificar su función gracias a métricas relacionadas con el negocio, con las ventas. Por el contrario, la comunicación ha sido gestionada por expertos en periodismo, pero no en gestión empresarial, que muchas veces no han sabido relacionar su actividad con los resultados de la compañía, tangibles e intangibles. Este fenómeno está en pleno proceso de cambio, y creemos fundamental que los proyectos de DI aborden el marketing y la comunicación de una manera conjunta e integren esta función como parte estratégica de las acciones de los líderes o gestores de los mismos.

El nuevo paradigma de la comunicación

La comunicación está viviendo una transformación histórica. La digitalización de los contenidos rompe las reglas del juego, en la que unos pocos controlan el proceso, y traslada el poder al receptor, en un contexto en el que, por un lado, opera la transparencia, y por tanto ya no es posible engañar a los consumidores, informados y conectados, y por el otro predomina la vertiente democrática y social, ya que los consumidores forman comunidades influyentes que antes no existían.

Los medios digitales, las redes sociales, la multiplicación de la oferta, la interactividad y la inmediatez han dibujado un nuevo panorama, con nuevos patrones de información, comunicación y entretenimiento. Por todo ello, las marcas se ven obligadas a mejorar el valor que ofrecen a sus consumidores y a considerar sus puntos de vista.

Las marcas deben ser creíbles y activas, deben disponer de *social capital*. El término anglosajón *social capital* es la calidad, profundidad, amplitud y frecuencia de los diálogos intercambiados y las interacciones entre una marca y su comunidad de clientes y potenciales usuarios. El *social capital* es esencial para construir una marca, y aún más para construir una marca significativa, que es aquella que los consumidores destacan como imprescindible, ante las marcas que los usuarios declaran que podrían desaparecer sin problemas.

Así pues, la estrategia de comunicación debe generar confianza en sus públicos en un nuevo contexto más complejo, transparente, social y democrático.

Este nuevo paradigma de la comunicación pone sobre la mesa unas nuevas reglas del juego. Por un lado, reclama transparencia para que las marcas envíen mensajes verdaderos y hagan promesas reales. Actualmente el consumidor se conecta, se informa, conoce, se interesa, exige y escoge; en consecuencia, la marca no puede engañar, porque esto se volvería en su contra. Por otro lado, los mensajes deben ser relevantes. Las marcas, para hacerse escuchar, deben tener algo interesante que decir, deben tratar temas de preocupación de la sociedad, a la vez que deben trabajar en el terreno afectivo y ofrecer nuevas experiencias.

Por último, la interacción es fundamental. Para crear un vínculo entre la compañía y el cliente, y así construir una marca significativa, es necesaria la comunicación en las dos direcciones, pero, además, que esta relación contenga experiencias enriquecedoras, en un marco más humano y real, con espacios personalizados que respondan a las necesidades, valores, sugerencias y deseos de los consumidores.

Si, como empresa o proyecto, conseguimos este escenario de complicidad y confianza con nuestros usuarios, la expansión de la marca y la confianza en nuestro proyecto puede beneficiarse del fenómeno de la viralidad, es decir, la transmisión de los mensajes de forma exponencial gracias a la interacción de los *stakeholders* en las redes sociales.

La viralidad en un distrito innovador

El fenómeno que sin duda está más de moda actualmente en la comunicación son los medios sociales, que han transformado la manera en que nos comunicamos. Cada uno de nosotros se ha convertido en un medio, y los medios de comunicación tradicionales han perdido el monopolio de la gestión de la información y de la actualidad. Gran parte de las dinámicas que se están produciendo en las redes sociales han ocurrido siempre a través de mecanismos como el boca-oreja, pero ahora se multiplica su repercusión porque la digitalización de los contenidos y la tecnología las facilita y las potencia. Una de estas dinámicas es el fenómeno de la viralidad: la forma en que los mensajes, en un momento dado, multiplican de forma exponencial su alcance a miles e incluso millones de personas.

Más allá de ser un fenómeno rodeado por una cierta mística, ha sido muy analizado y estudiado. Una de las personas que lo ha hecho de una forma más inteligible ha sido el sociólogo inglés Malcolm Gladwell (2000). De hecho, lo hizo cuando el fenómeno de los medios sociales no tenía la fuerza y la influencia actual. Sus tesis no solo siguen siendo válidas, sino que aportan muchos datos e información de cómo los seres humanos somos en esencia sociales, y de cómo influimos y nos dejamos influir entre nosotros, independientemente de la tecnología que poseamos.

En este libro, el autor modela el proceso y las conexiones que se generan en un proceso viral, gracias al cual un elemento marginal pasa a ser un fenómeno global y sistematiza el proceso viral a través de tres elementos fundamentales. De esta forma, cualquiera puede activarlo y asegurarse su éxito sin tener que depender del azar. La viralidad es una función de la gente que transmite los virus, el propio virus y el entorno donde este está operando. Así, los elementos son: los transmisores de los mensajes, el llamado *stickiness* y el contexto.

Los transmisores de los mensajes

Son unos pocos individuos dotados de una capacidad innata de conexión con las personas, recopiladores de conocimiento y con gran capacidad de persuasión para la transmisión de los mensajes. Gladwell los divide en tres grupos: *connectors* (muy conectados), *mavens* (expertos) y *salesmen* (persuasivos). El concepto de seis grados de separación no significa que todo el mundo está conectado con el resto del mundo en tan solo seis pasos; significa que unos pocos están conectados con todo el mundo en pocos pasos, mientras que el resto de nosotros conectamos con el mundo a través de esos pocos. Para viralizar, pues, necesitamos buscar gente de este tipo, con alto nivel de sociabilidad, mucha cantidad de energía para propagar el mensaje y enormemente influyentes.

El contexto

El contexto en el que ocurre el fenómeno, físico, virtual, temporal, es muy poderoso. En este punto influye mucho el carácter de las personas, que no es tan sencillo de tratar como podemos pensar inicialmente. El carácter no es estable, no es fácilmente identificable ni sintetizable en una serie de rasgos. El carácter es más bien un conjunto de hábitos, tendencias e intereses, agrupados y dependientes, a menudo, de las condiciones del contexto. Cabe destacar que en los actos de las personas es frecuente que la inmediatez de las situaciones guíe su comportamiento, por encima de las convicciones de su corazón o los contenidos de su pensamiento.

La viralidad se sirve de esta circunstancia para que un mensaje sea difundido una y otra vez de forma rápida y espontánea, ya que los humanos funcionamos mucho por imitación y por aceptación dentro del grupo de amigos. A veces, para conseguir que una información se propague de forma exponencial, más que crear un gran movimiento contagioso es mejor organizar pequeños movimientos en grupos, al menos al principio, para controlarlos mejor y asegurar la expansión progresiva. El tempo también juega un papel importante: es básico identificar el momento adecuado en el que emitir un mensaje.

En el caso concreto del distrito innovador, los procesos virales tienen sus características específicas, tanto por el tipo de mensaje a enviar, que puede ser bastante sofisticado, como por la pluralidad y la extensión de los receptores potenciales. Pero, en cualquier caso, **en toda estrategia de comunicación de un distrito innovador deberá tenerse en cuenta el enorme potencial de la comunicación viral, evitando una simple visión de presencia en redes sociales.**

La gestión de *stakeholders*

El *stakeholders management* es una disciplina que los gestores de proyectos complejos utilizan para obtener el apoyo de los distintos agentes implicados. Esto permite alcanzar el éxito en aquellos momentos o situaciones en los que otros proyectos fracasan. Si ignoramos a *stakeholders* muy relevantes para nuestro proyecto de DI, corremos el riesgo de tener un problema en el desarrollo del mismo.

A medida que el mundo de los negocios se vuelve más competitivo, interconectado, y las fronteras de las compañías, las industrias y de nuestras vidas públicas y privadas son más difusas, una buena gestión de los *stakeholders* tiene mayor influencia en la creación de valor y en los resultados de la organización.

Cómo gestionar los *stakeholders*

Para una gestión eficaz y sistemática de los *stakeholders* de un proyecto podemos distinguir cuatro etapas o elementos clave. Hay que tener en cuenta, sin embargo, que este no es un proceso lineal. Se trata de un proceso recurrente que no termina nunca y cuyas fases pueden superponerse y retroalimentarse entre ellas. Las cuatro etapas son:

1. Identificación de los *stakeholders.*
2. Análisis de los *stakeholders.*
3. Gestión de los *stakeholders.*
4. Comunicación con los *stakeholers.*

1. Identificación de los *stakeholders*

¿Quiénes son nuestros *stakeholders*? Es cualquier grupo o individuo afectado o que puede influir en la consecución de los objetivos de un proyecto u organización. Para identificarlos de forma ordenada, nos será muy útil utilizar lo que llamamos la «nube de *stakeholders*». Este es un ejercicio que debe hacerse de forma explícita y que consiste en identificar a las personas e instituciones importantes.

2. Análisis de los *stakeholders*

Una vez identificados los *stakeholders*, debemos reconocer y asumir sus necesidades, preocupaciones, deseos, grado de autoridad o relaciones cruzadas. La propia nube de *stakeholders* pone en evidencia la importancia (radio del círculo), la cercanía, el solapamiento y la relación cruzada entre ellos.

3. Gestión de *stakeholders*

Un buen gestor de proyectos complejos sabe que del éxito de la gestión de los *stakeholders* depende la solidez del proyecto, en cuanto al apoyo y los cimientos del mismo, y por ello debe dedicar el tiempo necesario a este asunto. Es, además, un elemento difícilmente delegable, por la importancia y el nivel de la interlocución requerido, que tiene que liderar el responsable máximo del proyecto.

El acercamiento a cada uno de los *stakeholders* puede ser individualizado o por grupos, pero siempre debe tener en cuenta el equilibrio del conjunto, es decir, en la estrategia de gestión de los *stakeholders* se debe priorizar el interés general, y a partir de ahí desarrollar la gestión individualizada.

Es importante que para cada uno de los *stakeholders* fijemos objetivos de comunicación concretos y tangibles, para poder posteriormente medir el resultado y el éxito de las gestiones.

4. Comunicación con los *stakeholders*

Una comunicación eficaz con los *stakeholders* es un componente vital en el proceso de construcción y mantenimiento de relaciones, y es esencial para mantener el apoyo y compromiso de todos los *stakeholders* con nuestro proyecto. **El éxito del proyecto está directamente ligado a la solidez de las relaciones creadas por una comunicación efectiva, regular, planificada y a medida para cada miembro de la comunidad de *stakeholders*.**

Las formas más apropiadas y específicas de comunicación incluyen cualquier oportunidad de contacto con el *stakeholder*: reuniones de proyectos, comidas informales, presentaciones formales e informales, etc. Es importante que esta comunicación sea planificada en el tiempo y en la forma.

Esta sistematización nos ayuda a tener más relación con el mundo exterior al proyecto. De forma natural, los gestores tienden a centrar sus esfuerzos en la gestión interna de la organización, a resolver conflictos en su realidad más cercana y a realizar un buen trabajo técnico de los proyectos. Se sienten en un hábitat más confortable y controlado. A menudo, lo que ocurre en el exterior no lo perciben directamente sino a través de un filtro de la propia organización. Pero es precisamente ahí, en el exterior, fuera de la organización, donde se pueden favorecer los resultados del proyecto.

Para un proyecto como el de un distrito innovador, existe un grupo de *stakeholders* que tiene una gran importancia: la comunidad o sociedad próxima al contexto, físico y de contenidos, del proyecto. La tiene no solamente para evitar conflictos o por un sentido meramente práctico, sino para cumplir con uno de los principios fundamentales de todo proyecto de DI: servir al entorno y a la comunidad, lo cual beneficia al proyecto, porque le dota de una credibilidad y confianza que será útil en momentos difíciles.

Esto ocurre, por ejemplo, en los desarrollos urbanísticos propios de un distrito innovador, que tienen lugar en un entorno físico con una comunidad de ciudadanos y vecinos comprometidos. A pesar de ser un proyecto con múltiples beneficios para la colectividad, se debe hacer conscientes de dichos beneficios a los ciudadanos y se debe cuidar su apoyo al proyecto desde el principio. Así, cuando haya decisiones difíciles y conflictivas, que puedan generar un movimiento social en contra, será cuando el valor de la credibilidad, la confianza y la reputación generadas previamente dará sus frutos, ya sea para negociar desde una mejor posición o para convencer del proyecto al entorno y poder así garantizar su desarrollo. Un buen trabajo técnico no es nunca condición suficiente para el éxito del proyecto.

Comunicación del 22@

La estrategia de comunicación, entendida como aquel conjunto de acciones orientadas a la divulgación y al prestigio de la marca 22@, se fue activando progresivamente, identificando distintos colectivos y grupos sociales a los que dirigir el mensaje adecuado y buscando formas de interacción con estos grupos. Todavía las redes sociales no tenían el desarrollo que han alcanzado en la actualidad, pero la presencia en la red fue también creciendo de forma gradual.

En último término, se trataba de aumentar el capital social de la marca 22@ mediante la calidad, profundidad, amplitud y frecuencia de los diálogos intercambiados y las interacciones entre la marca y los distintos *stakeholders* identificados. Para ello, la comunicación exige transparencia (evitar engañar al usuario), relevancia (ofrecerle mensajes de su interés) e interacción (que pueda expresar sus opiniones, necesidades y deseos, y ser tenido en cuenta).

Los contenidos de la comunicación sobre el 22@ se canalizaban a través de distintos medios e instrumentos de comunicación, de manera importante, aunque no única, hacia los medios de comunicación, pero también mediante boletines informativos dirigidos a distintos grupos como empresas, sector inmobiliario o vecinos. Al mismo tiempo se convocaban reuniones informativas regulares con grupos de interés. La comunicación es uno de los factores clave del éxito de una marca y, por tanto, de un proyecto de distrito innovador.

También se ensayaron formas de comunicación viral para fomentar que los mensajes, en un momento dado, multiplicaran de forma exponencial su alcance a miles de personas. Con este propósito, se realizaron acciones de comunicación específica con determinadas personas que eran capaces de propagar la información multiplicando sus efectos. Concretamente, esto se aplicó a la comunidad internacional, identificando *embassadors* de distintas comunidades nacionales, gracias al apoyo del profesor Nick Leon, del Imperial College de Londres.

La evolución del proyecto 22@ desde el año 2000 comportó distintas fases. En el inicio, la transformación fue eminentemente física, por lo que las principales noticias estaban relacionadas con el urbanismo, las infraestructuras y los edificios. Pero llegó un momento en el que la realidad económica era cada vez más importante. Así, en fases sucesivas el protagonista real del distrito fueron las empresas que se ubicaban en él, sus empleados y los vecinos que convivían en esta nueva realidad de la ciudad.

Estos cambios implicaron que los mensajes a transmitir a los medios de comunicación eligieran el canal de las secciones de economía, empresa e innovación, manteniendo, no obstante, el contacto con los departamentos de información local. Se trató, pues, de adaptar un nuevo discurso, principalmente económico (y en clave de ciudad), sin dejar de hablar del resto de temas de transformación física del distrito.

Los resultados en forma de impactos (2003-2007) en los medios fueron muy positivos, como se observa en la figura 10.3.

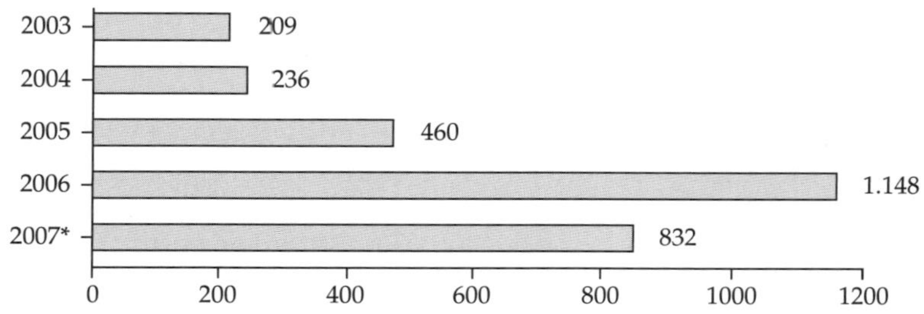

* Apariciones hasta tercer semestre/septiembre de 2007.

Figura 10.3. Número de impactos del Distrito 22@ en los medios 2003-2007. [FUENTE: elaboración propia.]

Posteriormente, con la pérdida de gobernanza del proyecto, se dejaron de medir estos indicadores.

Ideas clave

1. Las condiciones estructurales para la gobernanza aplicada a un proyecto complejo como un distrito innovador son: el liderazgo, un órgano de representación y un órgano de gestión.
2. Es muy importante impregnar a las organizaciones y a las personas de la cultura del proyecto, y proponerlo como una herramienta metodológica básica de reflexión y planificación para la acción ordenada en el tiempo.
3. El modelo es la base conceptual, los cimientos en los que se sustenta nuestro proyecto. Da sentido y solidez a aquello que hacemos y estructura nuestras acciones futuras.
4. Durante los últimos años se han desarrollado nuevas técnicas y métodos de gestión de la innovación para tratar problemas complejos y diseñar soluciones creativas.
5. Para la atracción de inversiones a una ciudad, hay que atraer talento internacional, para lo que el entorno personal debe dotar al proyecto de Distrito Innovador de una identidad que supera el entorno físico y el corporativo.

5. Para la atracción de inversiones a una ciudad hay que atraer talento internacional, para lo que el entorno personal debe dotar al proyecto de distrito innovador de una identidad que supera el entorno físico y el corporativo.
6. La estrategia de comunicación deberá impregnar todas las áreas del proyecto, para conseguir un posicionamiento de la marca y prestigiar el proyecto ante la opinión pública y los líderes de opinión o grupos de interés.

PARTE TERCERA
CIUDAD, TERRITORIO Y ESTUDIO DE CASOS

Una vez descritas las características básicas del nuevo modelo de ciudad del siglo XXI y desarrollado el modelo de distrito innovador que se está implantado en muchas ciudades del mundo, en esta tercera parte trataremos la relación del distrito innovador con el conjunto de la ciudad y del territorio.

Para ello nos referiremos a la necesaria transformación de algunos polígonos industriales actuales, la posible creación de *hubs* innovadores o de una red de *citilabs* en distintos barrios de la ciudad, y de un sistema de ciudades intermedias y núcleos urbanos y pueblos a escala regional que se beneficien de su calidad de vida y de su proximidad al nodo global.

Seguidamente se describen algunos casos de ciudades del mundo que actualmente están desarrollando distritos innovadores y transformando el conjunto de su sistema urbano. De estos y de otros casos se desprende que no hay una única forma de desarrollar el modelo, pero sí que en todos los casos se manifiestan los elementos propios de los cinco subsistemas que hemos desarrollado a lo largo del libro.

Finalmente, el libro termina proponiendo al lector un ejercicio práctico en forma de autodiagnóstico de su idea o proyecto, basado en un cuestionario que repasa los distintos aspectos a tener en cuenta en el diseño y la implementación de un nuevo distrito innovador en una ciudad.

11

LA RELACIÓN DEL DISTRITO INNOVADOR CON LA CIUDAD Y CON EL TERRITORIO

El desarrollo de un DI no debe representar un aislamiento con el resto de la ciudad y un vaciado del territorio regional del entorno de esta ciudad. Al contrario, debería representar una oportunidad para trasladar el ecosistema al conjunto de estos territorios, conformando un sistema territorial equilibrado con procesos de realimentación positiva entre distintos polos distribuidos por la ciudad y el territorio.

Un territorio regional precisa de una capital de una dimensión suficiente para ser competitiva a nivel internacional, dotándose de los ecosistemas innovadores necesarios, como el distrito innovador objeto del presente libro. Sin embargo, también es necesario que este territorio esté equilibrado social y económicamente.

11.1. El suelo industrial como oportunidad de transformación de la ciudad: los nuevos espacios de actividad económica

El suelo industrial hoy existente en los países industrializados del mundo es uno de los activos más importantes de las ciudades donde se ubican, tanto desde el punto de vista urbanístico e inmobiliario como desde una perspectiva patrimonial y de generación de riqueza. Este importante patrimonio es en buena parte resultado de la historia de la ciudad, y especialmente de la Segunda Revolución Industrial que tiene lugar a lo largo del siglo XX, caracterizada por un modelo productivo basado en la producción seriada, por un modelo energético que se alimenta de los combustibles fósiles y por un modelo de movilidad basado en el uso del automóvil.

En un nuevo momento histórico, en pleno siglo XXI, en el que los modelos productivos, energético y de movilidad se están transformando de manera radical, se presenta una gran oportunidad para reflexionar sobre el nuevo papel a jugar por el patrimonio que forman hoy las actuales áreas industriales de distintas ciudades. Según los países, estas áreas se conocen como polígonos o polos industriales, o también parques industriales. Actualmente se están denominando también Polígonos de Actividad Económica (PAE).

Por otra parte, después de un largo período de gran expansión del suelo industrial en muchas ciudades, en el que el suelo calificado como industrial se multiplicó sustancialmente, la crisis económica iniciada en el 2008 generó una serie de retos a los propietarios, gestores y ocupantes de los PAE, y subsidiariamente, a las administraciones públicas territoriales.

Estos retos son esencialmente los siguientes:

— Dificultades patrimoniales vinculadas al pasado, los costes de mantenimiento y la incapacidad para invertir.
— Sobreoferta, cierre y abandono de empresas ocupantes y falta de atractivo para la llegada de nuevos establecimientos.
— Ocupación de antiguas naves industriales por actividades llamadas logísticas que, a menudo, son solo almacenes con muy pocos puestos de trabajo.
— Pérdida de competitividad de las empresas ocupantes y aparición de cuellos de botella por falta de servicios y/o infraestructuras.
— Dificultad para integrar los PAE en una estrategia integral de promoción económica territorial y de atracción de inversiones.
— Atomización de industrias: multiplicidad de sectores distribuidos geoespacialmente.
— Cadenas de valor cortas y con poco valor añadido, tanto en lo relativo a productos como a servicios intangibles.
— Escasa masa crítica y ausencia de ecosistemas maduros en sectores estratégicos.
— Escaso vínculo con la innovación académica.

En muchos países, durante el período anterior a la crisis económica la acción pública se concentró en el desarrollo de nuevos espacios, de poca dimensión y distribuidos entre muchos municipios (cada municipio quería tener su polígono), y en menor medida en la mejora física y la solución de los síntomas externos de degradación (urbanización, calidad ambiental, infraestructuras, etc.) de los polígonos existentes. Sin embargo, en el actual contexto es evidente que el foco debería situarse en la promoción económica de estos espacios mediante su transformación.

Además, actualmente muchas industrias no han superado la lógica del «desarrollismo» y se encuentran estancadas en sectores de nivel tecnológico medio y medio-bajo, con un bajo valor añadido en el contexto de la Europa Occidental.

La situación actual de muchos polígonos es de una progresiva degradación, y estos espacios podrían ser un activo a escala local de disponibilidad inmediata, siempre que el nivel de calidad de los espacios de actividad sea el adecuado. En muchos casos estamos hablando del 50% de la superficie total ocupada por el suelo industrial en riesgo de precarización y de abandono. Una parte significativa de este suelo industrial se encuentra integrado o formando parte de la metrópolis, lindando con los barrios de la ciudad.

Para una ciudad concreta, sería necesario realizar un análisis global que nos permitiera disponer de una valoración de estos activos y de una estimación de las acciones de mejora a realizar, tal vez distinguiendo entre categorías de polígonos según su ubicación y sus posibilidades de rehabilitación futura.

Esto nos permitiría definir y aplicar una estrategia de valorización de estos espacios, seguramente situándolos en tres categorías: aquellos situados en un entorno urbano que podrían ser integrables en un modelo de ciudad compacta, los que admitirían procesos de inversión pública y privada para mejorar los servicios y por lo tanto su capacidad de atracción de inversiones, y finalmente quedarían algunos polígonos marginales de difícil revalorización.

Actualmente se estima que, en muchos países industriales, aproximadamente la mitad de la superficie construida en los polígonos industriales corresponde a edificios envejecidos, buena parte de los cuales no reciben inversiones en mantenimiento y se encuentran, por tanto, en proceso de abandono. En estas zonas urbanas, el mantenimiento en infraestructuras de actividad económica y las nuevas inversiones ha caído notablemente en los últimos años. Estas zonas urbanas, en proceso progresivo de degradación y de abandono, podrían ser hoy en día magníficos escenarios para la promoción de nuevos distritos innovadores, siempre que dispongan de una cierta dimensión.

Más allá de los elementos instrumentales o físicos, todo análisis y programa de trabajo para definir un proyecto de transformación de estas zonas de la ciudad debería centrarse en los que son los tres objetivos últimos de su existencia:

— Atracción de nuevas empresas.
— Mejora de la competitividad de las empresas existentes, sobre todo mediante la creación de servicios.
— Generación de beneficios y externalidades positivas para el territorio.

Teniendo en cuenta lo dicho hasta aquí, parece claro que una nueva política de consolidación y potenciación de los PAE debería pasar por una necesaria selección de aquellos polígonos donde habría que concentrar las inversiones en nuevas infraestructuras y nuevos servicios.

Los nuevos espacios de actividad económica (EAE) del siglo XXI serán resultado de dos procesos paralelos:

— La transformación de algunos polígonos industriales actuales.
— La promoción de nuevas formas de producción y actividad económica emergentes propios del ámbito urbano.

De acuerdo con este doble proceso, y para hacer frente a los retos actuales de los PAE, proponemos tratarlos a dos niveles según su tipología:

— Modelo A. Estaría formado por aquellos polígonos industriales que pueden incrementar sensiblemente su nivel de servicios, para convertirse en unos EAE industriales del siglo XXI. Se trata de mejorar los servicios de los polígonos implicados, concretando tipologías de servicios a aplicar.

  Destacaríamos, entre otros, servicios de información y estudios, promoción internacional y atracción de nuevas inversiones, servicios básicos (desde suministros básicos hasta servicios de movilidad), servicios avanzados (telecomunicaciones, ahorro energético, consultoría avanzada, etc.), centros de servicios a las empresas, actividades de cooperación y de conexión con redes, programas de formación y atracción de talento, conexión con centros de investigación y centros tecnológicos, programas de promoción de la innovación, proyectos de lo que se llaman *smart environment*, etc.
— Modelo B, conformado por los nuevos distritos innovadores, surgidos por la reconversión del suelo industrial obsoleto o en pro-

ceso de degradación en un modelo urbano que aporte valor añadido a su entorno, es decir, en nuevos EAE donde se desarrollan actualmente las actividades de mayor valor añadido, basadas en modelos energéticos y de movilidad sostenibles, y en un nuevo rol de la ciudad como espacio urbano donde la creatividad y la innovación encuentran su entorno natural capaz de atraer y fijar talento local y de todo el mundo.

Estas transformaciones urbanas necesitan de un modelo de planeamiento urbanístico, orientado a la transformación de suelo industrial en nuevas áreas urbanas, basadas en la mezcla de usos y en la promoción de nuevas actividades económicas de alto valor añadido. Es el modelo de distrito innovador que estamos definiendo en el presente libro y que están promoviendo muchas ciudades del mundo.

La ciudad, la metrópolis y el país

Un distrito innovador se desarrolla en una parte de la ciudad, en una zona urbana relativamente reducida, de entre 50 y 200 hectáreas. Pero, ¿qué ocurre en el resto de la ciudad, del área metropolitana o del país? Esta pregunta es relevante para cualquier ciudad y para cualquier área metropolitana o región. Así, extrapolando esto a los ejemplos ya mencionados a lo largo del libro, nos podemos referir:

a) Distrito 22@, a la ciudad de Barcelona, al área (o a la región) metropolitana de Barcelona y a Cataluña.
b) Distrito Nou Llevant, a la ciudad de Palma o a la isla de Mallorca y las Islas Baleares.
c) Polígono Vara de Quart de Valencia, a la ciudad de Valencia o a su área metropolitana o a la Comunidad Valenciana.
d) Distrito V21 de Viña del Mar, a la ciudad o la región de Valparaíso y al conjunto del país chileno.

Por una parte, concentramos un ecosistema innovador formado por una gran pluralidad de agentes públicos y privados en una zona urbana relativamente reducida, que será el distrito innovador. Por otra parte, este distrito innovador es un espacio abierto al conjunto de la ciudad, de manera que sus distintos agentes funcionan en red; la red de centros de I+D o centros tecnológicos, los distintos sistemas de clústeres, la red de *coworkings* colaborando con todos los miembros de estas redes plurales, etc., todos ellos crean un sistema ciudadano.

Cuando pasamos al nivel de las áreas metropolitanas, estas redes cooperativas también se deberían transformar en redes entre distintos ecosistemas innovadores. Para el caso del área metropolitana de Barcelona, el ingeniero Ramon Gras y Jeremy Burke, de la Universidad de Harvard y de Aretian, en su estudio sobre espacios urbanos innovadores han identificado hasta 25 espacios urbanos con potencial para transformarse en DI, distribuidos por todo el territorio metropolitano. Pensamos que estos futuros distritos innovadores deberían funcionar en red, seguramente con algunos criterios de complementariedad en sus especializaciones y con fórmulas de gobernanza flexibles como sistema metropolitano de cooperación.

11.2. Del distrito innovador a la ciudad

Un distrito innovador se suele ubicar en una parte de la ciudad, a la que transforma mediante el modelo presentado en el capítulo 5. Con los años, el proyecto de DI se va desarrollando, transformando el antiguo polígono industrial o barrio degradado de la ciudad en un espacio de nueva centralidad, donde el talento internacional desea vivir y trabajar. Ya hemos visto que el éxito del distrito puede provocar la gentrificación en los barrios colindantes y aislar el nuevo distrito del resto de la ciudad.

Para evitarlo, por un lado, hay que tomar medidas contra la gentrificación como las que se han propuesto, pero por otro hay que velar para que el nuevo modelo de ciudad que representa el distrito acabe transformando al conjunto de la ciudad. Pero ¿cómo se puede diseñar y llevar a la práctica una estrategia en este sentido? Apuntaremos algunas posibles acciones o medidas que, aunque de forma incipiente, están siendo puestas en práctica y que deberán valorarse próximamente.

A principios de diciembre 2022, el Plan Estratégico Metropolitano de Barcelona (PEMB) presentaba el Compromiso Metropolitano 2030 (*El Periódico,* 2022) como un nuevo ejercicio de planeamiento estratégico a escala de región metropolitana, siguiendo una ya larga tradición que empezó el alcalde Pasqual Maragall, a nivel de la ciudad de Barcelona, y que después continuó Joan Clos con el Plan Estratégico Metropolitano de los 36 municipios del área metropolitana.

El PEMB ha demostrado ser una buena herramienta de planeamiento de ciudad, pero otra cosa son los resultados alcanzados en forma de proyectos concretos realizados. El PEMB es una herramienta de planeamiento, pero no es un instrumento ejecutivo que gestione proyectos estratégicos. Además, los déficits de gobernanza metropolitana limitan el paso del planeamiento estratégico al desarrollo de proyectos.

Actualmente, con las tendencias de la competencia entre ciudades a nivel global, **la nueva ciudad del siglo XXI necesita una visión integrada a nivel metropolitano para el planeamiento estratégico, pero también debe dotarse de los instrumentos ejecutivos que impulsen y gestionen los proyectos estratégicos identificados.**

Como demuestran distintas investigaciones (West, 2020, y Aretian, 2022), la dimensión de la ciudad real es importante. Cuando aumenta la población de una ciudad pueden aumentar las variables relacionadas con la economía y la innovación, si se ponen en práctica las estrategias adecuadas; en este caso, los beneficios son evidentes para el conjunto de la población.

¿Cuál es la ciudad real en el caso de Barcelona? El planeamiento estratégico urbano comienza con los nuevos ayuntamientos democráticos de las elecciones municipales de 1979 en la ciudad de Barcelona de 1,6 millones de habitantes, pasando a continuación a nivel del AMB de 36 municipios y 3,3 millones. Ahora, con el Compromiso Metropolitano 2030, pasamos a la nueva ciudad que representa la Región metropolitana de 5,1 millones de habitantes y más de 150 municipios, una de las metrópolis más importantes de Europa.

Para que las ciudades puedan competir a escala global y captar talento e inversiones es necesario alcanzar una cierta dimensión, y esta Región metropolitana de Barcelona, con cinco millones de habitantes, tiene una dimensión adecuada para convertirse en un potente ecosistema innovador, nodo de la red global de ciudades.

El Compromiso Metropolitano 2030 de la nueva ciudad de los 5 millones propone un conjunto de ocho misiones estratégicas para el futuro de este territorio urbano, como objetivos transversales relacionados con la economía, los niveles de renta, la emergencia climática, la movilidad, la alimentación saludable, la cohesión territorial y social, la vivienda y el acceso a la cultura. Estas misiones se desarrollan en 96 proyectos, de los que 32 son metropolitanos.

La pregunta que debemos hacernos ahora es sobre la gobernanza del Compromiso Metropolitano y qué grado de realización podrán tener los proyectos metropolitanos transformadores. Actualmente parece que el incentivo de los ayuntamientos a participar en estos proyectos es limitado, pues tienden a priorizar sus propios proyectos.

Dadas las dificultades de todo tipo para poder disponer de una gobernanza efectiva a nivel metropolitano, quizá se trataría de dotar a los proyectos transformadores de una gobernanza propia, proyecto a proyecto, con el liderazgo del conjunto de municipios, la participación de agentes públicos y privados y una capacidad de diseño y gestión específicas para cada proyecto. Objetivos estratégicos, como la transformación de parte del suelo industrial en ecosistemas innovadores, o la necesaria transición de modelo energético contra el cambio climático, pero también como oportunidad para el desarrollo económico y la promoción internacional de la Barcelona de los 5 millones para la atracción de inversión, entre otros proyectos, requieren de una gobernanza propia si queremos que tengan la viabilidad necesaria para llevarlos a cabo.

Por otra parte, disponer de una capital competitiva a nivel internacional es compatible con el equilibrio territorial del país. Una Barcelona metropolitana fuerte y competitiva, y una Cataluña equilibrada económica y socialmente, son dos elementos que pueden alimentarse mutuamente con unas adecuadas políticas públicas que aseguren la coordinación y la colaboración a nivel territorial.

Lo afirmado para Barcelona y su área o región metropolitanas es en principio aplicable a cualquier gran ciudad situada en un entorno metropolitano, como es el caso de todas las ciudades estudiadas hasta el momento.

Otra posible medida para el equilibrio de la ciudad es la de situar una red de *citilabs* en distintos barrios, para distribuir las funciones propias de estos centros, descritos en el capítulo 4, al conjunto de la ciudad, para que actúen a su vez de plataformas o pasarelas de conexión con el DI. La relación de estos *citilabs* con la ciudadanía y con el sistema educativo próximo podrían permitir la transformación social del conjunto de la ciudad. Sin embargo, a nivel de actividad económica sería conveniente ir difundiendo el modelo urbanístico basado en la mezcla de usos al conjunto de la ciudad.

Distritos innovadores vs. *hubs* de innovación

La experiencia actual de la ciudad de Barcelona de distribuir los llamados *hubs* de innovación por la ciudad es todavía muy reciente para poder evaluar sus resultados, pero plantea algunas dudas relativas a sus efectos sobre el conjunto de la ciudad. Se trata de edificios de propiedad pública que salen a subasta para proyectos de creación de *innovation hubs* o polos de actividad económica.

En este sentido, en un reciente concurso público del Ayuntamiento de Barcelona se establece que: «El objeto de esta convocatoria pública es la selección del mejor proyecto de desarrollo de un polo de actividad económica *(Innovation Hub)* en el ámbito de la Industria 4.0 y la Economía circular, para la reactivación de la zona industrial de Sagrera – Besòs».

La convocatoria pública se enmarca dentro de los objetivos estratégicos de la Agenda Económica de Barcelona 2020-2030 o Barcelona Green Deal, y más concretamente del desarrollo de un conjunto de polos de actividad económica en la ciudad de Barcelona, destinados a ser catalizadores de la innovación de la ciudad. Los nuevos polos de actividad económica deben permitir acelerar el crecimiento y posicionamiento de los sectores estratégicos de la ciudad y, al mismo tiempo, configurarse como verdaderos polos de atracción de talento, iniciativa emprendedora, inversión y nueva actividad económica.

Se pretende contribuir a la definición de un nuevo mapa económico de la ciudad, poniendo en valor activos existentes y configurando otros nuevos, con el fin de promover, desde la Administración Pública, proyectos de operadores privados que estén alineados con los grandes objetivos económicos de la ciudad y que, de este modo, puedan acelerar su puesta en marcha y consolidación.

Se trata de impulsar proyectos de partenariado público-privado que, con una implicación activa de las Administraciones competentes, sean capaces de generar impactos positivos en los ecosistemas económicos y emprendedores vinculados con cada polo y cada sector estratégico. Para ello se adjudicará al proyecto ganador un derecho de superficie por parte del Ayuntamiento de Barcelona, que se constituirá sobre una nave industrial ubicada en la zona del Besós al norte de la ciudad, por un período inicial de 25 años, manteniendo el Ayuntamiento de Barcelona la titularidad del suelo del inmueble.

El operador seleccionado deberá gestionar todo el edificio, dotarlo de los bienes y tecnología pertinentes, administrar el alquiler de espacios a empresas, la instalación de *start-ups*, e implementar todos aquellos programas y actuaciones de valor añadido necesarios para la aceleración del polo de actividad económica.

Se trata de una iniciativa interesante que podría ser un instrumento de relación entre el distrito innovador 22@ y el conjunto de la ciudad, siempre que se establezcan los mecanismos de coordinación y gobernanza del conjunto del sistema ciudad.

Esta dualidad entre distrito de innovación y los edificios llamados *hubs* ya se da actualmente en la ciudad de Barcelona, si consideramos por ejemplo el Distrito 22@ y el edificio Barcelona Tech City (BTC) ubicado en el Puerto (Port Vell): https://techbarcelona.com.

BTC se autodefine como «.....una asociación privada independiente y sin ánimo de lucro que trabaja para reforzar Barcelona como referente en el panorama digital y tecnológico internacional. Somos la puerta de entrada y la plataforma de participación activa en el ecosistema. Conectamos y visibilizamos a las *start-ups*. Catalizamos procesos de innovación con corporaciones. Fomentamos el emprendimiento. Atraemos inversión. Potenciamos el talento. Vertebramos y empoderamos el ecosistema».

El objeto del BTC consiste en impulsar el crecimiento del ecosistema y promover la transformación del modelo económico y de los sectores tradicionales a través de la tecnología. Vertebra el ecosistema en un contexto de proyección internacional y cuida el impacto de la tecnología en la sociedad.

Entre sus actividades destacan las que tratan de generar y compartir conocimiento; organizar actividades y eventos para favorecer el aprendizaje transversal del ecosistema; impulsar grupos de trabajo sectoriales para afrontar los desafíos de la transformación tecnológica, social y económica; conectar el talento; dar visibilidad a proyectos innovadores y tejer una red internacional de embajadores.

Promueven proyectos de *open innovation*, tienen una gran base de datos de empresas innovadoras que forman parte del ecosistema e impulsan proyectos estratégicos que potencien el ecosistema, como el Urban Tech Campus y la plataforma Tech Talent.

La comunidad del BTC aglutina emprendedores, *start-ups*, inversores, pymes, corporaciones, universidades, escuelas de negocio, administraciones públicas y firmas de consultoría y servicios. Cuenta con más de 1.000 socios, más de 1.200 compañías asociadas y más de 70.000 profesionales del llamado «sector tecnológico».

Otro caso interesante es el que representa el distrito innovador de la ciudad de Palma, en relación con el conjunto de la ciudad y con otras ciudades de la isla de Mallorca. Lo comentamos más adelante.

También se puede destacar el caso de la ciudad de Valencia, entre el actual complejo de Marina Valencia y el futuro distrito innovador de Vara de Quart. Marina Valencia es un espacio situado al norte de la zona portuaria de Valencia en el que se han ido ubicando empresas e instituciones del ecosistema innovador valenciano, entre los que destaca la aceleradora Lanzadera, creada por el grupo empresarial valenciano Mercadona y el llamado Valencia Innovation District.

En Marina Valencia la Asociación Valenciana de *start-ups* promueve el llamado »Valencia Innovation District», que tiene como fin contribuir al desarrollo del ecosistema de innovación y la transformación del tejido empresarial y social valenciano, posicionando la región como referente tecnológico a nivel mundial.

Lanzadera (https://lanzadera.es/) es más que una aceleradora e incubadora de nuevas empresas, es un auténtico ecosistema innovador formado por las *start-ups* que están en el edificio, sus mentores, directores de proyecto, *partners* y grandes corporaciones que trabajan mano a mano con los emprendedores en un ambiente creativo que promueve la relación entre los distintos agentes dentro y fuera del propio edificio.

Según los datos que facilita su propia web, actualmente ha acelerado más de 1.000 *start-ups*, se han generado más de 8.300 empleos y se ha conseguido una inversión de unos 700 millones de euros. Cuenta con un Centro de Formación EDEM para directivos y empresarios y un fondo de inversión que alimenta al conjunto del ecosistema.

El distrito innovador Vara de Quart se sitúa en el polígono industrial del mismo nombre, ubicado en el oeste de la ciudad de Valencia. Sus principales características se describen en el capítulo 12, dedicado al estudio de casos.

En América Latina podemos destacar, entre otros casos, el del distrito innovador V21 de la ciudad chilena de Viña del Mar en relación con el conjunto de la región de Valparaíso.

En otros países existen casos similares más desarrollados, como el caso de Londres, con iniciativas como el London Tech City, un distrito tecnológico en el este de Londres, situado entre las áreas de Old Street y Shoreditch. A partir de la crisis de los años 2008-2009 se cierran empresas en esta área y esto repercute en una bajada de alquileres, lo que favorece el desarrollo de *start-ups* tecnológicas. Se crea un clúster tecnológico con el apoyo del gobierno local y nacional. El objetivo es hacer un clúster comparable con Silicon Valley en Estados Unidos. De momento ha atraído a empresas como Cisco, Google, Facebook, Mckinsey&Company, etc.

También en Londres, más recientemente la Universidad Imperial College, en alianza con la corporación H&F, han creado el distrito innovador llamado White City, situado en el oeste de Kensington. Se trata de una plataforma de innovación, emprendimiento e investigación multidisciplinar que ofrece nuevas formas de asociación y coubicación a través de un ecosistema empresarial con apoyo, recursos e instalaciones que abarcan la ideación, el crecimiento y la aceleración.

Ambos casos de la ciudad de Londres, Tech City y White City serán desarrollados en el capítulo 12 y ponen de manifiesto la transformación del conjunto de la ciudad mediante iniciativas diversas.

Muchas ciudades comparten distintas iniciativas en espacios diversos, aunque algunas se acercan más al modelo de distritos innovadores, mientras que otras son más *hubs* innovadores ubicados en edificios o espacios más limitados que no reúnen las condiciones urbanísticas de mezcla de usos propias de un DI. Todas estas ciudades se deben plantear el reto que representa la relación del DI con el conjunto de la ciudad, mediante la creación de un ecosistema urbano integrado y en red capaz de coordinar las funciones y actividades de estos distintos espacios urbanos.

Sería el caso de la ciudad de Helsinki, con distintos *hubs* distribuidos por la ciudad, en relación con el distrito innovador que representa la ciudad vecina de Espoo.

Figura 11.1. Helsinki y Espoo.

También podemos destacar el área de Boston con una gran diversidad de ecosistemas innovadores urbanos, destacando el distrito de Kendall Square alrededor del MIT.

Finalmente, el área de la bahía de San Francisco, con la ciudad de San Francisco y la zona de la bahía hasta el sur, con el gran sistema del Silicon Valley (véase la figura 11.2).

Algunas conclusiones

A partir de la reflexión sobre la relación de los distritos innovadores urbanos con el conjunto de la ciudad y de la región metropolitana se trata de evitar que un gran proyecto de distrito innovador excluya o se-

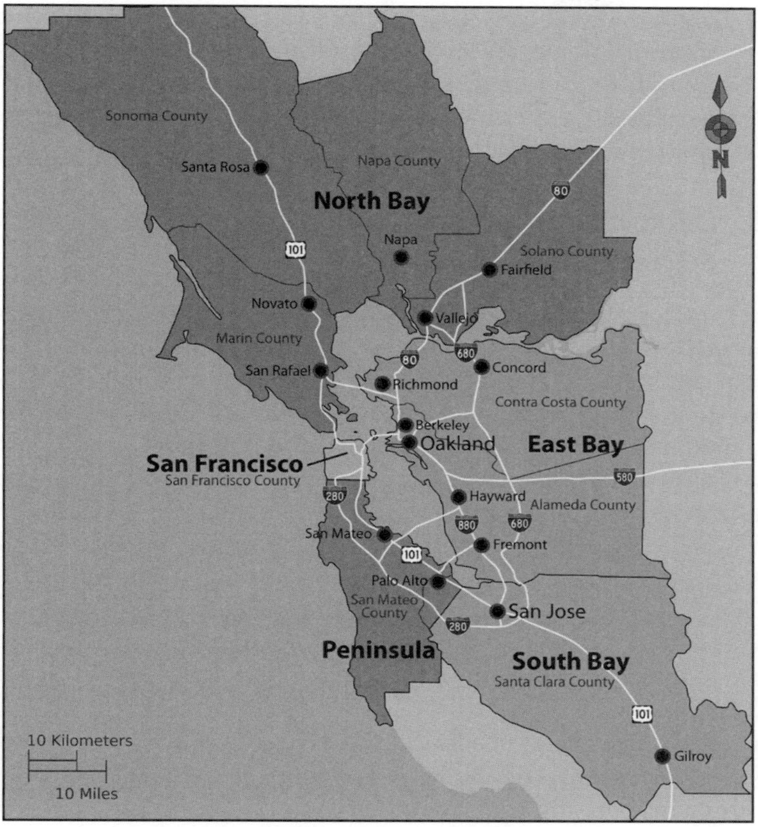

Figura 11.2. Área de la bahía de San Francisco.

gregue al resto de la ciudad. Para ello debemos tener presentes las siguientes cuestiones:

— *Primera:* no es incompatible el desarrollo de un distrito innovador con el desarrollo del conjunto de la ciudad. Uno de los objetivos del DI es contribuir a la transformación de la ciudad hacia un nuevo modelo propio de las nuevas condiciones del siglo XXI.
— *Segunda:* para ello es necesario desarrollar coordinadamente distintas acciones distribuidas, en el espacio y en el tiempo, por todo el territorio urbano y metropolitano, como los llamados *hubs* de innovación o *citilabs* u otros instrumentos de actuación urbana funcionando en red con el propio distrito.

— *Tercera:* cada caso es distinto y en cada ciudad habrá que analizar y decidir los mecanismos más adecuados para el desarrollo del conjunto de la ciudad, teniendo en cuenta que estamos todavía en un momento experimental que habrá que desarrollar y compartir experiencias con otras ciudades.

11.3. De la ciudad al territorio, la transformación de las zonas rurales

En Inglaterra, fuera de Londres, ¿todo será un desierto?, ¿acaso no juegan un importante papel Oxford y Cambridge, o Manchester o Bristol y tantas otras ciudades medias en el sistema de ciudades del conocimiento de la Gran Bretaña? Lo mismo podríamos decir de muchas ciudades medias americanas o de otros países del mundo.

En el caso de Barcelona y Cataluña el ecosistema innovador ¿se conforma solamente en el área metropolitana de tres millones y medio de habitantes o en la región de cinco millones?, ¿o también en ciudades medias de la tercera y de la cuarta corona, como el eje orbital Vilanova-Vilafranca-Igualada- Manresa- Vic- Girona-Olot-Figueres?, ¿y más allá hacia Tarragona-Reus, Lleida y el eje de la autopista A2? ¿La distancia entre ciudades se mide en kilómetros o en tiempo? ¿Y las comunicaciones telemáticas?, ¿qué papel pueden jugar en el futuro? Unas buenas infraestructuras físicas y telemáticas organizan el espacio de forma distinta a la manera tradicional. El AVE de Barcelona a Girona, Reus-Tarragona y Lleida ha acercado estas áreas urbanas, configurando un sistema urbano policéntrico que puede jugar un papel de nodo de conexión con el sistema global de ciudades. Por otra parte, las infraestructuras de telecomunicaciones también reordenan el territorio y lo conectan con las redes globales (véase la figura 11.3).

Parece que la nueva geografía del conocimiento a escala global requerirá de un nodo fuerte conectado a nivel de ciudad y a nivel metropolitano con los otros nodos del sistema global, y de un sistema de ciudades y núcleos urbanos a escala regional que se beneficien de su calidad de vida (la Tolerance de Florida) y de su proximidad al nodo global. En el caso de Cataluña, Barcelona y el AMB como nodo global, y el sistema de ciudades catalanas como red conectada con el mundo mediante este nodo. El mismo modelo podría ser aplicable a Palma-Mallorca-Baleares o a Valencia-área metropolitana-provincia, o a Viña del Mar-Valparaíso o a otros muchos nodos y regiones del mundo.

Elena Granata (2021) se refiere a las *cien ciudades,* que a nivel global forman las ciudades intermedias, que representan el 20 % de la pobla-

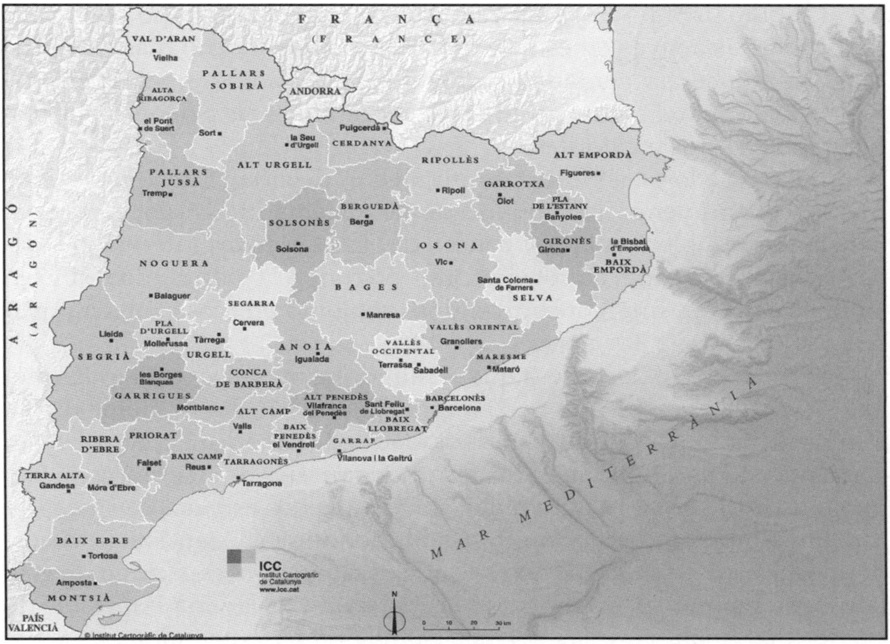

Figura 11.3. Mapa de Cataluña con las ciudades indicadas.

ción mundial y el 36 % de la población urbana. Son ciudades cercanas a otras grandes ciudades, con una gran calidad de vida, en muchos casos con una gran dinámica cultural y creativa, que tienen una gran influencia en su entorno rural próximo y que organizan y mantienen el territorio.

En el caso de Madrid en relación con la llamada «España vaciada», la gran urbe ha vaciado de talento y de actividad económica a su entorno próximo y no tan próximo. Este es un modelo no deseable, porque se pierde diversidad y tradición cultural, y estos territorios pasan a ser el patio trasero de la gran ciudad, donde se pueden ubicar infraestructuras energéticas o de todo tipo que precisa la gran ciudad. Familias y relaciones personales se dispersan y se abandonan pueblos, entrando en decadencia estas ciudades intermedias.

Las políticas territoriales deberían hacer compatible el desarrollo de la ciudad con sus distritos innovadores, nodos de las redes globales, con la capilaridad territorial que integre pueblos y ciudades y que promueva el equilibrio territorial de zonas extensas del territorio, a

nivel regional. Si no hay una visión sistémica del territorio regional y unas políticas activas en este sentido, tendremos mucho más que pueblos abandonados y ciudades intermedias en decadencia, pues perderemos la historia y el activo cultural que representan las personas que han habitado en estos territorios.

Pero para ello estas ciudades intermedias deberían también transformarse, constituyendo el conjunto un ecosistema innovador territorial coherente, complementario y conectado. Las ciudades intermedias deberían asumir un nuevo protagonismo, no contra la gran ciudad, sino en sintonía con la misma, constituyendo el conjunto un ecosistema innovador territorial.

No estamos condenados a que el mundo se organice en grandes megalópolis globales del tipo de Shanghai, Estambul, Tokio, Bombai, Sao Paulo o Ciudad de México, y otras ciudades de América Latina, que van creciendo sin parar vaciando los territorios rurales de su entorno más o menos próximo. Más que ciudades, son fenómenos urbanos con áreas de asentamiento y construcción informal, donde no llegan los servicios, donde aumenta la marginación social y desaparece la capacidad de gestión del territorio y los servicios a las personas. Es la vida imposible de barrios marginales, favelas y *slums*. Familias enteras abandonan sus zonas agrícolas para emigrar a la gran ciudad, donde van ocupando estos barrios marginales, perdiendo referentes culturales y emocionales de su anterior relación con el territorio rural.

Pero un mundo distinto es posible y deseable, en muchas regiones donde la concentración urbana en unas pocas grandes ciudades convive y dialoga con un sistema de muchas ciudades medianas y pequeñas, capaces de mantener y trabajar el propio territorio rural. Sería el caso de muchos *lands* alemanes o de países como Austria o algunas regiones italianas.

Se da la circunstancia, que a veces olvidamos, que actualmente la mayor parte de la población mundial vive todavía en ciudades de menos de un millón de habitantes y que, por tanto, es posible promover el equilibrio en la relación entre megalópolis y ciudades intermedias que estructuran y estabilizan el territorio rural. Las ciudades medias de menos de un millón de habitantes y las pequeñas de menos de 50.000, dominantes hoy en Europa, pueden establecer una red de ciudades intermedias, que por una parte se relacionan con las grandes ciudades y por otra mantienen el territorio rural de sus entornos próximos.

Hay que asegurar el equilibrio a estos tres niveles: la gran ciudad, la red de ciudades intermedias y los pueblos de las zonas rurales que

mantienen un sistema agroalimentario de proximidad, base de la biodiversidad del sistema territorial. Pero ello solo será posible si somos capaces de promover políticas de equilibrio territorial basadas en el desarrollo económico de sectores como el sector agroalimentario, las actividades industriales asociadas y, muy importante, la transición de modelo energético no como un uso del territorio rural soporte de las infraestructuras de generación eléctrica, sino como oportunidad de desarrollo económico integral del conjunto del nuevo sistema energético.

Algunos autores distinguen entre una jerarquía de nodos espaciales: orden 1 metropolitano/regional, orden 2 de ciudad, orden 3 de distrito, orden 4 de barrio, orden 5 locales y órdenes 6 y 7 interiores de edificios y complejos de innovación.

Innovación rural

Al hablar del desarrollo de las zonas rurales basado en la innovación se pueden destacar las recientes aportaciones de Aretian (2022) para distintos territorios del este de los Estados Unidos, y para otros casos más próximos como el caso de las comarcas del «Camp de Tarragona» situadas al sur de Cataluña.

En este estudio del Camp de Tarragona la estrategia económica se inscribe en el marco de la estrategia RIS3 de la Unión Europea y de su aplicación a Cataluña, llamada RIS3CAT. Esta estrategia de «especialización inteligente», descrita en el capítulo 7, consiste en síntesis en la elección de las actividades y sectores de especialización que correspondan a ventajas comparativas de los territorios considerados.

Para ello, el estudio de Aretian analiza los atributos de cada territorio local o comarcal y los traslada a un sistema de información geográfico que permite una visión de conjunto del territorio considerado. A partir de este análisis describe y representa gráficamente la cadena de valor del ecosistema tecnológico de la agroindustria de este territorio, que está formado por los sectores de la producción de alimentos, su procesamiento, la distribución y la comercialización y consumo de los mismos. Para cada una de las etapas de esta cadena de valor se analizan y describen las distintas estructuras, organizaciones y funciones existentes y sus interrelaciones, lo que nos da una visión completa de la situación del sistema agroalimentario del territorio, sobre el que se podrá operar. Es el poder del *systems mapping* que hemos comentado en anteriores capítulos.

Se analizan las redes del sistema productivo agroalimentario, las cadenas de integración vertical, el sistema de logística asociado a la cadena de valor, los sistemas de distribución y los agentes que operan en este sistema complejo. El diagrama de flujo de todo el proceso, con sus agentes y funciones, nos permite conocer el sistema en toda su complejidad, para poder llegar a conclusiones y poder operar con actuaciones que permitan aumentar el valor añadido del territorio.

Para este plan de acción se definen distintas estrategias de agregación, de integración vertical o de estrategias de identidad cultural y de productos, mediante la definición de retos, identificación de los principales indicadores o KPI y su descripción.

De todo ello resultan un conjunto de recomendaciones en forma de estrategias regionales de desarrollo, mediante la creación de cinco llamados *agritechnology campuses* para cada una de las cinco comarcas consideradas de la provincia de Tarragona.

Sirva este breve resumen del estudio realizado por Aretian para el Camp de Tarragona como ejemplo de posibles actuaciones a realizar en zonas rurales basadas en la innovación y en la especialización inteligente de estos territorios, en coherencia con una política de equilibrio territorial, compatible y relacionada con el desarrollo de distritos innovadores urbanos que implican al conjunto de la ciudad que forma parte de un territorio que queremos económica y socialmente equilibrado.

Otra gran oportunidad para el equilibrio territorial la ofrece actualmente la necesaria y urgente estrategia de transición de modelo energético basado en el desarrollo de las energías renovables.

El desarrollo de las energías renovables necesita ocupar el territorio para poder captar la energía fotovoltaica que nos viene del sol y la eólica del viento. Para la primera hacen faltan superficies importantes del territorio y para las segundas ocupar espacios en zonas donde haya unos niveles de velocidad y calidad del viento que permitan un uso efectivo de los actuales molinos de viento.

Si consideramos las zonas rurales como meros espacios soporte de las infraestructuras de generación eléctrica, el valor económico que retiene este territorio se limita a los alquileres de suelo y a la fiscalidad de las administraciones locales. Algunos propietarios rurales aumentan sus ingresos y posiblemente abandonan sus actividades relacionadas con la agricultura, y los ayuntamientos implicados incrementan sus ingresos y mejoran sus presupuestos, con lo que pueden mejorar sus políticas públicas de las que se beneficia el conjunto de los habitantes de la población. Sin embargo, no se crean puestos de trabajo de forma significativa y los jóvenes siguen sin perspectivas y seguirán emigrando a las ciudades.

El balance de estas inversiones es pues positivo para las poblaciones residentes afectadas, pero ello no mejora sensiblemente el equilibrio territorial que venimos tratando. ¿De qué manera el territorio rural podría aprovechar el necesario proceso de transición energética para el equilibrio territorial? ¿Es posible un pacto entre el territorio y los promotores de parques fotovoltaicos y de parques eólicos, para conseguir que una parte significativa del valor añadido del nuevo sistema energético sirva para el desarrollo territorial equilibrado? La respuesta es que sí, que la transición energética ofrece una gran oportunidad para el equilibrio territorial, si se ponen en práctica estrategias y políticas territoriales adecuadas.

Según el último informe anual de IRENA (International Renewal Energy Agency) sobre la creación de empleo (2021), el objetivo del incremento de 1,5 °C propuesto por la Agencia Internacional de energías renovables (IRENA) en su Informe Mundial de «Energy Transition Outlook» generará 122 millones de empleos en el sector energético a nivel mundial para 2050 (de los cuales 43 millones serán en energías renovables) y establecerá las condiciones para la resiliencia económica, el desarrollo y la igualdad a largo plazo.

La energía fotovoltaica generará la mayor cantidad de puestos de trabajo para 2050 (20 millones), seguida de la bioenergía, la eólica y la hidroeléctrica. El empleo de energía renovable ha tenido una trayectoria ascendente desde el primer informe de empleo de IRENA en 2012. Entonces, como ahora, la energía solar fotovoltaica ha liderado el proceso y representa unos 4 millones de puestos de trabajo en la actualidad (véase la figura 11.4).

Las instalaciones solares suministran energía a la red, mientras que las aplicaciones solares pequeñas fuera de la red ofrecen un acceso muy necesario a la red de electricidad a comunidades remotas y pobres en energía. Aunque las ventas fuera de la red se vieron afectadas por el COVID-19 en 2020, las soluciones *o-grid* seguirán impulsando la agricultura, el procesamiento de alimentos, la educación y la atención médica.

El citado informe añade que la transición energética ha puesto de manifiesto la necesidad de ampliar las capacidades en todas las regiones del mundo para crear una mano de obra de energías renovables. Satisfacer esa necesidad requerirá más formación profesional, planes de estudios más sólidos y mayor formación de formadores. Hacer uso de las innovaciones digitales en la enseñanza es otra tarea, especialmente a la luz de la pandemia.

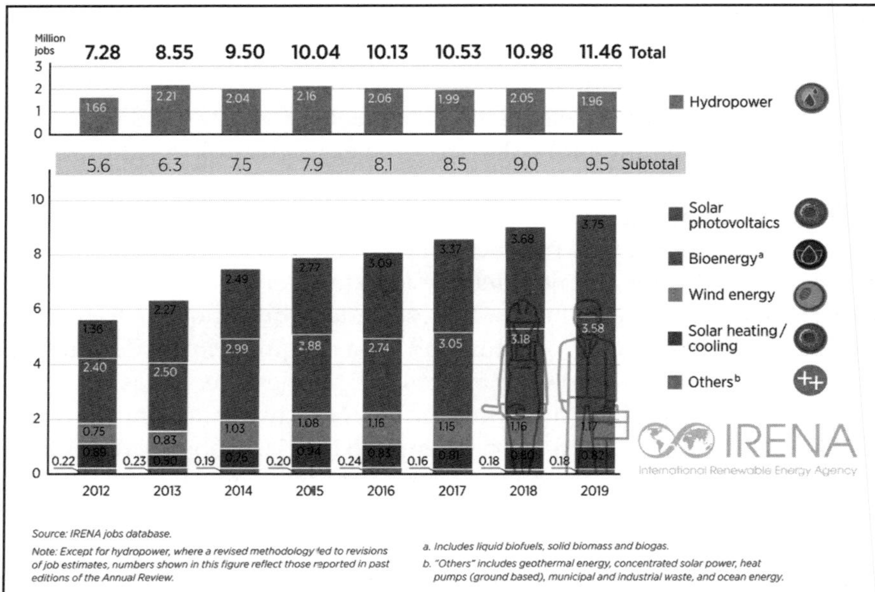

Figura 11.4. Puestos de trabajo de energías renovables por tecnología en el mundo, años 2012-2019. [Fuente: IRENA, 2021.]

Los trabajos decentes no se crearán automáticamente en la transición energética; políticas ambiciosas de apoyo y las inversiones en una transición energética orientada al futuro, climáticamente segura y justa, deberán ser sostenidas y expandidas. IRENA está trabajando para hacer operativos los compromisos políticos para la creación de empleo en el sector energético.

Los marcos de políticas integrales basados en un diálogo social efectivo deben utilizar los incentivos del mercado laboral para abrir nuevas posibilidades para los trabajadores que pierden sus empleos en la energía convencional, junto con políticas industriales y empresariales para aprovechar las industrias nacionales existentes. Las medidas de protección social pueden ser necesarias en el ínterin y posteriormente.

Las directrices tripartitas de la OIT para una transición justa hacia economías y sociedades ambientalmente sostenibles para todos, ofrecen un marco importante para seguir promoviendo el trabajo decente y la justicia social en la transición energética, abordando todos los aspectos, desde la cantidad hasta la calidad del empleo. Según IRENA, la transición energética en curso está destinada a ser una de las grandes historias de éxito de la historia si el mundo es capaz de acelerar, aumentar su velocidad y escalar a través de un enfoque holístico.

A continuación propongo reflexionar sobre los beneficios que la TE puede comportar a las zonas rurales de nuestros países para la creación de empleo y el equilibrio territorial y social para los territorios rurales que acogen las plantas de generación de energías renovables.

Para ello es necesario conocer los factores clave que determinan la creación de puestos de trabajo en el sector de las energías renovables. Son los siguientes:

a) *Avances tecnológicos y tendencias de inversión/costes a la baja.* Ante una competitividad creciente, unos costes más bajos permiten una mayor implementación por dinero invertido.
b) *Implementación: capacidad nueva y acumulada.* Creación de empleos en desarrollo de proyectos, fabricación, ventas, construcción e instalación, es decir, empleos de operaciones y mantenimiento.
c) *Cambios en la intensidad laboral.* Favorecer la automatización, el uso de drones, la inteligencia artificial, economías de escala y efectos de aprendizaje.
d) *Estructuras de la cadena de suministro.* Apoyar dependencias de productos básicos, tecnología y comercio, huellas geográficas y esfuerzos de localización.
e) *Ambición de política.* Fomentar políticas de despliegue, integración y habilitación, así como políticas industriales y comerciales, el entrenamiento de habilidades y de medidas del mercado laboral y políticas de género.
f) *COVID-19, respuestas y esfuerzos de recuperación.* Reducir el impactos a lo largo de la cadena de suministro. Apoyar el uso de energías renovables versus la dinámica de combustibles fósiles, el estímulo y retención de empleos y acuerdos de trabajo remoto (véase la figura 11.5).

Se trata pues de diseñar e implantar las políticas públicas y las estrategias empresariales adecuadas a escala regional y local, para poder aprovechar el potencial de las energías renovables y así poder promover el empleo local. Sería deseable en este sentido que cada plan de transición energética fuera acompañado del correspondiente plan de

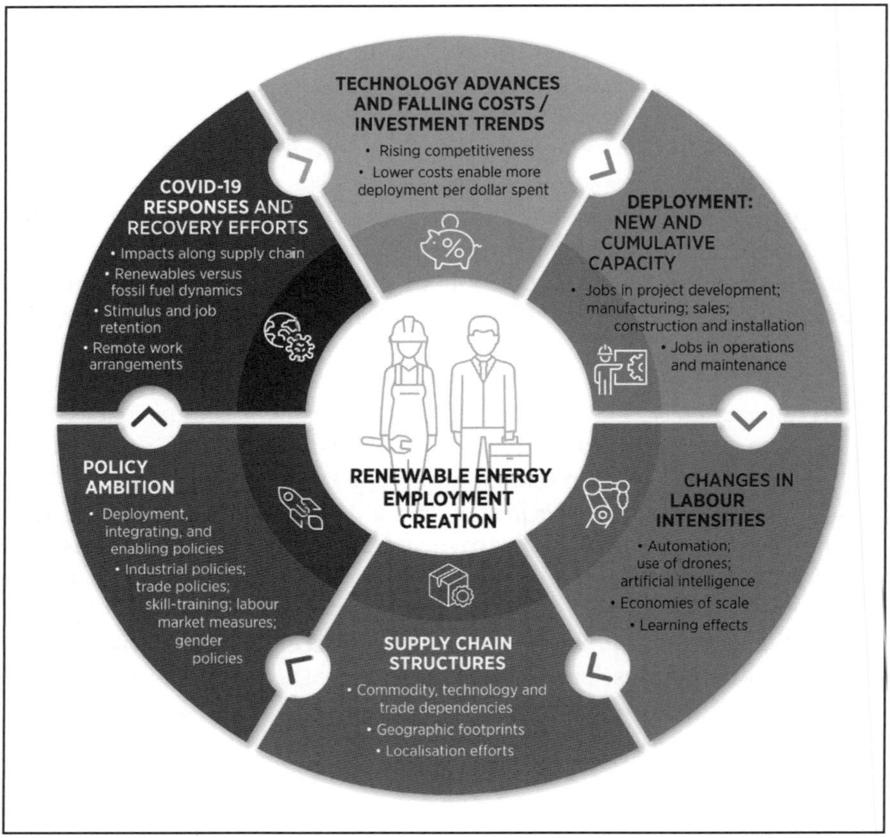

Figura 11.5. Factores que influyen en el uso de energías renovables. [FUENTE: IRENA, 2021.]

creación de empleo, con el apoyo técnico y económico necesario a las comunidades locales para poder aprovechar este potencial.

El caso de la isla de Mallorca en España

Con ocasión de mi participación en el análisis de las inversiones estratégicas del gobierno balear, en el marco del Programa Next Generation de la UE, he tenido la oportunidad de conocer diversas iniciativas del propio Govern Balear y del Consell Insular de Mallorca que considero interesantes en la línea del equilibrio territorial.

Algunas de las iniciativas declaradas como prioritarias son las siguientes:

a) Impulso del distrito innovación Llevant, proyectado en 2020, y en fase de transformación urbanística en algunos de los *hubs* identificados, pero pendiente de una mayor concreción en sus contenidos y de la puesta en marcha del sistema de gobernanza previsto. Se trata de una estrategia innovadora por muchos aspectos, entre otros por las características de la ciudad, por el entramado institucional específico de las islas, por la situación de partida del sistema de conocimiento y del sistema productivo y por la proximidad de los barrios que limitan con el ámbito territorial del futuro distrito.
b) Nueva área de expansión Inca 4.0. Una de las acciones más destacables constitutivas de la Agenda Inca 2030, tanto por su dimensión económica como por su impacto socioeconómico en la ciudad, es la iniciativa público-privada para la urbanización de la futura zona de expansión en suelo industrial y terciario denominada Inca 4.0.
c) Proyecto Alcúdia Tech Mar, proyecto de reconversión de la antigua central térmica de Alcúdia para el desarrollo de una nueva política de atracción económica, ambiental y cultural basada en el desarrollo pionero e integral de la descarbonización del mar (ciencia, planes piloto sobre estrategia marítima, soluciones empresariales, etc.).

La situación y potencial de estos tres proyectos, en distintas fases de definición y de ejecución, permite pensar en la posibilidad de promover un eje innovador de la isla de Mallorca, formado por los nodos de Palma-distrito innovador Llevant, Inca Industrial y Alcudia Tech Mar, con el fin de colaborar y complementar las actuaciones de los tres proyectos y como estrategia de equilibrio territorial de la isla de Mallorca.

Aparte de esta visión de territorios en red, con un nodo central y una red de ciudades medias y pequeñas que estructuran el territorio, y de las políticas de innovación en zonas rurales, existe otra visión, que podríamos calificar de ruralista o paisajista, que pone más el acento en las actividades tradicionales, en el valor del paisaje y en la atracción de personas del mundo urbano que por distintas razones deciden, de forma temporal o permanente, residir en zonas rurales.

Esta tendencia queda bien reflejada en el libro *L'altre mon rural* (2022), *(El otro mundo rural)*, formado por una selección de experiencias y relatos personales relacionados con el mundo rural. A lo largo de las más de 400 páginas del libro se desarrollan distintas visiones relacionadas con los cambios en el paisaje y en las profesiones, la perspectiva de género, el problema de la vivienda, nuevos fenómenos emergentes relacionados con el mundo digital, una visión de la transición energética desde la perspectiva de las zonas rurales, actividades emergentes relacionadas con la cultura y la creatividad, y numerosas experiencias personales concretas que pretenden dibujar un cierto futuro o perspectivas para estas zonas.

Se trata de una visión que merece toda la consideración y el respeto a las personas que viven experiencias directas para evitar el abandono y la decadencia de un mundo que tiene dificultades para adaptarse a las condiciones de los cambios radicales que están teniendo lugar en el mundo, desde muchos puntos de vista. Sin embargo, desde mi humilde opinión, no plantean soluciones viables de carácter general, ni aprovechan oportunidades de desarrollo como algunas que se han planteado en páginas anteriores. Las experiencias personales de nuevos residentes del mundo urbano no son soluciones para el conjunto de la población que vive en estas zonas rurales.

¿Qué opina la Inteligencia Artificial?

Para terminar este capítulo, dedicado a la transformación de las zonas rurales, haremos una prueba relacionada con la revolución en marcha, de la que hablábamos en el capítulo primero del presente libro. Efectivamente, el proceso revolucionario que nace con la invención del transistor, la ley de Moore de la integración de transistores, las subsiguientes funciones exponenciales y sus efectos en la economía del siglo XXI, está teniendo su pleno desarrollo en la actualidad, por ejemplo con las crecientes aplicaciones de la Inteligencia Artificial. Recientemente se ha creado la empresa Open AI y su Chat GPT que ya ofrece con carácter experimental la aplicación de la Inteligencia Artificial a las formas de conocimiento más sofisticadas, entre otras, aplicaciones a respuestas literarias a cualquier pregunta que se le pueda hacer al sistema.

Hemos hecho la prueba y le hemos preguntado a Chat GPT: ¿Cómo transformar áreas rurales en sistemas regionales de desarrollo innovadores conectados con distritos de innovación urbana centrales?

La respuesta inmediata ha sido la siguiente:

1. Invertir en tecnología e infraestructura: invertir en tecnología e infraestructura es fundamental para transformar las zonas rurales en regiones de desarrollo innovadoras. Esto incluye brindar acceso a Internet de banda ancha, instalar redes de fibra óptica y proporcionar conectividad móvil. También implica invertir en fuentes de energía renovables e introducir sistemas de redes inteligentes para mejorar la eficiencia energética.
2. Apoyar a las pequeñas empresas: las pequeñas empresas suelen ser una fuente importante de empleo en las zonas rurales. Invertir en iniciativas de pequeñas empresas, como incubadoras de empresas, programas de tutoría y acceso a capital, puede ayudar a promover el espíritu empresarial y el crecimiento laboral en las zonas rurales.
3. Fomentar la colaboración: establecer una red de socios en áreas rurales y urbanas, incluidas universidades, centros de investigación, empresas locales y agencias gubernamentales, puede ayudar a crear oportunidades de desarrollo innovadoras. Estas asociaciones deben centrarse en compartir recursos, conocimientos y experiencias para crear un sistema regional más conectado.
4. Desarrollar centros regionales de innovación: establecer centros regionales de innovación en áreas rurales puede ayudar a reunir a diferentes partes interesadas y crear un entorno para la innovación y la colaboración. Estos centros también pueden servir como centros de capacitación y educación, y para desarrollar nuevos productos y servicios.
5. Potenciar el talento local: invertir en talento local es fundamental para transformar las zonas rurales en innovadoras.

Dejo en manos del lector las conclusiones sobre la revolución que la Inteligencia Artificial va a representar en la vida de las personas y en las repercusiones económicas y sociales que ello va a comportar. ¿Quizá el próximo libro sobre distritos innovadores lo escriba ya Open AI o un familiar suyo? Estaremos atentos.

Algunas conclusiones

Para el equilibrio territorial y la transformación de las zonas rurales, en relación con la evolución de la ciudad hacia la nueva ciudad que estamos dibujando en este libro, es necesario adoptar estrategias territoriales basadas en los siguientes principios:

— El territorio es un sistema complejo que debe entenderse desde esta complejidad mediante sus relaciones entre los distintos agentes, su evolución en el tiempo y los condicionantes de carácter económico, tecnológico, social y cultural a nivel global.
— Un territorio necesita un nodo urbano conectado con la red de ciudades innovadoras, y atractor de talento e inversiones internacionales de alto valor añadido.
— **Es necesario adoptar políticas de capilaridad que alcancen al conjunto del territorio, destacando el papel de las ciudades intermedias y su relación con su entorno de pueblos y ciudades menores.**
— Es necesario definir y aplicar políticas económicas para las zonas rurales, aprovechando las oportunidades que se dan, entre otros sectores, en:

a) Sistema agroalimentario.
b) Sistema energético.
c) Valoración del territorio rural para el turismo de calidad.

— Estas estrategias de desarrollo rural deben ser coherentes con el conjunto del sistema territorial, como ecosistema innovador a identificar y a potenciar.

Ideas clave

1. Los nuevos espacios de actividad económica (EAE) del siglo XXI serán resultado de dos procesos paralelos:

   — La transformación de algunos polígonos industriales actuales.
   — La promoción de nuevas formas de producción y actividad económica emergentes propios del ámbito urbano.

2. Para promover la transformación del conjunto de la ciudad desde un distrito innovador se pueden adoptar distintas medidas, como la creación de *hubs* innovadores o de una red de *citilabs* en distintos barrios de la ciudad, para que actúen a su vez de plataformas o pasarelas de conexión con el DI.
3. Parece que la nueva geografía del conocimiento a escala global requerirá de un nodo conectado con los otros nodos del siste-

ma global, y de un sistema de ciudades intermedias y núcleos urbanos y pueblos a escala regional que se beneficien de su calidad de vida y de su proximidad al nodo global.

4. Es necesario definir y aplicar políticas económicas para las zonas rurales, aprovechando las oportunidades que se dan, entre otros sectores, en:

   a) Sistema agroalimentario.
   b) Sistema energético.
   c) Valoración del territorio rural para el turismo de calidad.

12
ALGUNOS CASOS DE DISTRITOS INNOVADORES

Dedicaremos este capítulo a «viajar» a diversas ciudades que disponen o que están desarrollando nuevos distritos innovadores. La estancia en cada ciudad será breve, pero suficiente, para tener una perspectiva general de este fenómeno que se está extendiendo por todo el mundo. En cada caso presentado se dará información para poder ampliar el conocimiento del mismo, por supuesto recomendando viajar a ellos como la mejor experiencia para entender el espíritu del lugar.

Lo dividiremos por países y continentes. Primero viajaremos por el continente europeo, luego concretamente España, con una visita a las ciudades en las que estoy participando, luego América Latina también con alguna parada y finalmente iremos a Estados Unidos, Asia y Oceanía. De cada uno de estos ámbitos geográficos daremos información sobre algunos casos y finalmente procuraremos apuntar algunas primeras conclusiones.

Las ciudades elegidas son:

- Europa: Londres, Berlín, Helsinki y Milán.
- España: Barcelona, Palma y Valencia.
- América Latina: Medellín, Viña del Mar, San José de Costa Rica y Monterrey.
- Estados Unidos: Pittsburgh, Cortex Saint Louis, Dumbo Brooklyn (NY) y Boston Seaport.
- Asia-Oceania: Israel, Singapur, Bangalore y Melbourne.

12.1. Europa

Las principales ciudades europeas que actualmente acogen distritos innovadores, con un grado mayor o menor de desarrollo, son las siguientes: 1. Londres, 2. Berlín, 3. París, 4. Ámsterdam, 5. Barcelona, 6. Copenhague, 7. Estocolmo, 8. Helsinki, 9. Milán y 10. Múnich.

A continuación visitaremos Londres, Berlín, Helsinki y Milán.

Londres

Tech City de Londres

El distrito tecnológico al este de Londres, ya citado en el capítulo 11 dedicado a la relación entre distrito innovador y ciudad, es un referente mundial, conocido por ser un área versátil donde las compañías y las *start-ups* que están establecidas disfrutan de inversiones financieras y talento de todo el mundo.

La Tech City de Londres, también conocida como Silicon Rondabout, es una región donde se concentra el clúster de empresas tecnológicas, desde recientes *start-ups* hasta empresas líderes mundiales, con una gran capacidad de atracción de inversiones y de empresas tecnológicas.

Muchas de estas compañías se establecieron en los años 90, pero no fue hasta el cambio de siglo que el área emergió como un centro de innovación por sí sola. Esta se impulsó mucho cuando el primer ministro David Cameron la visitó durante el año 2010 y anunció sus planes ambiciosos para expandir y mejorar las facilidades que ofrecía el área.

Algunas universidades que participan en este clúster son la University of London, London Metropolitan University, University College London, Imperial College London y Queen Mary University of London. Servicios profesionales financieros forman parte también del clúster.

En 2010 había 85 *start-ups* y al año siguiente, 2011, unas 200 aproximadamente. En 2012 la revista americana *Wired magazine* actualiza los datos, indicando que ya son 5.000 las empresas localizadas en esta área.

Otro aspecto a destacar es la presencia del Google Campus, edificio donde se realizan diversas acciones como: conferencias, *hackathons* (maratón de hackers, encuentro de programadores para desarrollar un software), talleres de trabajo y demostración de productos.

Otros aspectos clave fueron la financiación de grandes empresas como Facebook, Vodafone, Qualcomm y Cisco, y los programas de formación dirigidos a diferentes etapas del negocio para llegar a todo el mundo, desde aspirantes a empresas ya establecidas, ofreciendo herramientas para escalar de forma rápida.

Además, otros intangibles como Tech Nation Report, Tech Nation Talent o The Digital Powerhouse Report ofrecían una concentración de datos, investigación y comprensión, disponibles por los empresarios establecidos. Las editoriales y campañas de comunicación obviamente han sido también una pieza clave.

La ventaja de un área como el Tech City es que enseguida se convierte en un fenómeno de apoyo mutuo. La presencia de empresas tecnológicas exitosas alienta a las que están empezando en la misma ubicación, soportadas no solo por los activos tangibles como las infraestructuras, sino por una red de cooperación formada por empresas e individuos inspiradores.

Actualmente existen concentradas grandes empresas como Amazon, Adobe, Microsoft y EMAP, en un área muy densa, junto con las *start-ups* tecnológicas.

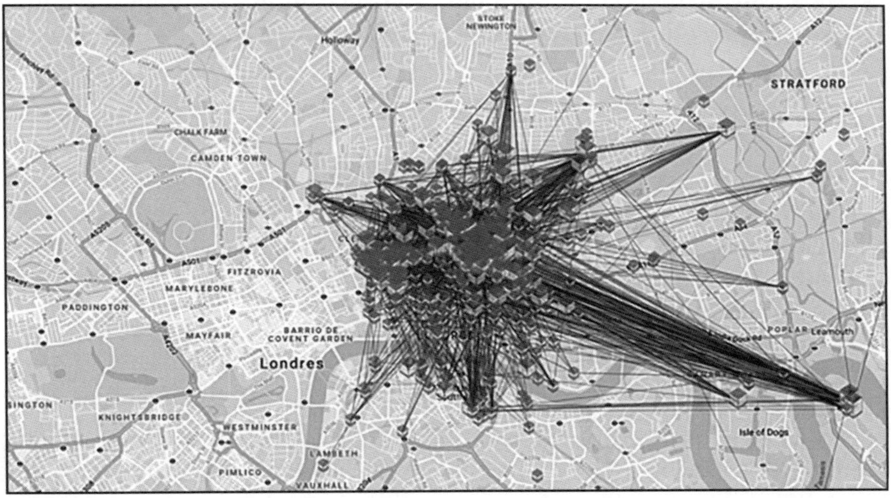

Figura 12.1. Imagen Tech City de Londres y sus relaciones ecosistémicas. [FUENTE: web Tech City.]

White City Campus

El White City Campus es un nuevo campus para el Imperial College London ubicado en el área de White City en el oeste de Londres. Es un importante proyecto de reurbanización, que incluye instalaciones de investigación y enseñanza, alojamiento para estudiantes y espacios públicos. El proyecto es parte de un esfuerzo mayor para revitalizar el área y creará más de 1.000 nuevos puestos de trabajo en el área.

El campus de White City incluye una nueva biblioteca, laboratorios de investigación y enseñanza, salas de conferencias y una variedad de otras instalaciones. También dispone de una serie de nuevas residencias de estudiantes, con el objetivo de proporcionar una vida estudiantil vibrante y diversa.

El campus se ha diseñado para ser respetuoso con el medio ambiente, con un enfoque en fuentes de energía sostenibles y tecnologías verdes. Varias empresas privadas están involucradas en el proyecto del Campus, mediante una alianza con una empresa de inversión inmobiliaria. El proyecto también cuenta con el apoyo de varios inversores privados.

H&F Hammersmith and Fulham (H&F) es el ayuntamiento local de Londres donde se encuentra el White City Campus, y ha firmado diversos acuerdos con el Imperial College London con respecto al desarrollo del campus, que incluyen la provisión de servicios públicos, planificación y construcción, y otros servicios locales como educación y atención médica.

Berlín

Los principales distritos de innovación de Berlín son Mitte, Kreuzberg, Friedrichshain, Neukölln y Prenzlauer Berg. Estos cinco distritos albergan una amplia gama de empresas innovadoras y nuevas empresas, y son los principales centros de las industrias creativas y tecnológicas de rápido crecimiento de Berlín.

Mitte

Es uno de los distritos de innovación más consolidados de Berlín. Es el hogar de una variedad de empresas tecnológicas, como Zalando, un minorista de moda en línea líder, y la incubadora de empresas emergentes Factory Berlin. También alberga varias universidades y centros de investigación, como la Universidad Técnica de Berlín, la Universidad Humboldt y la Universidad Libre de Berlín. El área es conocida por su cultura vibrante y diversa, y es un destino popular para turistas y expatriados.

Berlín – Tempelhof: centro de excelencia para el desarrollo sostenible

Cabe destacar también el proyecto de transformación del antiguo aeropuerto de Berlín Tempelhof, actualmente en proceso de transformación en un centro de excelencia para el desarrollo sostenible.

El centro de excelencia para el desarrollo sostenible fue aprobado como una idea inicial en 2006, como parte de la Agenda Local 21, y fue desarrollado por la Asociación Federal Alemana para la sostenibilidad, junto con otros socios. Su objetivo general es promover y hacer posible el desarrollo sostenible como laboratorio real para el futuro.

La visión del proyecto consiste en hacer del aeropuerto de Tempelhof un lugar de experimentación, investigación, cultura y educación para la sostenibilidad, en el que participen muchas personas.

Para ello disponen de un edificio de 300.000 metros cuadrados en medio de la ciudad. Los propios promotores del proyecto afirman que se trata de un edificio altamente simbólico, construido durante la era nazi, que después de la guerra se convirtió en el lugar donde los antiguos enemigos rescataron a los berlineses occidentales. Afirman que ahora se podría crear un lugar amigable con las personas y el medio ambiente, desarrollado democráticamente y abierto a todos.

Helsinki-Espoo

Helsinki Arabiaranta

Arabiaranta es un distrito de innovación ubicado en el área de Kallio en Helsinki. Arabiaranta es un distrito vibrante y diverso que alberga una serie de empresas innovadoras, nuevas empresas y empresas tecnológicas. Es conocido por su vibrante vida nocturna, atracciones culturales y arquitectura única.

Es el hogar de una serie de nuevas empresas, empresas tecnológicas y otras empresas innovadoras, y alberga una serie de espacios de *coworking*, incubadoras y aceleradores, lo que lo convierte en un lugar ideal para que los emprendedores e innovadores trabajen y colaboren.

En Helsinki hay otros distritos de innovación, como Kalasatama (un moderno distrito ubicado en la parte este de la ciudad, que alberga varias empresas tecnológicas, nuevas empresas y otros negocios innovadores), Pasila (un distrito comercial situado en la parte norte de la ciudad con varias sedes corporativas y otros negocios) u Otaniemi.

En general, el conjunto de la ciudad de Helsinki podría considerarse como un distrito innovador.

Espoo

Espoo es una ciudad ubicada a las afueras de Helsinki que alberga una serie de empresas innovadoras, nuevas empresas y empresas tecnológicas. También allí está situada la Universidad Aalto, que es una de las principales universidades de Finlandia. Espoo también dispone de una serie de espacios de *coworking*, incubadoras y aceleradores, lo que lo convierte en un lugar ideal para que los emprendedores e innovadores trabajen y colaboren.

La Universidad Aalto es una universidad pública de investigación que se creó en 2010 como fusión de tres universidades: la Universidad Tecnológica de Helsinki, la Escuela de Economía de Helsinki y la Universidad de Arte y Diseño de Helsinki. La estrecha colaboración entre las comunidades científica, empresarial y artística tiene por objeto fomentar la educación y la investigación multidisciplinares.

La universidad se organiza en seis escuelas con cerca de 17.500 estudiantes y 4.000 miembros del personal, lo que la convierte en la segunda universidad más grande de Finlandia. El campus principal de la Universidad Aalto se encuentra en Otaniemi, Espoo. Cabe destacar el Aalto Design Factory, el Programa Aalto Ventures y Aalto Entrepreneurship Society (Aaltoes), entre otros, que han contribuido sustancialmente al surgimiento de Helsinki como semillero para nuevas empresas. Aaltoes es la comunidad empresarial dirigida por estudiantes más grande y activa de Europa, con ideas tan destacadas como el programa acelerador *start-up* Sauna y el evento de inicio Slush.

Según Espoo Innovation Garden, hay más de 500 nuevas empresas en Espoo, con un total de más de 3.000 empleados. La ciudad también alberga más de 50 incubadoras y aceleradoras, y más de 100 espacios de *coworking*. Además, Espoo alberga varias empresas de capital de riesgo, con más de 1.000 millones de euros en inversiones en los últimos cinco años.

En Espoo también se ubica el **Centro Tecnológico VTT,** la organización de investigación aplicada multitecnológica más grande del norte de Europa. VTT es una organización sin fines de lucro, que forma parte del sistema de innovación finlandés bajo el dominio del Ministerio de Empleo y Economía.

El Grupo VTT es un conjunto de organizaciones que forman una entidad, la cual incluye la institución central VTT, y las empresas públicas VTT Experto Services Ltd., VTT International Ltd, VTT Memsfab Ltd. y VTT Ventures Ltd., las cuales son gestionadas por VTT. Estas empresas subsidiarias de VTT pueden tener sus propias empresas subsidiarias.

También tiene empresas afiliadas (con un 20-50 % de participación) y otras empresas de interés. El centro tecnológico en sí es de arquitectura unitaria, no distinguiéndose centros ni localizaciones. Su estructuración es puramente por disciplinas tecnológicas o de aplicación

Milán

MIND

MIND Innovation District es un nuevo distrito de innovación en Milán (https://www.mindmilano.it/en/). Está ubicado en un área de 5 km^2, entre el centro de la ciudad y el distrito industrial Rho-Pero, y forma parte del proyecto Milan Innovation District. El MIND Innovation District tiene como principal objetivo crear un espacio de innovación y colaboración entre diferentes actores, como universidades, centros de investigación, empresas e instituciones públicas, con el objetivo de desarrollar nuevos productos y servicios, así como fomentar el crecimiento económico y creación de empleo.

El distrito se divide en cuatro clústeres: (i) el centro de innovación y emprendimiento, (ii) el centro de soluciones híbridas digitales, (iii) el centro de vida inteligente y movilidad inteligente y (iv) el centro de ciudad inteligente y servicios públicos. Cada uno de estos clústeres se dedica a desarrollar soluciones específicas, como salud digital, robótica, inteligencia artificial, cadena de bloques e identidad digital, movilidad inteligente, gestión de energía y servicios de ciudades inteligentes.

El distrito de innovación MIND también ofrece una variedad de instalaciones para apoyar y fomentar la innovación y la colaboración, como laboratorios de innovación, incubadoras, aceleradores, espacios de *coworking* y espacios de creación. El distrito también ha lanzado varias iniciativas, como MIND Challenge, un programa para fomentar la emprendeduría y la innovación.

Desde su lanzamiento en 2017, MIND Innovation District ha atraído a más de 100 nuevas empresas, 18 socios corporativos y 20 socios de investigación y educación. El distrito ha creado más de 1.000 puestos de trabajo y ha atraído más de 100 millones de euros en inversiones. Además, se han realizado más de 200 eventos en el distrito, incluidos hackatones, talleres, seminarios y sesiones de capacitación.

12.2. España

Citaremos un distrito innovador consolidado, como es el 22@Barcelona, y otros dos en proceso de desarrollo: Palma y Valencia.

22@Barcelona

Se ha citado profusamente el caso del distrito 22@, tanto en sus orígenes como en distintos aspectos que se han ido tratando a lo largo del libro[1].

Nos referiremos a algunas cuestiones que consideramos relevantes para el futuro de este distrito.

Urbanismo y mezcla de usos

Cuando se diseñó el distrito 22@ hace más de veinte años, se pensó en un espacio donde predominaran las empresas (70 % del espacio clave urbanística 22@), con centros del conocimiento (10 % clave 7@), zonas verdes (10 %) y residencial de protección oficial (10 %).

Con el tiempo, a partir de nuevas experiencias en otras ciudades, y por la propia reflexión de los resultados del distrito, cabe pensar en la necesidad de destinar más espacio residencial, mantener la clave 7@ para centros del conocimiento y potenciar el espacio público. Por tanto, se reduciría el espacio destinado a edificios de oficinas para empresas. También entendemos que se deberá reflexionar con el espacio residencial, pensando en multiciplicidad de fórmulas y potenciando el residencial comunitario tipo *coliving* y residencias para facilitar la posibilidad de vivir y trabajar en el distrito por parte de determinados colectivos.

Papel de la base de conocimiento

Es fundamental poder atraer centros universitarios, centros de I+D, centros tecnológicos y otros agentes del ecosistema innovador, tal como se ha destacado en los capítulos 4 y 8. Durante la primera etapa del distrito 22@ esta actuación tuvo un gran protagonismo con resultados importantes, como la presencia actual de 5 universidades, de 25.000 estudiantes y de numerosos centros de innovación de todo tipo, aunque actualmente la estrategia de clústeres y la atracción de centros de conocimiento está siendo bastante limitada.

Modelo de gobernanza

La sociedad municipal que gestionaba el distrito se eliminó en 2011, lo que ha supuesto una limitación importante en la capacidad de actuaciones de todo tipo.

---

[1] Información actual del distrito en: https://www.22network.net/?lang=es

Perspectiva de la ciudad de Barcelona

Aparte de la importante actuación del citado Hub Barcelona Tec, existen actualmente muchas iniciativas de nuevos *hubs* en edificios públicos distribuidos por la ciudad. En general, estos nuevos ecosistemas innovadores deberían coordinarse y actuar de forma colaborativa con el Distrito 22@.

Una visión metropolitana

Se ha citado en el capítulo anterior el enorme potencial de la Región metropolitana de Barcelona, con más de 5 millones de habitantes, y los déficits de gobernanza metropolitana que dificultan la ejecución efectiva de proyectos transformadores (véase figura 12.2).

Distrito Llevant de Palma

Este proyecto, diseñado en 2020, tiene actualmente pendiente de resolver el modelo de gobernanza. Citaremos los principales aspectos específicos, tanto en su planteamiento como en sus potencialidades futuras.

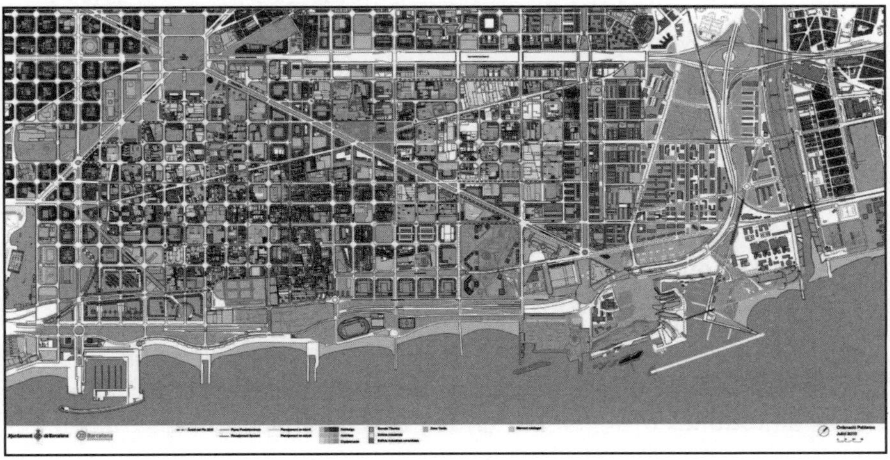

Figura 12.2. Mapa del distrito 22@ en Poblenou. Barcelona.

Planeamiento urbanístico

En el Distrito Llevant de Palma, a diferencia de otros casos, ya se aprobó hace años la transformación urbanística de un antiguo polígono industrial en una nueva zona urbana con predominio del suelo residencial. Esta situación limita las capacidades de transformación de esta zona en un nuevo distrito innovador, de manera que, haciendo de la necesidad virtud se diseñó una estrategia de «urbanismo semilla» identificando cuatro polos de desarrollo por acuerdo con propietarios mediante modificaciones puntuales al planeamiento. Esta estrategia ha tenido éxito y los procesos de planeamiento siguen su curso, iniciado en 2021.

Clústeres y base de conocimiento

El caso de Palma plantea el reto de promover un distrito innovador partiendo de una base propia de conocimiento bastante limitada. A diferencia del caso valenciano, no se dispone ni de universidades punteras en ámbitos tecnológicos ni de una red de centros tecnológicos, entre otros déficits en este ámbito. La respuesta que se ha dado es la de identificar especializaciones concretas para cada uno de los cuatro polos de desarrollo urbanístico, que cuentan con algunos agentes públicos o privados relevantes y con ciertas ventajas competitivas para ir desarrollando progresivamente, con fórmulas diversas, la necesaria base de conocimiento.

Gobernanza

La falta de gobernanza del distrito, debida fundamentalmente a las dificultades burocráticas de las administraciones públicas actuantes, es el principal problema del distrito Llevant de Palma y podría poner en riesgo su viabilidad futura.

Relación con la ciudad y con la isla de Mallorca

Caso de dar solución adecuada al problema actual de falta de gobernanza, se podrán activar mecanismos de conexión con otros polos de la ciudad de Palma, como el mismo Parque BIT, el Puerto de Palma y la Universitat de les Illes Balears, entre otros. También impulsar las redes de conexión con el territorio, en particular con el centro de la isla y el gran potencial de la ciudad de Inca y su zona de influencia.

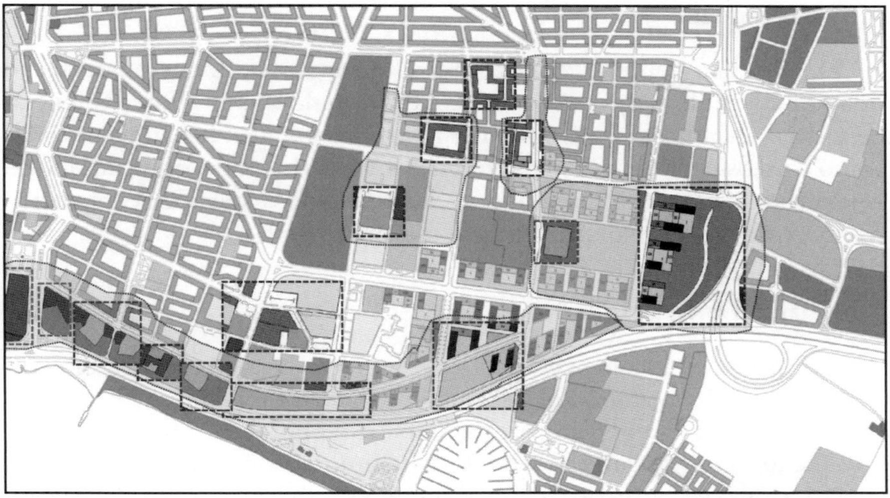

Figura 12.3. Gráfico del Distrito Llevant de Palma de Mallorca.

Valencia, polígono Vara de Quart

Se trata de un proyecto diseñado entre octubre de 2021 y marzo de 2022, actualmente en proceso de puesta en marcha. Destacaremos también los aspectos específicos.

Planeamiento urbanístico

Se trata de transformar el actual polígono de Vara de Quart, situado en el límite occidental de la ciudad de Valencia, en un nuevo distrito innovador según el modelo descrito en el presente libro. Según el plan de actuación previsto, actualmente se está procediendo a los trabajos de preparación de la modificación del Plan General de la ciudad para este territorio de más de 60 hectáreas de uso industrial.

Base de conocimiento

Se ha citado anteriormente la importante base de conocimiento existente hoy en la ciudad de Valencia y en su región, que debe permitir un sistema de acuerdos y alianzas básicos para el desarrollo de los cuatro ámbitos de especialización previstos, que son el sector agroalimentario, las industrias culturales y creativas, las energías renovables y algunos verticales del sector digital.

Gobernanza

El liderazgo del proyecto lo ejerce el Ayuntamiento de Valencia, con una notable sintonía y acuerdo con el Govern de la Comunitat Valenciana y con relaciones de colaboración tanto con los sectores empresariales como con los agentes del conocimiento implicados. Está previsto que en el futuro se vayan articulando formulas y órganos específicos de participación y de gestión del proyecto de distrito.

Relación con la ciudad

La ciudad de Valencia es muy rica en iniciativas creativas e innovadoras, como el ya citado *hub* Marina Valencia, o los campus universitarios de la Universitat Politécnica o de la Universitat de Valencia, el Parque Tecnológico de Paterna y núcleos de innovación y emprendimiento como Las Naves, entre otros. Ello deberá permitir en el futuro la promoción progresiva de un sistema ciudadano de innovación, donde el distrito de Vara de Quart deberá jugar un papel fundamental sobre todo en la atracción de talento y de inversiones a la ciudad (véase la figura 12.4).

Figura 12.4. Mapa Vara de Quart, Valencia.

12.3. América latina

Entre otros distritos que están en fase de diseño y proyecto destacaremos los distritos de Medellín en Colombia, Viña del Mar en Chile, San José de Costa Rica y Monterrey en México.

Medellín y Ruta N

La ciudad de Medellín

En enero de 2023, el Presidente de la República, Gustavo Petro, sancionó la Ley 2286 de 2023, que convierte oficialmente a Medellín como el distrito especial de ciencia, tecnología e innovación de Colombia, lo que permite impulsar la ciudad como una de las de mayor desempeño económico de la región, posicionándola a nivel nacional e internacional, teniendo la tecnología como motor de transformación.

Con la ley, el distrito de Medellín concederá exenciones tributarias para el fomento de actividades de ciencia, tecnología e innovación a empresas de base tecnológica que se instalen en la ciudad.

Con esta nueva ley se dota a Medellín de las competencias y recursos legales para establecer su régimen político, administrativo y fiscal, además de promover su desarrollo integral aprovechando las oportunidades de la cuarta revolución industrial.

«Esto le otorga beneficios tributarios a las empresas que se creen o que se muevan a nuestro territorio para desarrollar empresas de tecnología. Además, entrega más autonomía que nos va a permitir invertir recursos, con un fondo de CTeI, en educación, en temas sociales o en temas de Salud», afirmó recientemente el alcalde de Medellín, Daniel Quintero Calle.

Se tendrá asimismo acceso directo y sin intermediarios a recursos internacionales, a través de la cooperación internacional. Además, con la ley se autoriza al concejo distrital la creación de la estampilla proinnovación para financiar el sistema de ciencia, tecnología e innovación, por iniciativa del alcalde distrital.

Con este nuevo marco legal se refuerza la gran apuesta de Medellín como Valle del Software, ciudad donde miles de personas puedan estudiar tecnologías de la información y se pueda atraer talento y empresas de otras ciudades y países.

Ruta N

La Corporación Ruta N (https://www.rutanmedellin.org/) es una entidad pública, sin ánimo de lucro, que pertenece a la alcaldía de Medellín. Se creó con el ánimo de consolidar una economía del conocimiento en la ciudad para generar condiciones que favorezcan los negocios y el emprendimiento, apoyándose en las instituciones locales existentes.

Este centro de innovación y negocios se encuentra ubicado en el norte de la ciudad, donde se concentra el distrito tecnológico de Medellín. Sus oficinas están conformadas por tres edificios. La Corporación Ruta N nace en el año 2009.

Para lograr la formulación del distrito tecnológico se tiene como modelo el proyecto Distrito 22@ de Barcelona, pues desde el año 2000 viene ejecutando una estrategia parecida.

Distrito V21, Viña del Mar (Chile)

V21 parte de la experiencia de referentes mundiales en esta materia, como el 22@ de Barcelona, para conformar un área donde las personas puedan trabajar, estudiar, hacer deporte y realizar todas sus actividades con un tiempo de desplazamiento de no más de 15 minutos. Desde el punto de vista del desarrollo económico, el distrito tiene una especialización productiva basada en las capacidades disponibles de la región y en las tendencias tecnológicas y económicas globales. Actualmente se está trabajando en los sectores de actividad: logística y servicios tecnológicos de alta especialización para la industria.

El distrito se desarrolla en el barrio industrial El Salto, uno de los primeros polos de desarrollo de Viña del Mar desde hace más de un siglo, hoy consolidado como un sector donde además de industrias existen empresas de toda índole, el Jardín Botánico, la línea de Metro Valparaíso y las autopistas que conectan con las provincias del interior y con Santiago. En este espacio se ha gestado el distrito de innovación V21.

El impulso nace de la corporación para el adelanto del barrio industrial El Salto, organización sin fin de lucro que reúne a una treintena de organizaciones y empresas del sector, y del Centro de Innovación y Negocios —CIN—, creado por un grupo de empresarios para impulsar la economía regional a través de la inversión en emprendimientos de alto potencial. Desde ahí se trabaja para conformar un distrito próspero, sustentable e integrado, en un marco de respeto al medio ambiente y con foco en la calidad de vida, transformando este espacio de uso industrial en el lugar donde nacen y se desarrollan las empresas del siglo XXI.

Desde su lanzamiento, el 28 de abril de 2022, en menos de un año la red de trabajo suma más de 60 miembros, que se han integrado activamente al distrito de innovación: pequeñas y grandes empresas y seis de las principales instituciones de educación de la región: Pontificia Universidad Católica de Valparaíso; Universidad Técnica Federico Santa María; Universidad de Valparaíso y Universidad Viña del Mar, Universidad Adolfo Ibáñez y DUOC UC, uno de los institutos profesionales más importantes del país. Todas estas instituciones y empresas participan activamente en procesos de innovación abierta, *networking*, apoyo a emprendimientos tecnológicos y vinculación universidad-empresa-sociedad. Para ello, Distrito V21 sigue el modelo «cuádruple hélice», un ecosistema en que interactúan el sector privado, el sector público, las universidades y la comunidad.

Actualmente el distrito cuenta con más de 60.000 m^2 de edificios inteligentes y sostenibles, a lo que se suman prontamente 3.500 m^2 del parque tecnológico, que recupera un edificio tradicional industrial para dar espacio a centros de I+D, universidades y empresas de base científico-tecnológica. El proyecto también contempla espacios públicos que privilegian a los peatones, áreas para el entretenimiento, el deporte y

Figura 12.5. Foto actual polígono de El Salto.

una excelente conectividad. Todo ello deberá concretarse en el actual proceso de diseño y aprobación del Plan Regulador de la ciudad que está llevando a cabo la municipalidad.

El distrito de innovación V21 busca generar oportunidades para retener el talento formado en la región, apoyando decididamente la creación, el desarrollo y escalamiento global de nuevos emprendimientos basados en el conocimiento y la tecnología. Se trata de convertir a Viña del Mar en la ciudad del futuro a través de la innovación, potenciando el emprendimiento y el conocimiento.

El distrito de innovación V21 es una apuesta de futuro que trabaja por una ciudad integrada, con empresas globales que generen empleos de calidad y un desarrollo sostenible para Viña del Mar, contribuyendo de manera efectiva a la competitividad global de Chile.

San José de Costa Rica: Distrito Ciudad TEC y T24

Para la descripción del proyecto de distrito innovador de San José de Costa Rica me referiré al estudio que realizamos en 2018, con título *Desarrollo del diseño conceptual, estratégico y financiero del Proyecto Ciudad Tecnológica en San José, Costa Rica.* Este estudio fue contratado por el Banco Interamericano de Desarrollo y contó con el liderazgo del alcalde Johnny Araya.

El citado estudio planteaba los siguientes objetivos:

1. Realizar el diseño estratégico de la Ciudad TEC, incluyendo las prioridades en atracción de inversiones, la política de alianzas, el plan de acción, la hoja de ruta y las acciones prioritarias.
2. Proponer el modelo de gestión sobre la base de las recomendaciones jurídicas pertinentes, determinando el tipo de dirección empresarial, gerencia y administración.
3. Proponer un modelo de estructuración económica y un plan de negocios que permita financiar el Proyecto en su totalidad sobre la base de un plan de crecimiento en escala.

El resultado principal se recogió en un plan de acción que se organiza en cuatro capítulos, 29 acciones y cerca de 200 tareas concretas, para ser aplicadas a lo largo de los años siguientes.

El modelo conceptual que se aplica en el proyecto Ciudad TEC es el que se desarrolló por primera vez a partir del año 2000 en el diseño e implantación del Distrito 22@ en Barcelona, que se presenta en el capítulo 5.

Los elementos clave de la estrategia general para el desarrollo de Ciudad TEC y T24 son los siguientes:

— Primero: Ciudad TEC es el elemento central de la estrategia general para la creación de un distrito innovador en San José de Costa Rica.
— Segundo: la necesidad de un pacto público-privado.
— Tercero: el modelo ecosistema innovador basado en cinco subsistemas.
— Cuarto: la política de alianzas y el modelo de gobernanza, así como el establecimiento de prioridades en la atracción de inversiones.

Mediante un buen modelo de gobernanza del proyecto se trataba de aplicar la solución jurídico-administrativa más adecuada, determinando el tipo de dirección empresarial, gerencia y administración del proyecto, para asegurar las alianzas estratégicas con el sector privado.

Se decidió que este proyecto de gobernanza se basara en la figura de una sociedad pública de economía mixta (SPEM), que asegura la colaboración público-privada y que actualmente está impulsando los distintos proyectos y programas para el desarrollo del distrito.

Distrito innovador de Monterrey (México)

Es un espacio urbano situado en la ciudad de Monterrey, Estado de Nuevo León, México, que cuenta con varios edificios como centros de innovación tecnológica y emprendimiento. Fue fundado en 2010 como una iniciativa del gobierno del Estado para fomentar el crecimiento económico y el desarrollo tecnológico de la región.

Posee modernas instalaciones y tecnología de vanguardia para apoyar el crecimiento de las empresas y proyectos ubicados allí y acoge una vibrante comunidad de emprendedores, inversores, mentores y expertos en tecnología. El distrito promueve la colaboración y el intercambio de conocimientos entre los miembros de la comunidad.

Ofrece una amplia gama de programas y servicios para apoyar el desarrollo de las empresas y proyectos, incluyendo capacitación, monitoreo, financiamiento y asesoramiento técnico. Se enfoca en los sectores de tecnología de la información, biotecnología, energías renovables y tecnología avanzada.

El distrito innovador de Monterrey es un ecosistema innovador en el que destacan dos agentes fundamentales:

1. *El Instituto Tecnológico y de Estudios Superiores de Monterrey,* ITSEM, también conocido como Tecnológico o Tec de Monterrey, es una universidad privada que ha crecido hasta incluir 35 campus en todo el país. Es ampliamente reconocida como una de las universidades más prestigiosas de América Latina.

   Fundada en 1943 por Eugenio Garza Sada, un industrial educado en el MIT, la universidad siempre ha tenido estrechos vínculos con la élite empresarial mexicana; a partir de 2019, es la 15ª universidad del mundo con el mayor número de exalumnos multimillonarios, según *Times Higher Education,* y la única universidad de América Latina que aparece en el ranking. El ITESM también es conocido por tener la escuela de negocios mejor clasificada en la región y ser uno de los líderes en solicitudes de patentes entre las universidades mexicanas.
2. *El Clúster de Software de Monterrey (Csoftmty)* es una iniciativa que se encuentra dentro del distrito innovador de Monterrey. Se trata de una organización sin fines de lucro que busca impulsar el desarrollo y la competitividad del sector de software en Monterrey y en el conjunto del Estado.

   El Clúster de Software desarrolla numerosas actividades de dinamización y brinda una amplia gama de servicios a sus miembros, incluyendo capacitación, mentoreo, acceso a financiamiento y oportunidades de *networking*. También trabaja en estrecha colaboración con el gobierno, las universidades y los líderes del sector para fomentar el crecimiento y la innovación en el sector de software.

   El Clúster Csoftmty capacita a 3.000 personas cada año y ha logrado incrementar la cantidad de ingenieros de unos 2.000 a más de 14.000, lo que representa un incremento del 30 % por año.

12.4. Estados Unidos

Para el caso de los Estados Unidos, nos referiremos al estudio de Aretian (https://www.aretian.com/atlas) dirigido por Jeremy Burke y

Ramon Gras, *The Atlas of Innovation Districts*, 2019, sobre los 50 distritos más innovadores del país.

En lugar de escoger los clásicos y conocidos Silicon Valley o el área de Boston, difíciles de reproducir, hemos decidido seleccionar casos y experiencias útiles desde el punto de vista de los intereses de ciudades medias más próximas a nuestra realidad económica, demográfica y cultural. Son las ciudades de Pittsburgh, Saint Louis, Brooklyn (NY) y el puerto de Boston.

Pittsburgh

Pittsburgh es una ciudad industrial del estado de Pensilvania, al este de los Estados Unidos, con una población de unos 300.000 habitantes en su límite urbano y cerca de 2,4 millones de habitantes en su área metropolitana.

El distrito de innovación de Pittsburgh tiene sus raíces en el pasado de la industria de la ciudad como centro de la industria del acero estadounidense, con un profundo *know-how* industrial y fuertes instituciones académicas, como la Universidad Carnegie Mellon y la Universidad de Pittsburgh. Tras el colapso de la industria del acero a finales de la década de 1970 y principios de la de 1980, Pittsburgh se ha convertido actualmente en un líder en robótica y centro para las principales empresas de tecnología.

El distrito de innovación de Pittsburgh es un espacio de más de 400 hectáreas ubicado en el corazón del centro de la ciudad. Es un centro en crecimiento de tecnología, emprendimiento e innovación, con un enfoque en la construcción de una comunidad de apoyo y colaboración para emprendedores, nuevas empresas y empresas establecidas, así como de espacios de *coworking*, incubadoras y aceleradores que respaldan el crecimiento y el desarrollo de empresas en su etapa inicial, así como una serie de empresas de capital de riesgo e inversionistas ángeles que están invirtiendo activamente en el crecimiento y desarrollo de la industria tecnológica en la región.

La Universidad Carnegie Mellon cuenta con unos 14.000 alumnos. Fue fundada por el empresario y filántropo Andrew Carnegie en 1900 y actualmente es una de las instituciones líderes en el mundo en ciencias de la computación, ingeniería y robótica, y contribuye de manera importante al crecimiento y desarrollo de la industria tecnológica en el área de Pittsburgh. La universidad alberga una serie de centros e institutos de investigación que trabajan en tecnología de punta, y también es una fuente de talento para la industria de la tecnología.

El distrito de innovación de Pittsburgh está administrado por un comité directivo compuesto por representantes de la ciudad de Pittsburgh, empresas locales, universidades y otras organizaciones. El comité directivo es responsable de desarrollar e implementar programas e iniciativas destinadas a promover el crecimiento y desarrollo de la industria tecnológica en la región. Cuenta también con una red de socios formada por agentes de la cuádruple hélice.

Cabe destacar las siguientes cifras como resultados de impacto del distrito (Aretian, 2019): 85.603 empleos totales, 40.999 empleos relacionados con la innovación, 38,8 % de las ventas relacionadas con las patentes, 30,1 % de las ventas en nuevos servicios y 38.339 dólares USA de ventas totales de innovación por empleado (véase la figura 12.6).

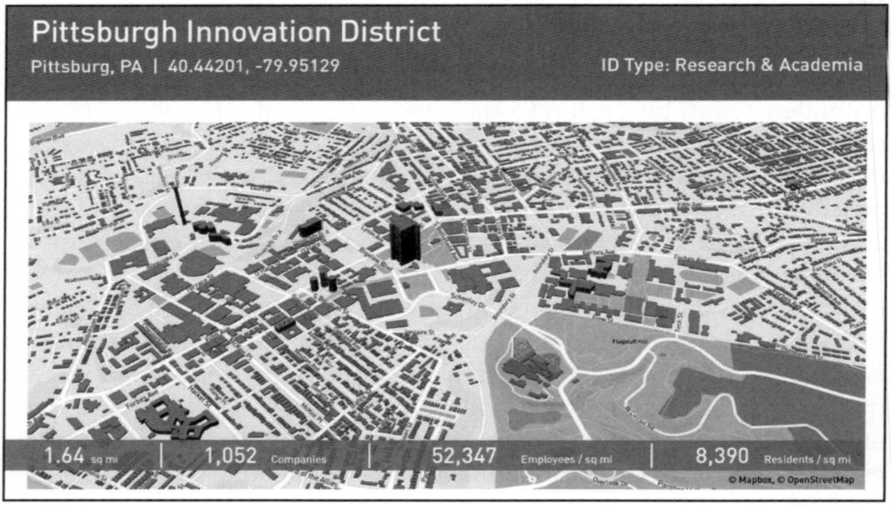

Figura 12.6. Distrito de innovación de Pittsburgh. [FUENTE: ARETIAN, 2019.]

Cortex Saint Louis

Este caso trata de un ecosistema innovador emergente en una ciudad media. Saint Louis es una ciudad del estado de Misuri, situada en el centro del país, con una población de 315.685 habitantes en 2015 en su límite urbano, y centro cultural y económico del Gran San Luis, que cuenta con 2,8 millones de habitantes.

La comunidad de innovación de Cortex en Midtown Saint Louis es un importante centro de investigación, desarrollo, tecnología y ciencias biológicas y comercialización. Fundada en 2002 como una colaboración entre varias de las universidades de la ciudad, instituciones de atención médica y otras organizaciones líderes, ha sido acreditado con la atracción de más de 500 millones de dólares de inversiones y la creación de al menos 3.800 empleos en tecnología.

Cortex Innovation District, que ocupa un territorio urbano de más de 400 hectáreas, lleva el nombre de la región de la corteza del cerebro, que es responsable de procesar la información y coordinar los movimientos. El nombre fue elegido para reflejar el enfoque del distrito en la innovación, la creatividad y la colaboración, y para resaltar su papel como centro de tecnología y negocios en la región. Se creó a través de una asociación entre varias organizaciones, incluida Cortex Innovation Community, una organización sin fines de lucro, y varias entidades gubernamentales, incluida la ciudad de Saint Louis, el estado de Missouri y empresas locales.

El distrito está gobernado por Cortex Innovation Community, que es responsable de supervisar el desarrollo y la gestión del distrito, y de promover la innovación, el espíritu empresarial y el desarrollo económico en la región. La comunidad trabaja en asociación con otras organizaciones, incluidas empresas locales, universidades y entidades gubernamentales, para crear un entorno de apoyo para la innovación y el espíritu empresarial, y para promover la colaboración y el intercambio de conocimientos entre las empresas y organizaciones ubicadas en el distrito. La comunidad de innovación de Cortex está dirigida por una junta directiva, que es responsable de establecer la dirección estratégica de la organización y de supervisar sus operaciones.

El distrito innovador Cortex está trabajando para crear un ecosistema de apoyo para la innovación y el emprendimiento, con programas e iniciativas diseñadas para fomentar la colaboración, estimular el intercambio de ideas y brindar recursos y apoyo para ayudar a las empresas a crecer y tener éxito. La zona también está trabajando para construir una comunidad de emprendedores e inversores, con eventos regulares y oportunidades de networking que reúnen a la gente para compartir ideas y conectarse. Con un número creciente de *start-ups*, empresas tecnológicas establecidas e instituciones de investigación, está en posición de desempeñar durante muchos años un papel importante en impulsar el crecimiento y la innovación en la región.

Cabe destacar las siguientes cifras como resultados de impacto del distrito (Aretian, 2019): 52.350 empleos totales, 12.138 empleos relacionados con la innovación, 36,9 % de las ventas relacionadas con las patentes, 31,2 % de las ventas en nuevos servicios y 80.542 dólares americanos de ventas totales de innovación por empleado.

Dumbo Innovation District (Brooklyn)

El objetivo en este caso ha sido la regeneración de tejido industrial hacia la innovación y la activación cultural. El DID ocupa unas 340 hectáreas en Brooklyn, un barrio de Nueva York con cerca de 2,5 millones de habitantes, situado justo al otro lado del East River desde el Bajo Manhattan. Dumbo comenzó como un grupo de *start-ups* de la era de las puntocom en busca de alquiler asequible en lofts de artistas. En las décadas que siguieron, Dumbo se ha convertido en un importante motor económico de la ciudad, donde una alta densidad de *start-ups*, creadores, aceleradoras y proveedores de servicios se unen en un ecosistema de innovación vibrante.

El nombre de Dumbo es un acrónimo de «Down Under the Manhattan Bridge Overpass», y el tramo le da al vecindario, de orientación creativa, gran parte de su carácter, al igual que las calles empedradas y la espectacular arquitectura que quedó de sus días industriales. En lugar de fábricas, el Dumbo de hoy cuenta con galerías de arte, librerías independientes, boutiques, confiterías y espacios de *coworking* donde prosperan las nuevas empresas. Muchas de las nuevas empresas en Dumbo se sienten atraídas por el atractivo del estilo de vida de Brooklyn como manera de atraer talento de primer nivel.

El distrito de innovación Dumbo se creó en respuesta a la creciente necesidad de negocios y espacios de trabajo innovadores y centrados en la tecnología en el área. El distrito está diseñado para fomentar la innovación, el espíritu empresarial y el crecimiento económico en la zona, al proporcionar un entorno de apoyo para nuevas empresas, empresas centradas en la tecnología y otras organizaciones. El distrito promueve la colaboración y el intercambio de conocimientos entre sus residentes y brinda acceso a recursos y apoyo para ayudar a las empresas a crecer y tener éxito.

Está gobernado por un grupo de líderes empresariales, gubernamentales y comunitarios que trabajan juntos para promover la innovación, el espíritu empresarial y el crecimiento económico. Este grupo es responsable de supervisar el desarrollo y la gestión del distrito, y de promover la colaboración y el intercambio de conocimientos entre las empresas y organizaciones que se encuentran en el distrito.

Dumbo es también el hogar de una amplia gama de empresas y organizaciones, incluidas nuevas empresas tecnológicas, empresas tecnológicas establecidas, instituciones de investigación y organizaciones culturales. El distrito es conocido por su sólida comunidad de emprendedores, su acceso a capital de inversión y sus instituciones de investigación de clase mundial, y es ampliamente considerado como un modelo para otros distritos de innovación de todo el mundo.

Cabe destacar las siguientes cifras como resultados de impacto del distrito (Aretian, 2019): 53.286 empleos totales, 15.205 empleos relacionados con la innovación, 38,9 % de las ventas relacionadas con las patentes, 28,3 % de las ventas en nuevos servicios y 140.405 dólares americanos de ventas totales de innovación por empleado (véase la figura 12.7).

Figura 12.7. Dumbo Innovation District (Brooklyn). [FUENTE: ARETIAN, 2019.]

Boston Seaport Innovation District

Se trata de un caso de regeneración portuaria, concentración tecnológica y centros culturales como ICA, Convention Center. Se inauguró en 2010 por el entonces alcalde Thomas Menino, con la visión de crear un centro para trabajadores del conocimiento y trabajos creativos. En esta visión, la propia ciudad de Boston iba a albergar un denso grupo de innovadores, emprendedores, aceleradores y servicios relacionados. Tomando como ejemplo el 22@ de Barcelona, el desarrollo de Seaport ya ha dado lugar a la creación de más de 5.000 nuevos puestos de trabajo, 200 nuevas empresas y más de mil nuevas unidades de vivienda en la zona.

El Boston Seaport Innovation District es un distrito de innovación ubicado en la zona portuaria de Boston, Massachusetts. El distrito está diseñado para fomentar la innovación, el espíritu empresarial y el crecimiento económico en la región, al proporcionar un entorno de apoyo para empresas emergentes, empresas centradas en la tecnología y otras organizaciones.

El distrito de innovación del puerto marítimo de Boston es el hogar de una amplia gama de empresas y organizaciones, incluidas nuevas empresas tecnológicas, empresas tecnológicas establecidas, instituciones de investigación y organizaciones culturales. El distrito está diseñado para promover la colaboración y el intercambio de conocimientos entre sus residentes y brindar acceso a recursos y apoyo para ayudar a las empresas a crecer y tener éxito.

El distrito está gobernado por el Seaport Economic Council, que es responsable de supervisar el desarrollo y la gestión del distrito, y de promover la innovación, el espíritu empresarial y el desarrollo económico de la ciudad. El consejo trabaja en asociación con empresas, universidades y entidades gubernamentales locales para crear un entorno de apoyo para la innovación y el espíritu empresarial, y para fomentar la colaboración y el intercambio de conocimientos entre las empresas y organizaciones que se encuentran en el distrito.

El Boston Seaport Innovation District es una parte clave del ecosistema de innovación más amplio en el área de Boston, que es ampliamente reconocido como uno de los principales centros de tecnología e innovación del mundo. El distrito es conocido por su sólida comunidad de emprendedores, su acceso a capital de inversión y sus instituciones de investigación de clase mundial.

El Seaport Economic Council está dirigido por una junta directiva, que es responsable de establecer la dirección estratégica de la organización y de supervisar sus operaciones. La junta está compuesta por líderes de las comunidades empresarial, gubernamental y académica, y es responsable de garantizar que el distrito continúe brindando un entorno de apoyo y colaboración para la innovación y el espíritu empresarial, y de promover el crecimiento económico y el desarrollo en la región.

Además del Seaport Economic Council, existen otras organizaciones e iniciativas que están trabajando para apoyar a las empresas y los residentes del Boston Seaport Innovation District, incluidos aceleradores, incubadoras, espacios de trabajo conjunto y redes de inversores, empresarios y expertos de la industria. Estas organizaciones brindan una amplia gama de recursos y apoyo a las empresas y emprendedores ubicados en el distrito, y ayudan a crear un ecosistema de innovación vibrante y dinámico.

Cabe destacar las siguientes cifras como resultados de impacto del distrito (Aretian, 2019): 48.638 empleos totales, 10.505 empleos relacionados con la innovación, 57,2 % de las ventas relacionadas con las patentes, 44,5 % de las ventas en nuevos servicios y 192.461 dólares americanos de ventas totales de innovación por empleado.

12.5. Asia y Oceanía

Existen numerosos distritos innovadores en distintas fases de desarrollo. Algunos de los más importantes están en las siguientes ciudades: Tokio, Singapur, Seúl, Bangalore, Shanghai, Hong Kong, Taipéi, Shenzhen, Hyderabad y Melbourne.

Para el objeto del presente libro destacaremos los siguientes: Israel, Bangalore, Singapur y Melbourne.

Israel

Consideramos el conjunto del Estado de Israel como un sistema integrado de distritos innovadores, por su carácter de *Start-up Nation* (2012) debido a factores como las políticas públicas del Estado en favor de la promoción de los distintos agentes de un rico y dinámico ecosistema innovador único en el mundo.

Israel es el principal inversor del mundo en investigación y desarrollo por habitante, lo que sienta las bases para poder convertirse en el tercero con más empresas en el índice Nasdaq, solo por detrás de Estados Unidos y China. Es una nación situada en una zona conflictiva, que no dispone de recursos naturales y que, sin embargo, es capaz de impulsar el emprendimiento como ningún otro país: en Israel se crean anualmente 500 nuevas empresas, que unidas a las ya existentes atraen alrededor de 300 millones anuales de fondos de capital riesgo.

Israel, como macrodistrito innovador, integra tres conceptos: innovación, ecosistemas y *start-ups:*

1. Innovación: investigación básica, innovación disruptiva e innovación sostenible. Destacan en este sentido universidades como

Technion y otros centros corporativos de innovación, aparte del ejército.
2. Ecosistemas: a pesar de una cierta concentración en Tel Aviv, existen numerosos *hubs* o espacios y agentes del ecosistema repartidos por el territorio.
3. *Start-ups*: las *start-ups* de Israel, con el apoyo del gobierno, nacen globales desde el primer día, debido a un mercado interior muy limitado y al aislamiento existente con sus vecinos.

Otras características relevantes del ecosistema de Israel son las siguientes:

— 9 % de la población activa trabaja en empresas tecnológicas.
— 85 % de los fondos de inversión viene del extranjero pero es gestionado localmente.
— Papel determinante de las políticas públicas del gobierno israelí. Destaca la Israel Innovation Authority (IIA), entidad independiente del gobierno desde 2016, como Agencia con recursos públicos para alimentar el sistema emprendedor. Como dato revelador, indicar que por cada dólar que invierte un fondo el gobierno lo iguala.
— La tendencia actual es pasar de ser una *start-up nation* a *scale-up nation*, poniendo el acento en el crecimiento de las *start-ups* que mantienen sus mecanismos de creación.
— La IIA coordina 22 incubadoras especializadas, para las que selecciona nuevos proyectos emprendedores. A las empresas que se instalan en las incubadoras les ofrece hasta el 85 % de capital, con un límite de 1,5 millones de euros.
— Las iniciativas emprendedoras que salen de los centros de I+D, pero que no disponen de un plan de negocio, pueden acogerse al programa «año cero», donde las futuras empresas reciben 500.000 euros, con el objetivo de desarrollar un plan de negocio.
— Hay otros programas, como el Tnufa, para financiación *pre-seed*, por la que un emprendedor puede recibir hasta 100.000 euros sin necesidad de crear una empresa y pudiendo mantener su actual empleo.

El ecosistema de Israel cuenta actualmente con más de 6000 *business angels*, más de 160 incubadoras y aceleradoras, unos 70 fondos de inversión y más de 350 multinacionales tecnológicas. Se considera que por dólar invertido en *start-ups* a través de los programas de incubadoras hay un retorno de entre 5 y 8 veces a la economía nacional.

Entre las universidades con más perfil emprendedor destaca la Hebrew University, que cuenta con 24.000 estudiantes. Tiene una fuerte orientación hacia el emprendimiento, promoviendo la cultura emprendedora entre los estudiantes mediante la integración de tres conceptos: inspirar, aprender y construir.

A partir de un programa del gobierno de 2018, se creó un centro de emprendimiento dentro de la universidad que promueve la creación de comunidades o clubs de estudiantes. Actualmente 8.000 estudiantes son miembros de 18 comunidades que reciben apoyo y fondos de la universidad.

Otra universidad importante como agente activo del ecosistema innovador de Israel es el Technion Institute of Technology, en el que destaca el T-Hub como centro de emprendimiento e innovación. Está organizado en tres áreas: *deep tech, design tech* y *bizz tech*. Technion cuenta con numerosos cursos y programas de emprendimiento.

Singapur

El Parque Científico de Singapur (SSP) es un centro de tecnología y desarrollo ubicado en el complejo tecnológico más activo de Singapur. De hecho, es uno de los centros de investigación y desarrollo (I+D) más prestigiosas del sudeste asiático, albergando más de 350 laboratorios, multinacionales y empresas tecnológicas líderes a nivel mundial.

Se trata de una promoción, donde la sociedad CapitaLand gestiona la expansión de la comunidad, tanto a través del desarrollo de infraestructura como a través de la llegada de nuevos miembros, que a su vez traen consigo nuevas ideas y acción al espacio.

Ubicado dentro del Parque Greater One-North, SSP forma parte del grupo de innovación más notable de Singapur, junto con la Universidad Nacional de Singapur (NUS); el Hospital Universitario Nacional (NUH); la Agencia de Ciencia, Tecnología e Investigación (A*STAR) y CREAR Campus.

Conceptualizado en la década de 1970, el Parque Científico de Singapur fue concebido como la vanguardia de la escena de investigación y desarrollo de la región.

A medida que el país reconoció su necesidad de avanzar hacia industrias con un mayor valor añadido (en particular, investigación y desarrollo científico), los fundadores de SSP se involucraron en la idea de llevar el trabajo de investigación y desarrollo más allá del alcance de las instituciones de investigación.

El parque se basa en una idea en la que la ciencia, la innovación y la tecnología se integrarían a la perfección. El proyecto se inspiró en parques similares en Japón, Taiwán, Corea del Sur e Inglaterra, y se basó en los complejos de I+D de la Universidad de Standford y el Instituto de Tecnología de Massachusetts.

En septiembre de 1979 el parque se convirtió oficialmente en parte del plan maestro de Jurong Town Corporation (JTC) para la década de 1980, determinando que su ubicación, cerca de la Universidad de Singapur (ahora NUS) en Kent Ridge, facilitaría la interacción entre la industria y la academia (véase la figura 12.8).

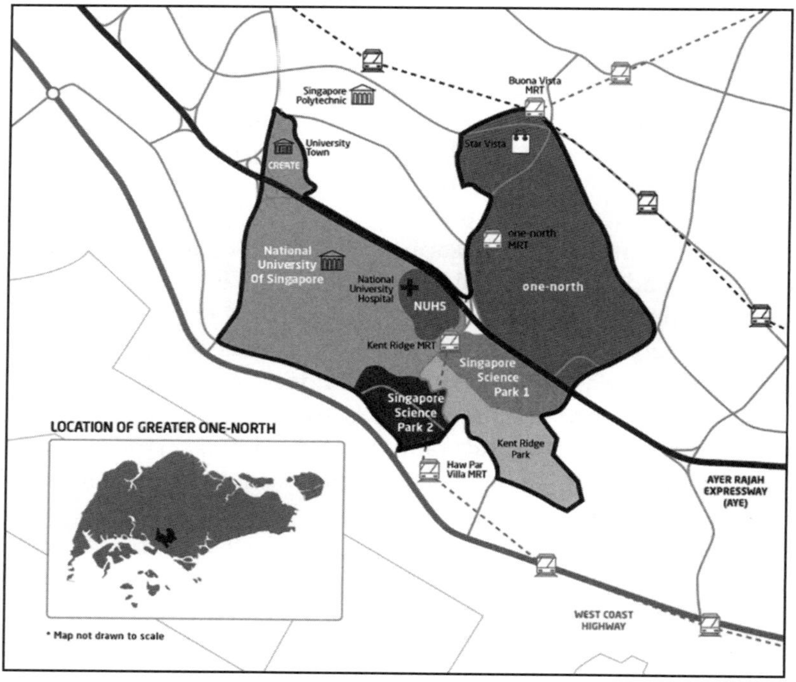

Figura 12.8. Parque Científico de Singapur.

Bangalore

Bangalore es la capital del estado indio de Karnataka y una de las ciudades más grandes y de más rápido crecimiento de la India. Con una población de más de 12 millones de personas, es un importante centro de comercio, cultura y educación en el país.

Bangalore es ampliamente considerado como uno de los principales centros de innovación del mundo y, a menudo, es denominado el Silicon Valley de la India. La ciudad alberga una industria tecnológica próspera, con una gran cantidad de nuevas empresas (tecnológicas e instituciones de investigación). El próspero ecosistema de innovación de la ciudad ha ayudado a impulsar el crecimiento económico y a crear nuevos puestos de trabajo, y ha atraído a un número creciente de empresas e inversores de todo el mundo.

El Gobierno de la India ha tomado una serie de medidas para respaldar el crecimiento de la industria de la tecnología en Bangalore, incluido el suministro de incentivos fiscales, inversión en infraestructura y apoyo a la investigación y el desarrollo. El Gobierno también ha lanzado una serie de iniciativas para promover el espíritu empresarial y la innovación y ha establecido una serie de centros e incubadoras de innovación para apoyar el crecimiento de nuevas empresas.

Bangalore también es conocida por su rica herencia cultural y su vibrante comunidad intelectual, que incluye muchas universidades e instituciones de investigación, proporcionando educación e investigación de primer nivel y produciendo una fuerza laboral talentosa que está bien equipada para apoyar el distrito de innovación de la ciudad. Entre ellas destacan:

— El Instituto Indio de Ciencias (IISc): con un enfoque en ciencia, tecnología, ingeniería y matemáticas.
— El Instituto Indio de Tecnología (IIT): una de las principales instituciones de ingeniería de la India, con un fuerte enfoque hacia la tecnología y la innovación.
— La Universidad de Bangalore: una gran universidad pública con un fuerte enfoque en la investigación y la enseñanza en una amplia gama de disciplinas.
— Instituto Internacional de Tecnología de la Información (IIIT): una institución líder en investigación y educación en informática y campos relacionados.

Bangalore alberga varios clústeres de innovación clave, cada uno centrado en un área específica de tecnología o industria. Algunos de los principales clústeres de la ciudad incluyen: tecnología de la información, biotecnología, aeroespacial y defensa, electrónica y hardware y energía limpia. Estos clústeres cuentan con el respaldo de un sólido ecosistema de agencias gubernamentales, universidades y otras organizaciones, que brindan apoyo y recursos para ayudar a las empresas y los emprendedores a triunfar.

El Ayuntamiento de Bangalore ofrece apoyo y recursos para ayudar a impulsar el crecimiento y desarrollo del distrito de innovación de la ciudad, proporcionando infraestructura e instalaciones, atrayendo inversiones y talento, y apoyando el crecimiento de nuevos negocios y nuevas empresas. También promueve el desarrollo de centros de innovación, incubadoras y otros sistemas de refuerzo, y puede proporcionar financiación, incentivos fiscales y otras formas de apoyo para ayudar a las empresas y los empresarios a tener éxito.

Melbourne

Melbourne es una ciudad que dispone de un potente ecosistema de innovación, con un conjunto de nuevas empresas tecnológicas, centros de I+D y programas públicos de apoyo. Además dispone de incubadoras, aceleradoras y otros agentes del ecosistema que permiten el desarrollo de empresas innovadoras, sobre todo en varios sectores como salud, biotecnología, IoT, inteligencia artificial y sostenibilidad, entre otros.

La ciudad destaca en el campo de la investigación médica y la biotecnología, con muchas de estas empresas ubicadas en el distrito de Parkville, como centro de investigación médica y biotecnología que reúne institutos de investigación, universidades y hospitales en un solo lugar.

El recinto de Parkville es conocido por ser el hogar de un gran número de instituciones de investigación y educación en ciencias de la salud y biotecnología.

Entre las instituciones importantes que se encuentran en el recinto de Parkville se incluyen la Universidad de Melbourne e importantes institutos de investigación médica, como el Royal Melbourne Hospital. De hecho, Parkville es un lugar clave para la investigación médica y biotecnológica en Australia y en el mundo. La Universidad de Melbourne tiene varios centros de investigación enfocados en energía sostenible, transporte y diseño urbano. Es una universidad pública de investigación que tiene una sólida reputación por su excelencia académica, destacando siempre entre las mejores universidades de Australia y del mundo.

La Universidad de Melbourne es conocida por su fuerte perfil de investigación y tiene varios centros e institutos de investigación que se enfocan en las áreas de biotecnología, sostenibilidad, investigación médica e inteligencia artificial. Posee diversos centros de investigación centrados en la energía sostenible, el transporte y el diseño urbano, incluido el Instituto de Energía de Melbourne.

La Universidad de Melbourne también alberga varios institutos de investigación notables, como el Instituto de Investigación Médica Walter y Eliza Hall, el Instituto Peter Doherty para Infecciones e Inmunidad y Melbourne Integrative Genomics.

El Melbourne Institute of Technology (MIT) es una institución privada de educación superior, que desde 1983 brinda educación y capacitación a estudiantes de todo el mundo. MIT ofrece una amplia gama de cursos de pregrado y posgrado en una variedad de campos, que incluyen negocios, TI, ingeniería y diseño.

La institución es conocida por su enfoque en la educación y capacitación práctica y relevante para la industria. MIT tiene fuertes lazos con socios de la industria, lo que permite a los estudiantes obtener experiencia en el mundo real y desarrollar las habilidades que necesitan para tener éxito en los campos elegidos.

Los principales sectores de actividad o clústeres de Melbourne son los siguientes:

— *Salud y biotecnología:* Melbourne es conocida por su sólido sector de investigación médica y biotecnología, centrado sobre todo en el recinto de Parkville.
— *TIC y software:* con varias empresas de desarrollo de software y nuevas empresas, particularmente en las áreas de IoT, IA y ciberseguridad.
— *Sostenibilidad:* fuerte enfoque en el desarrollo de tecnologías sostenibles para reducir las emisiones y mejorar la eficiencia energética.
— *Fabricación e ingeniería:* con empresas de fabricación e ingeniería, especialmente en las áreas aeroespacial y de defensa, automoción y fabricación avanzada.
— *Industrias creativas:* con una serie de grupos clave de actividad en áreas como el cine, la televisión, la música y los juegos.
— *Agricultura y alimentos:* Melbourne tiene una fuerte industria de alimentos y bebidas, particularmente en las áreas de vino, lácteos y carne.

Estos grupos de actividad están interrelacionados y, a menudo, comparten recursos, conocimientos y talento, fomentando la innovación y el crecimiento. Además, la ciudad tiene un fuerte enfoque en la colaboración y asociación entre sectores para impulsar la innovación y el crecimiento.

Ideas clave

1. El modelo de distrito innovador como espacio urbano que transforma la ciudad actual hacia una ciudad sostenible, innovadora, capaz de atraer talento e inversiones de alto valor añadido, se está imponiendo en todo el mundo.
2. Las ciudades que logran implantar y desarrollar este modelo pueden entrar en un círculo virtuoso de desarrollo económico y de equilibrio social.
3. No existe una única forma de desarrollar el modelo, pero sí que en todos los casos se manifiestan de alguna forma los elementos propios de los cinco subsistemas que hemos desarrollado a lo largo del libro.
4. En este marco, cada ciudad debe saber alcanzar su propio camino, de acuerdo con las propias condiciones históricas, económicas, culturales y sociales.
5. Durante los próximos años deberemos colaborar en la mejor comprensión de este fenómeno mediante procesos de realimentación positiva propios de los ecosistemas innovadores. La colaboración entre ciudades será también un factor a tener en cuenta.

13
¿CÓMO DISEÑAR UN DISTRITO INNOVADOR? EJERCICIO PRÁCTICO

Estimado lector:

Gracias por llegar hasta estas páginas. Deseo que la lectura del libro haya sido positiva para ti y te haya dado ideas para establecer las bases o para proseguir el desarrollo de un DI en tu ciudad.

Si estás implicado en alguna iniciativa del estilo de un DI, te invito a proseguir la lectura de las próximas páginas. Se trata de ofrecerte la posibilidad de realizar un autodiagnóstico de tu idea o proyecto mediante el ejercicio basado en el cuestionario que sigue.

Objeto del ejercicio: se trata de un ejercicio de autodiagnóstico de la propia idea o proyecto de distrito innovador, que te ayudará a tener una visión global y nivel de madurez de las partes que lo componen, y del proceso en sí mismo, para que puedas tener un plan de acción de acuerdo al punto en que se encuentre tu proyecto: iniciar la planificación y promoción, mejorar o escalar el DI durante los próximos años.

Este ejercicio va dirigido a dos tipos de personas:

A) Las que tienen la idea pero aún no han iniciado el proyecto.
B) Las que ya disponen de un proyecto en marcha.

En el primer caso sigue el cuestionario simplificado A y en el segundo sigue el cuestionario completo B.

En ambos casos te proponemos situar tu diagnóstico en un doble nivel:

— En primer lugar, una lectura del cuestionario evaluando cada una de las variables que se proponen. Sacarás tus conclusiones, procediendo a la contrastación con tus propias ideas o proyecto.

— En segundo lugar, puedes completar gratuitamente el autodiagnóstico en formato digital en la web https://fractalogy.eu/autodiagnostico/ y obtendrás, según el estado de tu DI, una serie de recomendaciones personalizadas y pasos a seguir, que te ayudarán a definir tu plan de acción para el desarrollo de tu proyecto.

Metodología: se trata de evaluar tu idea (A) o el propio proyecto (B), potencial o en curso, a partir de ocho o de diez criterios, cada uno de los cuales consta de distintas variables a puntuar del 1 al 5, según el grado de cumplimiento o factibilidad, siendo el 1 un nivel muy bajo/muy en desacuerdo y el 5 un nivel excelente/totalmente de acuerdo. Si consideras que en tu caso una pregunta no tiene sentido o no aplica, no la respondas.

El informe generado a partir de la referida web es confidencial; por tanto, procura ser realista en tus juicios sobre el proyecto.

El objetivo de este autodiagnóstico es que puedas iniciar el proyecto de forma orientada (A) o de mejorar tu proyecto (B) y contemplar su factibilidad, basándose en las ideas y propuestas que se han venido haciendo en el presente libro. De esta forma cumpliremos con el subtítulo del libro: *Cómo diseñar e implementar la transformación de la ciudad del siglo XXI.*

Cuestionario A:

1. **Estrategia y modelo:**

— Hay definida una estrategia para la preparación del proyecto.
— Se cuenta con aliados públicos y privados.
— Se han analizado casos de otras ciudades.
— Se ha pensado en algún modelo de distrito innovador.

2. **Objetivos:**

— Se han definido los objetivos estratégicos para el próximo año.
— Se ha formalizado un documento inicial de viabilidad.
— Existe un plan de acción definido para los próximos meses.
— Existen recursos públicos o privados para alcanzar los objetivos previstos.

3. **Situación urbanística:**

— Esta identificada la zona de la ciudad con potencial de transformación urbanística.

— La municipalidad participa y comparte la necesidad de transformación de esta zona de la ciudad.
— Existe el marco legal para el proceso de transformación que se define en el presente libro.
— En el grupo promotor inicial hay capacidad para definir y aplicar el proceso de planificación urbanística de la zona elegida.

4. **Especialización:**

— Son conocidos los sectores de especialización actual de la ciudad y se conocen los principales indicadores económicos.
— Empresas tractoras de estos sectores participan activamente en la promoción del distrito.
— Empresas tractoras pueden participar.
— Están identificados los potenciales sectores emergentes.

5. **Base de conocimiento de la ciudad:**

— En la ciudad hay universidades con potencial para participar en la iniciativa.
— Conocemos las fortalezas y debilidades del sistema de conocimiento.
— Hay centros de I+D o centros tecnológicos especializados en los sectores de especialización de la ciudad.
— Centros de I+D o centros tecnológicos en sectores emergentes.

6. **Grupo promotor:**

— Está constituido un grupo promotor del proyecto de DI.
— En este grupo están representados agentes de la cuádruple hélice.
— En el grupo promotor está representada la municipalidad.
— En el grupo promotor hay empresas relevantes de la ciudad.

7. **Atractivo de la ciudad:**

— La ciudad resulta atractiva para la inversión extranjera.
— La ciudad tiene una elevada calidad de vida y es atractiva para los visitantes.
— La universidades atraen talento del resto del país y de otros países.
— Hay una fuerte dinámica de creación de espacios como ecosistemas innovadores.

8. **Estudios previos:**

— Se han realizado estudios económicos recientes sobre la estructura productiva de la ciudad.
— Son conocidas las fortalezas y las debilidades de su sistema económico.
— Se han identificado posibles oportunidades de inversión y de desarrollo económico.
— Se han identificado los principales agentes de la cuádruple hélice que podrían participar en el futuro proyecto de DI.

Cuestionario B:

1. **Estrategia y modelo:**

— Tenemos el modelo claramente definido y dibujado.
— El modelo está alineado con la estrategia y es compartido por todos los actores clave.
— Comunicamos claramente el modelo dentro y fuera de la organización.
— El modelo incorpora los cinco subsistemas propios de un distrito innovador.
— Las relaciones entre los cinco subsistemas están claras y bien definidas.

Observaciones:

2. **Objetivos definidos:**

— Tenemos definidos los objetivos cualitativos del nuevo distrito a medio y a largo plazo.
— Tenemos definidos los objetivos de impacto económico y social que puede comportar el pleno desarrollo del distrito innovador.
— Tenemos definidos claramente los objetivos cuantitativos a corto, medio y a largo plazo del distrito innovador.
— Tenemos desarrollado un cuadro de mando con indicadores cuantitativos a ir aplicando progresivamente como instrumento de gestión del distrito innovador.
— Revisamos periódicamente los objetivos cuantitativos mediante metodologías como el ciclo de Deming.

Observaciones:

3. **Planeamiento urbanístico:**

— La municipalidad está implicada en el proyecto de distrito innovador y comparte una modificación necesaria del planeamiento urbanístico de la zona considerada.
— El nuevo planeamiento urbanístico está en fase de diseño y aprobación.
— El nuevo planeamiento se adecua a los requerimientos de un distrito innovador.
— Las condiciones legales y reglamentarias de aplicación de las cargas urbanísticas a las plusvalías generadas por el planteamiento están claras.
— El modelo urbanístico y financiero de aplicación de las cargas anteriores está claro.

Observaciones:

4. **Plan de infraestructuras:**

— Está previsto y programado en el tiempo el proyecto de un plan integral de infraestructuras del distrito innovador.
— Se ha definido el nuevo modelo energético necesario para el nuevo distrito innovador.
— Se ha definido un plan de infraestructuras de telecomunicaciones.
— Se ha definido un plan de movilidad interno y de conexión con el resto de la ciudad.
— Está pensado y definido el modelo de financiación del plan de infraestructuras.

Observaciones:

5. **Especialización y clústeres:**

— La especialización mediante clústeres urbanos está claramente definida, teniendo en cuenta los criterios adecuados.
— Se han aplicado metodologías del tipo de RIS3, MMC u otras metodologías propias del *Systems Thinking*.
— Tenemos claras las fortalezas y las debilidades de cada uno de los clústeres elegidos.
— Tenemos acuerdos iniciales con los principales *stakeholders* de cada uno de los clústeres elegidos.

— Tenemos definido un plan de mejora y de atracción de empresas y entidades de cada uno de los clústeres elegidos.

Observaciones:

6. **Subsistema de conocimiento:**

— Tenemos alianzas con las principales universidades de la ciudad y de la región.
— Hemos identificado con estas universidades las unidades de docencia, I+D y emprendimiento que podrían trasladarse al distrito.
— Hemos identificado otras unidades del ecosistema innovador, como centros de diseño y desarrollo tecnológico, centros de formación, *coworkings*, aceleradoras, incubadoras u otras instituciones públicas y privadas.
— Tenemos acuerdos y alianzas con algunas de las unidades anteriores.
— Tenemos claras las relaciones de los agentes del subsistema de conocimiento con los otros subsistemas.

Observaciones:

7. **Modelo energético:**

— El conjunto del distrito innovador se ha diseñado teniendo en cuenta los requerimientos del nuevo modelo energético autosuficiente y con cero emisiones.
— Están definidos los requerimientos específicos para todas las actuaciones de diseño, construcción y mantenimiento acordes con el modelo energético.
— La implantación de energías renovables, planes de ahorro y eficiencia o distritos de frío y calor son elementos propios del distrito innovador.
— Consideramos el distrito innovador como *living lab* de experimentación avanzada de prácticas y modelos energéticos sostenibles.
— Contemplamos el distrito innovador como motor de transformación energética del conjunto de la ciudad.

Observaciones:

8. **Modelo de gobernanza:**

— A partir de la iniciativa de una entidad de la cuádruple hélice, estamos implicando al distrito innovador, con acuerdos concretos con los otros agentes de dicha cuádruple hélice.
— Tenemos definida una fórmula jurídica concreta para la gobernanza del distrito innovador.
— Ya disponemos de la entidad de gobernanza del distrito innovador.
— La gobernanza asegura correctamente los elementos esenciales del distrito innovador: liderazgo, participación y capacidad de gestión estable en el tiempo.
— La gobernanza tiene capacidad y medios para impulsar el modelo de distrito innovador con todos sus subsistemas.

Observaciones:

9. **Posicionamiento, propuesta de valor, productos y servicios**

— Hemos realizado un estudio de *benchmarking* competitivo en relación con la propuesta de valor de otros distritos innovadores internacionales.
— Tenemos claramente definida la propuesta de valor y posicionamiento del distrito innovador para cada uno de los *stakeholders* (empresas, *start-ups*, instituciones...).
— Tenemos identificada la oferta de productos y servicios de valor para los actores del ecosistema innovador, como centros de diseño y desarrollo tecnológico, centros de formación, *coworkings*, aceleradoras, incubadoras u otras instituciones públicas y privadas.
— Tenemos claramente definido un relato *(storytelling)* del distrito innovador diferencial, como factor de presentación y de complicidad emocional con los agentes a atraer al distrito innovador.
— Hemos definido la marca del distrito innovador *(branding)* acorde al posicionamiento, propuesta de valor, mensajes clave y valores a transmitir.

Observaciones:

10. Marketing y comunicación:

- — Está definido y en proceso de aplicación un plan estratégico de marketing y comunicación, orientado a la atracción de talento, agentes, empresas, instituciones, *start-ups* e inversiones al distrito innovador.
- — Está definido y en proceso de aplicación un plan de comunicación, orientado a la visibilización, posicionamiento y valoración del distrito innovador.
- — Tenemos definida una estrategia y un programa de lanzamiento al mercado para la difusión de la marca, propuesta de valor y oferta de productos/servicios del distrito innovador.
- — Tenemos identificados y mapeados a todos *stakeholders* del distrito innovador y gestionamos correctamente la comunicación por grupos.
- — Tenemos definidos los indicadores clave y medimos correctamente los impactos y los resultados de las acciones de comunicación.

Observaciones:

Bibliografía e infografía

Andreu, M. (2016). *Les ciutats invisibles, viatge a la Catalunya metropolitana,* L'Avenç.

Aretian y Fipe (2022). *Sao Paulo CITI Innovation District, Urban and Economic Development Strategy.*

Ateneu Barcelonés (2020). *Debate una nueva ciudad para un nuevo mundo,* 30 abril 2020. https://www.youtube.com/watch?v=ewcRvpYx684&feature=youtu.be

Barceló, M. y Guillot, S. (2013). *Gestión de proyectos complejos,* Ediciones Pirámide.

Barceló, M. y Oliva, A. (2002). *Ciudad digital,* Pacte Industrial.

Burke, J. y Gras, R. (2019). *The Atlas of Innovation Districts,* Aretian.

Burke, J., Gras, R. y Yu, F. (2022). *Multiplying Effects of Urban Innovation Districts.* Springer Nature Switzerland AG.

Burke, J., Gras, R., Yu, F. y Kruger, J. (2022). The Aretian Urban Analytics and Design, *«Geospatial analysis framework for evaluating urban design typologies in relation with the 15-minute city standards»*. Elsevier, Journal of Business Review.

Busulwa, R. (2019). *Startup Accelerators: A Field Guide,* John Wiley & Sons Inc.

Busulwa, R., Birdthistle, N. y Dunn, S. (2020). *Start-up Accelerators, a field Guide,* Wiley.

Carlson, C. y Willmot, W. (2006). *Innovation: the five disciplines for creating what customers want,* Crown Business.

Castells, M. (2006). *La sociedad red,* Alianza Editorial.

Cerarols, R. y Nogué, J. (ed.) (2022). *L'altre món rural. Reflexions i experiències de la nova ruralitat catalana.* Edicions Tigre de paper.

Chesbrourgh, H. (2003). *Open innovation,* HBS Press.

Clarós, S. (2016). *Can Ricart i el patrimoni industrial de Barcelona,* Ed. Universitat de Barcelona.

Cohen, B. (2016). *The emergence of the Urban Entrepreneur,* ABC-CLIO.

Dealroom y Sifted (2021). *Startup cities in the Entrepreneurial Age,* Dealroom.co
Dealroom.co (2022). *The next generation of tech ecosystems,* Dealroom.co
Drucker, P. (2003). *Drucker esencial,* Edhasa.
Florida, R. (2002). *The rise of the creative class,* Ingram Pub.
Gaddis, J. L. (2019). *Grandes estrategias,* Ed. Taurus.
Galaso, J. A. (2013). «Metodología de innovación con ciudadanos por el CitiLab de Cornellà», *Revista Iberoamericana de Ciencia, Tecnología y Sociedad,* numero 23.
Geddes, P. (1968). *Cities in evolution. An introduction to the Town Planning Movement and the Study of Civics,* Ernest Benn.
Gehl, J. (2006). *La humanización del espacio urbano,* Ed. Reverté.

Gehl, J. (2014). *Ciudades para la gente,* Ed. Infinito.
Gladwell, M. (2000). *The tipping point,* Little, Brown and Co.
Glaeser, E. (2011). *El triunfo de las ciudades,* Ed. Taurus.
Granata, E. (2021). *Placemaker, gli inventori dei luoghi che abiteremo,* Einaudi.
Gras, J. A. (2020). *Explorando cualidades espaciales y sociales de los distritos de innovación como modelo de regeneración urbana,* Fundación Carolina.
Gras, R. (2022a). *A sustainable development for the basic country,* Aretian.
Gras, R. (2022b). *Rural Innovation case studies, the case of Camp de Tarragona.* Aretian.
Gras, R. y Burke, J. (2019). *The atlas of innovation districts,* Aretian.
Groves, K. y Knight, W. (2010). *I wish I worked there!,* John Wiley and Sons.
Hamel, G. (2007). *The future of management,* HBS Press.
Innovation Quarter (2021). «Keys to Developing a Vibrant, Dynamic Innovation District IRENA», *Renewable Energy and Jobs Annual Review.*
Ismail, S. (2016). *Organizaciones exponenciales,* Bubok Publishing.
Jacobs, J. (2011). *Muerte y vida de las grandes ciudades,* Capitán Swing Libros.
Katz, B. (2014). *The rise of Innovation Districts.* https://www.youtube.com/watch?v=uJ6BFm3hra8&t=521s
Katz, B. y Bradley, J. (2013). *The metropolitan revolution,* Brooking Institution Press.
Katz, B. y Wagner, J. (2014). «The Rise of Innovation Districts: A New Geography of Innovation in America.» *Metropolitan Policy Program. Brookings Institution.* http://www.brookings.edu/about/programs/metro/innovation-districts
Kearney, A. T. (2014). *Global Cities Index.* http://www.atkearney.com/research-studies/global-cities-index
Klanten, R. y Stuhler, E. (2021). *The Ideal City,* Space 10.
Kresl, P. K. y Fry, E. H. (2005). *The Urban Response to Internationalization,* Edward Elgar Publishing Ltd.
Kumar, V. (2013). *101 Design Methods,* John Willey ans Sons.

Lehrer, J. (2012). *Imaginar. Cómo funciona la creatividad,* RBA.
Lerner, J. (2009). *Boulevard of broken dreams,* Princeton University Press.
Manera, C. y Molina, R. (dir.) (2022). *Industrialització histórica i nova industria a les Balears (1850-2022),* Leonard Muntaner Ed.
Meadows, D. H. (2008). *Thinking in Systems,* Sustainability Institute.
Moretti, E. (2012). *The new geography of Jobs,* Houghton Mifflin Harcourt Pub. Co.
Mulas, V., Minges, M. y Applebaum, H. (2015). *Boosting Tech Innovation Ecosystems in Cities, Discussion Paper,* The World Bank.
Muro, M. (2016). *La industria de Estados Unidos, nunca volverá a ser como antes, MIT Tech,* Review.
NYCEDC (2011). NYCEDC Innovation Index. http://www.nycedc.com/sites/default/files/filemanager/Resources/Economic_Data/InnovationIndexReport.pdf
OECD (2006). OECD Territorial Reviews: Competitive Cities in the Global Economy, http://www.oecd.org/gov/regional-policy/oecdterritorialreviewscompetitivecitiesintheglobaleconomy.htm
Oliva, A. (2003). *El districte d'activitats 22@bcn, Colección Model Barcelona, Quaderns de Gestió,* Aula Barcelona.
Ordine, N. (2015). «L'utilità dell'inutile, Bompiani», *Rivista di letterature moderne e comparate,* vol. 68, n.º 2.
Piketty, T. (2019). *Capital e ideología,* Deusto.
Porter, M. (1991). *La ventaja competitiva de las naciones,* Plaza y Janés.
Prado, P., Benavente, M. y Gamboa, R. (2017). *Estado actual de los Centros de Excelencia Internacional en Chile y su potencial impacto para la economía.* Universidad de Chile, Instituto de Estudios Internacionales.
Ramió, C. (2022). *La universitat a la cruïlla,* Universitat Pompeu Fabra.
Rueda, S. (1995). *Ecología Urbana,* Beta editorial.
Rueda, S. (2021). *Carta para la planificación ecosistémica de las ciudades y metrópolis. Ecología Urbana,* Icaria editorial.
Rumelt, R. (2011). *Good strategy, bad strategy,* Random House.
Salmon, Ch. (2008). *Storytelling,* Ed. Peninsula.
Sennett, R. (2006). *La corrosión del carácter,* Editorial Anagrama.
Sennett, R. (2014). *L'espai públic,* Arcadia.
Sennett, R. (2019). *Construir y habitar, ética para la ciudad,* Editorial Anagrama.
Senor, D. y Singer, S. (2012). *Start-up nation - la historia del milagro económico de Israel,* Autoedición.
Serra, A. (2013). «Tres problemas sobre los laboratorios ciudadanos. Una mirada desde Europa», *Revista Iberoamericana de Ciencia, Tecnología y Sociedad,* n.º 23.
Smil, V. (2019). *Growth, From Microorganisms to Megacities,* The MIT Press.
Solidiance in Brief (2013). «The Most Innovative Cities in Asia-Pacific», https://www.newswire.com/news/the-most-innovative-cities-in-asia-pacific-31690

Sorando, D. y Ardura, Á. (2016). *Se vende ciudad, la destrucción creativa de las ciudades,* Los libros de la catarata.

Stroh, D. P. (2015). *Systems Thinking for social change,* Chelsea Green Publishing.

The Economist Intelligence Unit (EIU) (2013). *Hot Spots 2025: Benchmarking the Future Competitiveness of Cities,* http://www.citigroup.com/citi/citiforcities/pdfs/hotspots2025.pdf

The Sustainability Laboratory (2019). *Systems Thinking and Systems Modelling.*

Thomas, L. (1979). *The medusa and the Snail,* Viking.

VV. AA. (2017). *22@Barcelona 2000-2015,* Ajuntament de Barcelona.

West, G. (2017). *SCALE, The Universal Laws of Life, Growth, and Death in Organisms, Cities, and Companies,* Penguin Books.

TÍTULOS PUBLICADOS